U0243507

生态百问

马清平 ◎ 著

人民日报出版社

北京

图书在版编目（CIP）数据

生态百问 / 马清平著. —北京：人民日报出版社，
2021.1

ISBN 978-7-5115-6869-4

Ⅰ.①生… Ⅱ.①马… Ⅲ.①生态环境建设—中国—
普及读物 Ⅳ.①X321.2-49

中国版本图书馆CIP数据核字（2020）第265374号

书　　名：生态百问
作　　者：马清平

出 版 人：刘华新
责任编辑：袁兆英
封面设计：中尚图

出版发行：人民日报出版社
社　　址：北京金台西路2号
邮政编码：100733
发行热线：（010）65369527　65369512　65369509　65369510
邮购热线：（010）65369530
编辑热线：（010）65363105
网　　址：www.peopledailypress.com
经　　销：新华书店
印　　刷：河北盛世彩捷印刷有限公司

开　　本：710mm×1000mm　1/16
字　　数：290千字
印　　张：19
版次印次：2021年1月第1版　2021年1月第1次印刷

书　　号：ISBN 978-7-5115-6869-4

定　　价：59.00元

写在前面

　　人类已搭上快速行驶在高速公路上的汽车，高速公路的前方是万丈悬崖。我们多么想让汽车赶快停下来。可是两只轮子却驱动着汽车加速前行：一只轮子是人类的超群智慧，一只轮子是人类的自私本性。人类超群智慧所创造的科学技术与人类自私本性所选择的生产消费方式，可能将人类拉上不归路。人类已走到生死存亡的十字路口，是向前行还是向右转？已到了最终抉择的关键时刻。选择由我们这一代做出，但影响的将是子孙万代。

为文者之历史担当（序）

高立基[①]

担当，意指承担、担负任务责任。毫无疑问，为文者的担当就是要推动社会的发展和历史的进步。从这个意义上讲，马清平即将出版的科普专著《生态百问》和之前出版的生态专著《人类之殇》及其他作品，是他勇于担当历史重任付出辛劳后而必然收获之成果。

人活在世上，总是要做一点有益于人类或他人的事情的。行业不同，能力大小，贡献强弱，是客观存在，不能强求一律。凡有作为的文人，应具勇于担当、奋力进取、争创一流的雄心壮志，为历史的发展涂抹上自己的有为一笔。马清平正是这支有为队伍中的一名后起之秀！

21世纪的人类社会，科技发展突飞猛进。气候灾变日益加剧也为人类敲响了警钟。它就像高悬在众生头顶的达摩克利斯之剑。承重的生命之线一旦崩断，就会造成无可挽回的人类之殇。马清平先生面对现实，忧国忧民，呕心创作，提笔疾呼，一部科普图书《人类之殇》于是问世。它以科普的形式，平实的语言，准确的数据，深入浅出地揭示了当前气候变化和环境破坏的严峻程度、人类面临的可怕厄运，发出了生态危机的最强音。

---

① 高立基，退休干部、高级记者、教授；山东省"十佳新闻记者"，潍坊市专业技术拔尖人才；出版《心声絮语》《播撒真情》《擎天柱》等著作10部，在《人民日报》等国家及省级报刊发表作品4000余篇，省以上获奖作品百余篇（部）；勤勉一生，受到中国记协表彰奖励并获"全国党报群工优秀工作者（社长、总编）"荣誉称号。曾先后担任过山东省广播电视台站长、潍坊市广播电视局副局长、潍坊日报社副总编辑等职务。

《人类之殇》2015年由中国环境出版社出版后，深受广大读者特别是专家学者及环保工作者的欢迎，年内连续印刷两次。2017年11月该书获全国"第六届环保科普创新奖"三等奖；又因具备"科学性强、创新性突出、社会效益显著、示范带动作用明显"之标准，2018年获得中国环保科技最高奖"中国环境保护科学技术奖"。

今作《生态百问》是《人类之殇》的姊妹篇。《生态百问》进一步深化阐述了面对生态恶化搞好环保的极端重要性，进一步深化了《人类之殇》的内涵，补充了其外延，对生态问题的研究更注重多角度及深度分析，提出了不少独到见解和具有操作性的对策。

目前国内专门研究生态领域的著作仍然稀少，能够见到的书籍也往往是局限于某一地域、某一类别的生态危机。而《生态百问》的可贵之处在于它立足于全球视野，围绕大气圈、水圈、地圈、生物圈、化学品等生态领域，剖析问题，分析原因，提出对策。作者从以上诸领域细化出200多个关乎人类生存的重大课题，分别从气候变化、海洋、江河、湿地、土壤、森林、草原、生物多样性、化学品污染等角度和层面进行剖析解答，为目前国内少有的全方位研究生态环境的科普专著之一。

作者在责任心和使命感的驱使下，就生态问题进行深入研究，焚膏继晷，历经岁余，著成此书。这是我们党培养的一个有良心的知识分子对祖国母亲的真情回报！

"盖西伯（文王）拘而演《周易》；仲尼厄而作《春秋》；屈原放逐，乃赋《离骚》；左丘失明，厥有《国语》；孙子膑脚，《兵法》修列；不韦迁蜀，世传《吕览》；韩非囚秦，《说难》《孤愤》；《诗》三百篇，大抵圣贤发愤之所为作。"这是司马迁在《报任安书》中写的一段话。事实上，包括司马迁本人在内都是在人生遭受重大挫折的时候不甘放弃，最终有所成就而留英名于史册。据我所知，马清平创作的成功，虽未遇重大挫折，却也是以先人贤者为榜样，在树立起远大的目标和志向后，走出了一条充满荆棘的艰辛之路。

马清平，男，汉族，1962年10月出生，山东昌邑人，文学学士、研究馆员。现任潍坊日报社党委委员、副社长、副总编辑。

1980年，马清平从家乡昌邑县农村考入曲阜师范大学中文系。作为山东省委组织部的选调生，他1984年被分配到潍坊市寒亭区固堤镇党委，任党委秘书兼团委书记。参加工作一年时间就获得了寒亭区委、区政府的记功奖励。参加工作第二年，他调入寒亭区纪委，旋即在1986年调入潍坊市纪委，先是从事案件查办工作，后来从事调研和文字工作。其间，他连续两次获得全市优秀纪检干部称号。

1987年底，马清平参与潍坊市监察局的筹建工作，次年1月调入新成立的监察局任宣传教育科副科长并主持工作。旗开得胜，他的作品发表在《法制日报》头版头条及《大众日报》《齐鲁晚报》等报刊上，其中多篇稿件获奖。

算起来，我和马清平认识已有35个年头。我们二人相识于1986年。那时，我是省新闻单位驻潍记者站的负责人。他作为有培养前途的青年干部从县区调到市纪委机关工作，在市委机关家属院和我住邻楼。他喜欢写作，知道我已经出版了好几部专著，很感兴趣。我们上下班相遇经常聊上几句著书写稿的事儿，一来二往，便成了熟人。

1995年，我调任潍坊日报社领导主管新闻业务工作时，他已经先于我两年到那里干了办公室副主任，后来又成为办公室主任。作为我的部属，他配合我做了许多建设性的工作，成为我的得力助手和忘年之交。那时，我因组织策划宣传报道，经常到外地和县区出差，一般都带着他和总编室主任一起外出。在几年时间里，他随我出发不下几十次。他从事的是行政工作，但总喜欢抽时间写点东西。我总是对他利用业余时间写作给予热情鼓励。我们相互理解，无所不谈，就连我为逝去的父母撰写的墓志铭都请他帮助斟酌润色。在物欲横流的现实面前，我们在诸如知识分子如何甘于清贫做学问等问题上有着难得的共鸣。

长此以往，我发现马清平对事物的观察极其敏锐，是一支在写作上极富潜力的绩优股，就建议他注意充分地认识和挖掘自己的潜能。我还曾建议报社主要领导让其转岗编辑记者部门。由于种种原因，岗没转成，他却围着桌子转了一圈，先后任职报社办公室副主任、主任，发行部主任、物管中心主任、经管办主任、社委兼办公室主任，成为报社少有的全才。这期间，他主业工作干得相当出色，多次获得市直机关优秀共产党员荣誉称号和记功奖励。他的写作副业也取得了空前的丰收，其新闻作品多次获奖。《创新需要借鉴——苏浙四报办报特色及启示》一文在《新闻出版导刊》发表后，于2002年9月获得山东省第四届新闻学术年会论文评选优秀奖。《热点新闻报道的探索与实践》于2008年获得第六届中国地市报新闻论文（论著）一等奖。

马清平的专业技术职务是档案系列的正高级职称研究馆员。他担任三届山东省档案专业技术职务高级评审委员会委员，担任四届潍坊市档案专业技术职务中级评审委员会委员，其中担任两届主任委员。1999年1月，他在机关档案工作规范化目标管理省级认定工作中做出突出贡献，山东省档案局特发荣誉证书以资鼓励。他在《档案理论与实践》《兰台文萃》《中国地市报人》《人文教育》《档案管理论丛》《山东档案》等书刊发表了许多档案论文。《构建报纸营销档案的功能》在《中国地市报人》发表后，于2006年6月获得第四届中国地市报论文（论著）一等奖。《论报社基建档案的归档和管理》在《中国地市报人》发表后，于2008年8月获得中国地市报优秀论文奖。《如何做好报纸新闻宣传档案管理工作》于2012年6月获得第十届中国地市报论文优秀奖。

经过较长时间的积累历练，马清平创作的眼界宽阔了，想象力丰富了，体裁题材多样化了。散文、诗歌、文学评论和历史纪实文学相继发表在相关的报纸刊物书籍上。《潍坊晚报》1998年连载了他创作的5万多字的纪实文学《潍县战役》，受到了读者的广泛好评。这为他以后的著书立说奠定了坚实的基础。

"取法乎上，仅得其中；取法乎中，不免为下。"马清平深谙此理。他"咬定青山不放松"，把学习和创作有机地结合在一起，将创作的目标定到国家级水平的高位上，艰难采百花，酿得蜜馨甜。

书上几行字，凝练数日功。他读《史记》《汉书》《资治通鉴》，在空白处写满了密密麻麻的批注和感言；他精益求精，一丝不苟，反复修改作品直至精品方才对外投稿；他发表的几百篇作品，读者反映颇佳。他严谨细致，养成了反复斟酌，广泛征求各方意见的良好习惯。他撰写的地名考究的十几篇文章，每篇在发表前都请我把关。对于我提出的建议，他都十分认真地对待，并一一进行了修改。一次，他将自己创作的几十首历史人物和事件的诗词拿给我征求意见。我坦率地指出了其中几首的不足之处。他精心修改数次又总感不满意，干脆一首未发，压到了箱底。

厚积薄发，相得益彰。2012年底，马清平进入报社领导班子，任职副社长、副总编辑。他的创作也日趋成熟并且开始爆发。经过充分论证，他握起著书立说的武器，把创作目标锁定在广大人民群众深恶痛绝的环境恶化生态危机这个关乎人类命运的大课题上。他通过不同渠道广泛地收集有关资料，夜以继日地阅读完中外作家所著的几百部环保著作，反复征求政府机关、科研院所、专家教授的意见，从而坚定了写好该书的信心和决心。但高强度，高压力，使他的身体消瘦了一圈。我劝他悠着点干，他借机征求我的意见。我提出宏观立足全球、中观辐射中国、微观剖析一隅的建议。他虚心接受，全盘吸纳。通过分析论证，他布局章节时，基本上是按照这个思路展开的。书稿完成，我见他拟定的书名字数偏多，就建议他从文内有关小标题中将带有"人类之殇"的文字抠出来提炼成书名，他欣然接受，为成书增了光彩。

《人类之殇》一书出版后大获成功，虽在我的预料之中，但我还是感到无比高兴。鸡年春节的正月初一，雾霾笼罩大地，城区一片混沌。我再读该书，激动之余，一首《健康飞入万千家》的诗作（刊《齐鲁文学》第100期）有感而生：

雄鸡报晓雾霾下，人类之殇激浪花。

清平智献大环保，健康飞入万千家。

战斗正未有穷期。《人类之殇》的成功，极大地激发了马清平的斗志。在短短的三两年内，他便有《九甲马氏碑文校注》《九甲马氏族谱》《南宫村志》等数部大作问世。

历史碑文是古人遗留后人最真实、最坚固的古籍文献，是历史文化的重要载体。这些年，马清平对本地民间流传下来的明万历皇帝追赠刘应节为太子少保等多篇圣旨进行注释，并在报刊上发表。他对潍坊地区现存历史碑刻进行了广泛调查，撰写成《对民间历史碑刻进行抢救保护的建议》，在《潍坊政协》上发表后，引起有关方面高度重视，采取措施予以抢救。2018年，他合著的《九甲马氏碑文校注》由济南出版社出版。该书共辑录了清康熙三十年到1935年篆刻的93篇碑文。其中有嘉庆皇帝、道光皇帝的六道圣旨，还有过去几百年间举人、进士等文化名流的经典创作，也选入了民国大总统黎元洪的褒奖辞。这些碑文，不但可以追溯潍河中下游一带人口迁徙的脉络、当时的乡村治理和乡风民俗，而且可以补充地方史籍记载的遗缺，对研究明清两朝潍河两岸的风土人情、清朝皇室的诰封制度提供了翔实的原始资料。该书是我国少有的古代碑文集之一，具有重要的史学价值和文化价值，获得了昌邑市委、市政府颁发的第二届丝绸之乡文化奖。

马清平主编的《九甲马氏族谱》在国内谱牒界进行了许多创新。该谱以马氏家族的历史发展脉络为线索，筛选五六百年中的重大事件，主要内容涉及族史溯源、原始居住村庄分布、历次修谱概览、族人迁徙轨迹、家族大事记、老谱掠影、九甲印迹，九甲文华、九甲商风、九甲英才、后代族人命名定式等，录入照片600余张。设立的"昌邑历史地图"一栏，收录了自明朝万历三十二年至2018年的50张昌邑历史地图，是昌邑市目前最全面的历史地图集。全书内容繁杂，包罗万象，具有重要的史学价值和文化价值，是研究明清历史社会变革珍贵的原始资料。

有志者事竟成！马清平乃有志之人。马清平的老家是昌邑市南宫村，是潍河下游东岸一个不起眼的小村庄，这个村从宋末元初就开始载入史籍。马清平主编出版的《南宫村志》，续写了故乡历史。其作品别具一格，展现了与众不同的姿态。该村志上下两卷，上卷为"文纪"，以文字记录为主，记载了南宫村800余年的发展史。内容既有以"史"为经的"纵断面"，又有以"志"为纬的"横切面"。经纬交织，史志结合，水乳交融，浑然一体。其中2万多字的"大事记"上溯至南宋末年，1.5万字的"人物"栏目录入的古代人物就有40余位，极大地提升了村志的含金量。下卷为"影录"，录入照片1390张。录入如此多的照片，在全国各地的村志中十分罕见。这些图片包括：汉砖，宋元碑刻，明清时期的地图、族谱和地契等，其中清朝地契30张，民国时期的人物照、钞票、钱币、课本、日用品等文物更是种类繁多。新中国成立后的图片涵盖了党务村务、文化教育、交通运输、乡风民俗、地理坐标、航拍影像、村容村貌、日用器皿、交通工具、荣誉证书、生物多样性等，较好地展现了南宫村各个历史时期的风土人情和社会风貌。《南宫村志》成为考察潍河流域村庄变迁的重要参考史料。

如苏轼之言："古之立大事者，不唯有超世之才，亦必有坚忍不拔之志。"

马清平知行合一，不务虚名，埋头笔耕，终于一步一步登攀至峻岭高峰！靠着坚忍不拔之志，经过一年多的努力，其新著《生态百问》终成书稿并即将付梓，可谓水到渠成！

作为一个目睹马清平成长起来的新闻界的退休老人，对于他所取得的成就，我看在眼里，喜在心头，借为《生态百问》撰写序言之机会，我送上祝贺，送上祝福。同时衷心地希望马清平能继续坚持做学问之初心，耐得住清贫，稳得住心神，行稳致远，再创佳绩！

2021年1月16日于潍坊德化书斋

目 录

1. 二氧化碳浓度在地球上正发生怎样的变化?

科学家在南极钻取了时代久远的冰芯，通过对冰芯的研究分析，算出了过去65万年间大气中二氧化碳的平均含量在160—280ppm，而且从未超过280ppm。

这是一个相当稳定的二氧化碳浓度时期。

但是，工业革命改变了这一切。工业革命后的二百几十年间，大气中二氧化碳浓度以前所未有的速度攀升。

位于夏威夷的莫纳罗亚观测站是全世界最早观测二氧化碳浓度的观测站，也是世界上连续观测时间最长的观测站。1958年3月，美国斯克里普斯海洋研究所的科学家查尔斯·戴维·基林在夏威夷火山上记录下第一个读数，当时的二氧化碳浓度为316ppm（百万分之316）。从那时起，这种二氧化碳的测量工作一直延续至今。

从1958年至今的60多年里，大气中二氧化碳浓度的上升速度令人吃惊。

以下是美国斯克里普斯海洋研究所提供的监测数据：

1958年3月29日　　　316.19ppm

1965年2月8日　　　320.16ppm

1975年8月8日　　　330.70ppm

1979年7月27日　　　336.84ppm

1982年4月1日　　　342.96ppm

1988年6月23日　　　353.19ppm

1991年6月15日　　　358.22ppm

1992年6月2日　　　359.48ppm

1997年7月25日　　　363.8ppm

1997年12月10日　　　363.95ppm

2003年9月23日　　　373.03ppm

2007年4月2日	385.49ppm
2009年12月8日	388.04ppm
2011年10月31日	389.64ppm
2014年11月12日	397.34ppm
2015年11月6日	399.0ppm

2014年5月26日，世界气象组织发布新闻公告称，2014年4月北半球大气中月均二氧化碳浓度首次超过400ppm。

2016年5月23日，地球上最后一个二氧化碳浓度没有达到400ppm的地方——南极，也首次突破了这一数值。

2020年5月，夏威夷岛上探测到大气中二氧化碳浓度达到417.1ppm。这一数据创造了有史以来的最高纪录。这不仅是有记录以来的第一次，也不仅是一万年前农业文明出现后的第一次，而是数百万年前人类出现后的第一次。人类从未见识过这样的地球。大气中二氧化碳浓度上次达到如此高的水平是在300多万年前，当时全球海平面比现在高数公尺。

令人失望的是，可能在未来的若干年内都不会下降到这个数字以下。

如今，二氧化碳的排放速度远大于地球的净化速度，地球自身的净化能力已显得力不从心。目前，大气中二氧化碳浓度正以每年2—3ppm的速度增长，而且这个速度似乎正在加快，在一切照旧的情况下，年均增幅或将高达3ppm、4ppm，甚至更高。这就像定时炸弹上那根嘀嗒走动的时针，正在慢慢地走向气候变化的引爆点。

2. 引发人类灾难的二氧化碳的浓度阈值是多少呢？

老实说，人们并没有确切的答案。英国政府首席科学顾问大卫·金建议："我们应该防止大气层的二氧化碳浓度超过500ppm"。澳大利亚大气科学家迈克尔·劳帕赫主张550ppm才是浓度的极限。而普遍认可的观点是，可能引发危险的二氧化碳浓度阈值为560ppm——相当于工业革命前二氧化碳浓度

280ppm的两倍。

世界银行前首席经济学家尼古拉斯·斯特恩认为，温室气体的稳定浓度目标为450—550ppm，550ppm是极限，而更高浓度所构成的危险绝对是不可容忍的。早在2007年，联合国政府间气候变化专门委员会发布的第四次评估报告认为，要使人类持续发展，应确保未来全球升温相对于工业革命前不超过2℃，大气温室气体浓度应稳定在450ppm的水平。

世界环境科学宗师、英国著名科学家詹姆斯·拉夫洛克认为，大气中二氧化碳490ppm的浓度可能将导致全球变暖2.7℃（而非联合国政府间气候变化专门委员会报告估计的2.4℃），这将把世界带到接近危险的变暖3℃的门口，这简直意味着人类全球性的集体自杀。

美国卓越的气候学家詹姆斯·汉森认为大气中的二氧化碳浓度应该降低到350ppm以下，如果超过这个指标，则有可能导致不可逆转的灾难，人类将难以保存地球的生态环境。而现在我们已经超越了这个指标60多ppm。汉森警告说："容许二氧化碳浓度接近450ppm将会是铤而走险、愚不可及的举动。"按照目前人类的排放趋势，再过十多年时间，这个危险的指标就将到来。汉森曾于2008年警告美国国会：地球早已过了大气层中温室气体"警戒线"，需要回到1988年的水平线，在物种没有大批灭绝、生态系统尚未崩溃以及海平面没有急剧上升的情况下，承载人类排放二氧化碳的地球大气层只能维持几十年。

国立澳大利亚大学气候学家埃尔科·罗林说："如果二氧化碳浓度达到最糟糕的1000ppm的话，一切赌注都结束了。"

 ### 3. 大气中的二氧化碳浓度升高对人类有没有影响？

目前，世界上的科学家对这一问题鲜有研究。

美国科罗拉多大学海洋科学的教授克里斯·科纳斯克司担心，室内的二氧化碳含量过高可能会损害人们的认知能力。换句话说，二氧化碳这种无色无味气体，可能会使我们变得愚蠢。

克里斯·科纳斯克司指出：在二氧化碳的排放量非常高的情况下，"我们复杂的决策功能可能会在20世纪末的时候下降多达一半。"不过他和他的同事承认这个计算只是一个粗略的估计，他表示，针对这个问题还需要开展很多研究。

有的研究人员认为非常高浓度的二氧化碳会对大脑造成损害。2016年，美国哈佛大学和雪城大学的科研人员发现，当室内的二氧化碳浓度达到945ppm时，人们的认知功能会下降15%；当室内的二氧化碳浓度达到1400ppm时，人们的认知功能会下降50%。

但有的研究人员对此却持有不同的观点。

现代人类作为一个物种只有30万年的历史，但是在我们演化进程中的大多数时间里，环境中的二氧化碳都远低于现今的二氧化碳浓度。

无论如何，一个大规模的实验都正在悄然进行，地球上的每一个人都是实验组被试。大气中的二氧化碳含量正在逐年上升，也许若干年之后，我们将失去头脑清醒的时候。

4. 为什么对二氧化碳浓度的增长不能掉以轻心？

二氧化碳浓度的加速上升可能是科学家长期担心的气候反馈机制开始发生作用的证据。根据超级计算机全球气候模型计算的结果，大气中二氧化碳浓度的增加会产生温室玻璃的保温效果，最终导致全球气温升高；反过来，气候的变化也会影响碳循环，影响大气中的二氧化碳浓度。

气候具有反馈机制，气温变暖将削弱海洋、森林等碳吸收槽吸收大气二氧化碳的能力。气候反馈机制一旦发生作用，将改变地球的自然体系，全球气候变暖也将随之加速。这意味着由气候变化所引发的世界性干旱、农业减产、海平面上升、天气紊乱和洪水泛滥等灾难性预测结果将提前到来。

一项研究警告，全球二氧化碳浓度升高可能导致生物大灭绝的悲剧重演。

地球的二氧化碳浓度正逐渐上升，导致海洋中的氧气浓度降低，美国佛罗里达州立大学的一项研究表明，这种趋势非常危险，可能导致历史上的生物灭绝事件重演。研究表明，侏罗纪时期大规模的火山喷发释放出大量二氧化碳，逐渐使海洋中的氧气减少，最终导致了大规模的生物灭绝。

如果二氧化碳的增长得不到遏制，情况就会变得很糟，这个事件非常重要，意味着我们用于稳定全球气候的时间已经不多了。

 ## 5. 为什么说二氧化碳浓度升高会造成上亿人营养不良？

据悉，全球超过3/4的人主要从植物中获取日常所需的大部分蛋白质。在20世纪80年代中期，许多生态学家就认识到，空气中二氧化碳含量的升高可能会对植物产生重大影响。为了评估未来蛋白质缺乏的风险，美国哈佛大学公共卫生学院的研究人员综合分析了高浓度二氧化碳环境中农作物培育实验数据。他们发现，在大气二氧化碳浓度升高情况下，水稻、小麦、大麦和马铃薯的蛋白质含量会分别下降7.6%、7.8%、14.1%和6.4%。

数据分析显示，如果全球二氧化碳排放趋势不变，到2050年，目前已经饱受蛋白质缺乏影响的撒哈拉以南非洲地区人民将面临更大挑战，而以水稻和小麦为日常蛋白质来源的南亚国家也将面临蛋白质缺乏风险，仅印度就将有5300万人日常蛋白质摄入不足。

美国研究人员发表在《环境与健康展望》的研究称，大气中二氧化碳浓度升高将致上亿人营养不良。二氧化碳浓度升高不仅会造成上亿人蛋白质摄入不足，还可能导致更多人贫血。2015年，美国哈佛大学公共卫生学院的研究员塞缪尔·迈尔斯就曾发表研究报告称，二氧化碳排放量增加可能导致全球大约2亿人缺锌。

德国农业专家指出，在21世纪中叶将会出现的二氧化碳浓度之下，人们种植出来的小麦的蛋白质及铁元素含量都将明显减少，同时含铅量将上升14%。发表在英国《自然·气候变化》杂志上的研究报告指出，从目前的趋势来看，到21世纪中叶，空气中更高的二氧化碳浓度会使农作物中的铁、锌和蛋白质含量减少17%。

那么，环境中二氧化碳含量升高为什么会导致植物中微量元素减少呢？有人用"生物量稀释"来进行解释：由于二氧化碳的增加促进了光合作用，植物产生的碳水化合物往往多于它们自身生长和代谢的需要，这些多余的淀粉和糖储备在液泡里，植物中碳水化合物的含量超出了原来的水平，而其他微量元素等营养素的含量则随之下降了。

 6. 为什么说空气污染是全球最严重的环境健康风险？

全球空气污染急需得到遏制。虽然世界上某些地区的空气质量应对措施已经取得了积极的成效，但是每年仍有几百万来自发达国家和发展中国家的人口因为长期暴露在空气污染物中而过早地死亡。同时更多人的健康受到了严重的影响。

在大多数室外空气污染受监测的城市，其空气质量都达不到世界卫生组织指南中关于可接受污染水平的标准。在这些城市生活的居民拥有更高的患上中风、心脏病、肺癌、慢性和急性呼吸道疾病（包括哮喘）及其他健康疾病的风险。室内空气污染，尤其在发展中国家，是另一种导致健康欠佳和过早死亡的主要原因。

世卫组织负责人称，空气污染是新的烟草，它正在造成每年820万人死亡，也就是全球每8位死者中就有1位，并损害数十亿人的身体健康。世界需要对这种新烟草采取类似的行动，无论贫富，没有人能逃脱空气污染。这是一场无声的全球公共卫生紧急事件。

世界卫生组织发表的针对儿童的空气污染报告，称全球约有93%15岁以下儿童（即18亿儿童）每天呼吸着遭受严重污染的空气，使他们的健康和发展面临严峻风险。据世卫组织估计，2016年，有60万名儿童死于因污染空气引起的急性下呼吸道感染。

世卫组织题为《空气污染与儿童健康：清洁空气是良策》的报告阐明，如果孕妇暴露于受污染的空气，更可能导致过早分娩，并产下低出生体重的瘦小婴儿。空气污染还会影响神经发育和认知能力，并可能引发哮喘和儿童期癌症。暴露于高水平空气污染的儿童在以后生命中罹患心血管病等慢性疾病的风险可能更高。

全球空气污染是世界上最危险的杀手之一，它是我们这个时代最大的公共健康问题之一。

 7. 相比工业化前全球平均温度上升了多少摄氏度？

温度是全球气候变化的一个最重要的指标。

2020年4月，世界气象组织在纪念"地球日"活动中发布了《2015—2019年全球气候》最终报告。报告称，全球平均气温比工业化前升高1.1℃，比2011年—2015年这5年平均气温升高0.2℃。

预测表明，全球温度可能会进一步升高，尤其是在高纬度和陆地地区。自80年代以来，每个十年都比前一个十年更加温暖。2013年3月，美国《科学》杂志刊登的一项研究报告称，地球或迎来1万年最热期。研究预测，今后几十年，地球平均气温将高于1.13万年中任何时间段。根据二氧化碳排放程度预计，21世纪末，全球平均气温将上升1.1—6.3℃。

根据科学家所说，相对于1750年工业化前的水平，全球平均气温升高2℃是人类社会可以容忍的最高升温。如果温度升高超过2℃，人类就会对全球气候失去控制，陷入危险之中。

8. 全球气温上升1.5℃意味着什么？

目前全球气温已经比工业化之前平均高出1.1℃。

2015年12月达成的《巴黎协定》提出，要把全球平均气温较工业化前水平升高控制在2℃之内，并为把升温控制在1.5℃内而努力。

2018年10月，联合国政府间气候变化专门委员会在韩国仁川召开第48次全体会议，会议通过了《全球升温1.5℃特别报告》。报告强调当前迫切需要采取严厉措施，防止全球变暖超过1.5℃。报告指出，如果气候变暖以目前的速度持续下去，预计全球气温在2030年—2052年间，就会比工业化之前水平升高1.5℃。

1.5℃是一个重要的临界点，气温一旦突破了这一界限，全球形势会急剧恶化，引发一系列破坏性后果，届时，全球控制气温升高的难度陡增，人类付出的成本和代价将翻倍。科学界指出，上升1.5℃将带来长期不可逆转的风险：

1. 导致陆地上出现更多酷热天气，而在高海拔、东亚和北美东部等地区，将出现更多极端风暴。

2. 导致海平面将上升26—77厘米，生活在沿海地区的数千万人将受到影响。

3. 破坏全球陆地上约13%的生态系统，昆虫（包括食物授粉者在内）的栖息地将减少一半，增加许多昆虫、植物和动物灭绝的风险，加剧了全球粮食安全问题。

4. 导致北极将每10年经历一到两次无冰的夏季。

5. 导致珊瑚礁的数量将下降70%—90%。

能否守住"1.5℃"这根控温线，对今后数十年的地球生态系统和许多人而言可谓"生死攸关"。

9. 为什么说升温2℃是生态系统和人类社会生存的底线?

"2℃阈值"说是欧盟率先提出来的。其内容是,相对于1750年工业化前的水平,全球平均气温升高2℃是人类社会可以容忍的最高升温。

2℃阈值说是基于一个并非科学界普遍认同的模型。尽管全球平均气温升高对人类生存环境和生存条件的影响毋庸置疑,但没有理论足以证明2℃升温是极限,而对于不同生态系统、社会系统、经济系统来说,升温造成的影响也不尽相同,2℃阈值说不具有权威性。因此,更有专家一针见血地说:2℃阈值不是毋庸置疑的科学结论,而是价值判断和政治决策。

尽管如此,不少气候学家仍坚持认为:"2℃"是一条不可逾越的红线,人类突破了这一道控温线,将带来不可逆转的灾难。

联合国发布的一份报告显示,确保化石燃料排放在2020年前达到峰值的努力将会失败。事实上甚至到2030年,这一目标也无法实现。

根据华盛顿大学统计学教授的预测,到2100年,全球温度上升的范围很可能在2℃到4.9℃之间;即使各国采取减排措施,中位数也可能达到3.2℃。

而全球温度升高不超过2℃的概率只有5%;不超过1.5℃的概率则只有1%。

世界气象组织警告称,到2100年全球气温可能轻易上升3℃—5℃,远高于人们期望控制在1.5℃内的目标。

国际上众多气候学家认为,21世纪全球气温上升控制在2℃基本是个梦。

10. 气候变化会将人类逼上绝境吗?

气候危机是人类面临的十分紧迫的重大挑战,它比以往人类应对过的任何危机都要更大、更复杂,它直接关系到人类在这个星球上能否继续生存繁衍的头等重要的大问题。

在全球减排前景黯淡的大形势下,我们已无法将全球气温上升控制在1.5℃内。

即使人类达成《巴黎协定》的目标——将气候上升幅度控制在2℃以内,多米诺骨牌效应仍可能在几十年内将地球变为温室。

世界气象组织警告称,到2100年全球气温可能轻易上升3℃—5℃。

除非全球温室气体的排放有所下降,不然50年以后,全球1/3的人口将面临极端高温,生活在年平均气温超过29℃的环境下,部分人口居住的地区将会像撒哈拉沙漠地区一样干旱炎热。

全球气温不断上升,不仅会影响人类未来的居住环境,甚至还会使智商变低。科学家发现,地球大气中二氧化碳浓度的升高可能会导致整个人类认知能力的下降,降低人类的专注力,阻碍学习能力,导致智商全面退化。

气候变化可能对人类生育产生重大影响。根据东英吉利大学的最新研究,气候变化可能对男性生育能力构成威胁。发表在《自然通讯》杂志上的研究结果显示,热浪会破坏男性精子,使男性生殖健康减半。

全球气候危机拉响警报!

下个世纪,人类文明可能会被灾难性气候变化所摧毁!这是美国研究人员提出一项令人震惊的观点,他们表示,未来100年受气候条件的影响,人类灭绝的概率是5%,这是一个"低可能性高影响力"事件。

他们表示,全球气温升高超过3℃,将导致这种灾难性后果。然而,全球气温升高5℃以上,后果将导致我们人类灭绝。

有的生态学家预测,上升5℃:地球上40%以上的生物灭绝,陆地生态系统中碳元素的排放量大大高于被吸收量，洋流循环变暖，引发生态系统突变，亚热带地区、高纬度地带频发洪水，中纬度地区、沙漠地带旱情加剧，数亿人口因水资源不足而备受折磨，世界30%的沿海地带被海水淹没，传染病迅速蔓延。喜马拉雅山冰川全部融化，1/4中国人和印度人将面临缺水，同时还将伴随发生大规模的地震和海啸。上升6℃：95%以上的生物灭绝，地球重回两亿5千万年前的地质时代。

气候变化让人类站在事关存亡的十字路口。气候灾变正一步步地逼近而来，而我们却对此无动于衷。2019年11月5日，值第一届世界气候大会召开40周年之际，全球153个国家的1万多名科学家在《生物科学》杂志上发出警告称，整个世界正面临气候危机，若不做出深刻且持续的改变，人类将自食其果，面临数不清的灾难。联合国秘书长古特雷斯在纽约总部就气候变化问题发表讲话指出，如果国际社会不在2020年之前改变方向，就可能错过避免气候变化失控的时机，对人们和赖以生存的自然系统带来灾难性的后果。

11. 造成全球变暖的第二大温室气体是什么？

甲烷是造成全球变暖的第二大温室气体，仅次于二氧化碳。

二氧化碳在大气中的平均寿命约为一个世纪，而甲烷在大气中的寿命只有9±2年。甲烷在短期之内是非常强势的温室气体，20年内的暖化效应是二氧化碳的84倍，100年内的暖化效应是二氧化碳的28倍。

甲烷还促进了对流层臭氧的产生，臭氧是一种危害人类健康和生态系统的污染物。甲烷还会通过化学反应导致平流层中产生水蒸气，从而加剧全球变暖。我们今天感知到的由人为造成的全球暖化效应的1/4归结于甲烷。

大气中的甲烷主要来自煤矿开采、石油天然气生产、垃圾填埋、牲畜、稻田、生物质燃烧等人为源的排放。人为排放占全球甲烷排放的50%—65%。

在过去的三个世纪中，全球甲烷浓度较工业革命前增长了约150%。

12. 甲烷的人为排放与自然排放哪个更多？

研究人员从格陵兰岛收集了冰，以研究现代大气中的甲烷有多少来自人为排放（如开采作业和管道泄漏），而有多少来自自然排放（自然地质渗漏）。由于这两种类型的甲烷都不含碳14，科学家将19世纪70年代的甲烷含量与化石燃料时代的甲烷含量进行了比较。

数据显示，19世纪70年代，不含碳—14的甲烷水平要低得多。研究人员表示，这意味着当今空气中甲烷的自然来源比以前估计的要小得多，相反甲烷的大量增加来自人类的行为。而在以前的较长时间里人类甲烷排放被低估。

科学家最近发现，人为排放的甲烷比湿地和永冻土等自然排放的多出两倍。如能源行业煤炭、石油、天然气的开采和运输是最重要的人为甲烷排放源。根据国际能源署发布的《世界能源展望2019》，2018年全球煤矿甲烷泄漏量达4000万吨，油气行业甲烷泄漏量达8000万吨，按照20年全球增温潜势计算，能源行业甲烷排放相当于100多亿吨二氧化碳当量。

为了应对未来的气候变暖，我们既要防止古老的碳库释放大量甲烷，当前应更加关注人类活动释放的甲烷。

13. 为什么说甲烷可能是气候变化的引爆器？

地球上的大量甲烷以水合物的形式存在于海底和两极寒冷地区的永久冻土层中，我们俗称可燃冰。这些甲烷被水包裹，在相对低温的环境中并不会对外释放，但是一旦地球温度升高，导致寒冷地区的冻土融化，就会导致甲烷释放，从而进入大气层，加剧全球变暖。

大气中的甲烷含量从20世纪80年代开始以前所未有的速度急剧上升，北半球中纬度地区和热带地区的增长尤为显著。这一增长率在2014年开始加速，并在2015年后继续增长。大气甲烷含量已从2006年的1775ppb增加到2017年的1850ppb。

在北半球，有1/4的陆地地表包含永久冻土，即永久冻结的土壤、水和岩石。现在，一些永久冻土也开始了解冻过程。那里的温度已经升至创纪录的水平，从2007年—2016年，平均上升了0.29℃。

2014年，世界银行发布的《降低热度：直面气候新常态》报告警告说，如果2050年升温2℃，俄罗斯的甲烷排放量可能会增加20%—30%。

美国国家航空航天局团队利用可见红外成像光谱仪对北极约3万平方公里进行观测，测出甲烷热点至少存在200万个，主要集中在湖泊、溪流等水域附近40米范围内。

更要命的是，有专家估计，按照目前全球变暖的速度，在2100年前，北极大概有30%—70%的永久冻土层将会融化。

据科学家观察，在高纬度地区正在上演甲烷释放的过程，到底有多少甲烷释放，其产生的最终影响还有待估量。但是很多事情都是先有一个量变的过程，最终达到质变，而当质变来临时，可能为时已晚。

有科学家曾估算过，地球上的甲烷水合物如果在几年中有10%释放到大气中，那么它对地球辐射的影响就相当于二氧化碳增加了10倍；如果北极5%的永冻层快速融化，气候反馈和生态平衡就会崩溃。

2008年发表在英国《自然》杂志上的一篇文章曾指出，6.35亿年前，由于甲烷的释放，地球迅速升温，炎热的气候取代了冰期。论文第一作者、美国加州大学滨河分校教授马丁·肯尼迪认为，同样的事件可能在今天再次发生，而且变化会来得异常迅速——不是在几千年或几百万年里，而是在短短一个世纪中。"这是一个重要的忧虑因素，因为也许只要一点点的升温就能让禁锢着的甲烷释放出来。"肯尼迪表示。

尽管肯尼迪等人研究的是几亿年前发生的情况，但是他们看到今天发生的状况与那时是类似的。在定量评估温室气体排放对气温变化的贡献时，联合国政府间气候变化专门委员会报告引用了"辐射强迫"的概念，它指的是某种因子造成的太阳辐射的变化。肯尼迪也用这个概念来考察。"如果我们将二氧化碳水平翻一倍或是翻两倍，会发生什么情况呢？"肯尼迪担心，二氧化碳增加所造成的全球变暖会让储藏在自然界的甲烷在一代人的时间里释放出来。

美国加州大学圣塔芭芭拉分校的地质学和古生物学教授吉姆·肯尼特同意肯尼迪的看法，认为他的思路是正确的。肯尼特甚至认为，如果地球的气候能够在短短几十年里发生巨大的变化，那么甲烷的释放是唯一可能的引爆器。

 ## 14. 除二氧化碳和甲烷外还有哪几种温室气体？

1. 黑炭。也称烟灰。黑炭与其他空气污染物不一样，它不是一种气体，而是微小的碳微黑炭在烟尘中可以看到这种碳微粒。科学家发现黑炭在全球变暖中的角色大得惊人。有人估计北极升高2.5℃中的1℃是由黑炭造成的。但黑炭的寿命却很短，在大气中逗留的时间不长，因为会被雨水冲刷掉。黑炭的来源主要是木柴燃烧、森林火灾、火力发电、燃烧石化能源等。

2. 卤烃。是一族工业化学物质的总称，破坏臭氧层的氟利昂就属于这类物质。卤烃一族物质占到污染物质总量的大约13%。有些卤烃物质可以在大气中停留数千年而不消失，其中令人震惊的是四氯化卤烃在大气中逗留的时间长达5万年，但它的排放量较小。

3. 一氧化碳和易挥发有机化合物。一氧化碳主要来源是汽车，生物质的燃烧也排放出大量的一氧化碳。易挥发有机化合物主要自来自工业生产，有一部分来源是汽车尾气。这些污染物质实际上本身并不会阻留热量，但是却会生成低量的臭氧，臭氧是一种强力的温室气体，也是对人体有害的物质。这些污染物质也会同大气中的其他化学物质（如甲烷、硫酸盐以及发生反应可能性较低的二氧化碳）发生化学反应，从而进一步阻留大量的热，使得地球暖化加剧。

4. 一氧化二氮。又称"笑气"，捕获热量的能力比二氧化碳高270倍。它虽然比甲烷稀有的多，但在大气中能存留150年。在全球排放的一氧化二氮中，大约有1/3来自化石燃料的燃烧，其余来自有机物燃料的燃烧和含氮肥料的使用。严重依赖氮肥的农业活动是一氧化二氮的重要来源。在过去的100年里，由于化学家将氢和空气中的氮合成为氨的技术后，我们已经将环境中已有的氮含量翻了一番。现代农业逐渐严重依赖大量施用合成氨肥来为土壤追加氮，结果是一氧化二氮排入了大气，从土壤溢出的氮流入了江河湖海。

应对全球变暖当务之急是，将二氧化碳、甲烷、黑炭、卤烃、一氧化碳、一氧化二氮这些空气污染物迅速大幅降下来。

15. 氮气会污染环境吗？

氮气是空气的主要成分之一，占据空气的80%。氮气是一种无害的惰性气体，通常状况下无色无味。

氮气的化学性质不活泼，常温下很难跟其他物质发生反应，所以常被用来制作防腐剂。但在高温、高能量条件下可与某些物质发生化学变化，用来制取对人类有用的新物质。氮会与其他原子结合形成化合物，即所谓的"活性氮"或"固定氮"。

氮气对地球上的生命来说必不可少，但是，高浓度的氮气也会对环境造成巨大的破坏。

科学家发现，人类正在制造一种活性氮混合物，威胁健康、气候和生态系统，使氮成为人类面临的最严重的污染问题之一。

活性氮主要有四种类型，对人类和环境具有不同的影响：

1. 氨气。无色气体，有强烈的刺激气味。存在于粪肥、尿液、肥料和燃烧的生物质中，是氨基酸、蛋白质和酶的基础。然而，高浓度的氨气会导致湖泊里的藻类大量繁殖，在空气中形成的颗粒物会对人们的健康造成损害，还会影响泥炭地和森林等陆地生态系统。

2. 硝酸盐。被广泛用作肥料和炸药。农作物没有肥料的辅佐，产量会极大地降低。然而，肥料的过度使用会危害健康。硝酸盐是水溶性最强的盐类，对氮循环起着至关重要的作用，此外，它也是硝酸盐污染的主要来源。生活污水、生活垃圾与人畜粪便，在自然降解过程中，可产生硝酸盐。食品、燃料、炼油等工厂排出大量的含氮废弃物，经过生物、化学转换后均形成硝酸盐进入环境中。工业废水、农业径流中都会发现硝酸盐，而氮氧化物在大气中发生一系列化学反应后，最终的归宿也是硝酸盐。

3. 氮氧化物。是主要的空气污染物。主要存在于汽车尾气中，会诱发心脏病和呼吸系统疾病。在阳光照射下，甲烷、氧化亚氮和挥发性有机化合物经由一连串光化学反应生成的近地面臭氧，是一种极具破坏性的空气污染物。

4. 一氧化二氮。主要来自农业、工业排放和化石燃料燃烧。该气体通常被用于医疗用途，或作为火箭推进剂。同时，它也是一种比二氧化碳强近300倍的温室气体，一氧化二氮会严重消耗臭氧层物质，使人类暴露在有害辐射之下。

当前，牲畜、农业、运输业、工业和能源部门的需求日益增长，导致我们的生态系统中，活性氮也急剧增长。

解决活性氮的污染问题，对于实现空气质量、水质、气候、平流层臭氧和生物多样性目标的好转至关重要。

16. 空气污染会导致智力下降吗？

2018年8月，由北京大学和耶鲁大学的科学家联合开展的一项研究表明，空气污染会对智力产生"巨大的"负面影响——尤其是老年男性。研究发现，长期暴露于空气污染中，会导致整体认知能力下降。

此项研究首次聚焦空气污染与老年人认知之间的联系。研究成果发表在《美国国家科学院院刊》上。

研究人员对中国162个市区或县城（随机抽选）中超过25000人进行跟踪检测，并同时追踪了3种大气污染物的每日浓度，即参与者居住地区的二氧化硫（SO2）、二氧化氮（NO2）和粒径小于10微米的颗粒物（PM10）浓度。

研究发现，空气污染会产生累计效应，其破坏性会随着人们年龄的增长而加大，特别体现在数学和口头表达能力上。其中，受教育程度较低的年长男性受影响最大。原因之一是这一群体多数都经常从事户外体力劳动，所以不可避免地长期暴露于空气污染的环境中。

科学家因此得出结论：空气污染对老化的大脑造成的损害可能会带来巨大的健康和经济成本，因为认知功能对老年人每天行动和做出高风险的经济决策至关重要。简而言之，空气污染对社会福利的间接影响可能比我们之前所估计的要大得多。

该研究小组成员、美国耶鲁大学公共卫生学院的研究员说："空气污染会令每个人的受教育程度平均减少一年，这种影响是巨大的。"

该研究还表明，空气污染会增加阿尔茨海默病和其他形式痴呆等退行性疾病的风险。

17. 全球正在变暗吗？

是的。地球正面临着一个新现象——全球变暗（也称全球黯化）。在过去半个多世纪里，由于严重的空气污染导致到达地球表面的太阳光下降了10%到20%，也就是说地球接受的太阳辐射减少了，全球陆地上空的澄净蓝天在减少，使地球看起来变得越来越昏暗了。

20世纪90年代，英国科学家格里·斯塔希尔意外发现，20世纪50年代时以色列地区接收到的太阳能量，与90年代相比竟存在着惊人差距，其下降幅度高达22%。格里查找了世界各地关于地表接收太阳能量的记录。结果，在他查找的所有地区都发现了类似现象。20世纪50—90年代，美国地表接收到的太阳能量下降了10%，苏联地区的降幅则高达30%。就全球范围而言，全球黯化的速率在各地有所不同，但平均值约为每10年降低2—3%。

中国的情况也大致相同，美国的研究人员宣称，通过近500台遍布中国的地面阳光接收纪录仪器，他们发现自1954年以来，每过10年地面的阳光辐射便下降约2%。比起50年前，中国大地的光照平均减弱了10%。与此同时，整个中国地区的水分蒸发率也在下降，大约每10年减少3.81厘米。江苏省气象台的统计资料也表明，1951年—1980年，南京年平均日照时间为2155小时，到90年代，这个数字仅为1900小时。2006年更低，仅为1767小时，与50年来的平均值相比，下降了14%。

中国科学家指出，中国近50年能见度下降了一半。

18. 全球变暗的原因是什么？

为了找出全球变暗的原因，科学家在世界不同的地区进行了观测和研究。他们经过观测认为，导致全球变暗效应的罪魁祸首是人类大量使用化石燃料。

煤炭、石油、天然气燃烧时所生成的物质，除了不可见的二氧化碳，还有极小的漂浮微粒。这些可见的空气污染改变了云团的光学性质，受到污染的云团，具有更强的反光性，从而将太阳光反射回了太空。

而令人意想不到的是，飞机在高空飞行时形成的凝结尾也被认为是全球黯化的原因之一。

飞机的凝结尾通常在海拔8000米以上的高空出现，那里的温度低达-36.5℃以下。

碳氢燃料燃烧后，其主要产物是二氧化碳和水蒸气，若只是这些，凝结尾难以形成，因为水滴和冰晶的形成需要凝结核。而飞机发动机排放的废气中恰好还含有大量的微粒，低气温让水蒸气在微粒上凝结，变成微小的水滴或者冰晶，凝结尾就形成了，这是一种人造云。

凝结尾形成后不久只有数十米宽，然而渐渐地，它会扩散到数公里的宽度，最终，它会变成类似于天然的卷云和高积云密布天空。

很早之前，科学家们就推测，飞机的凝结尾会对气候造成影响，而这主要体现在白天时，天空密布的凝结云挡住了部分太阳辐射，它是全球变暗的原因之一。

目前，全球每年航班总数就高达近4000万架次，也就是说平均每天约10万架次，这还是没有考虑到各国战斗机、军用运输机等。全球每天在空中飞行的飞机数量是一个庞大的数字。

海量的飞机在高空留下的人造云是全球黯化的原因之一，但绝不是最主要的原因。造成全球黯化最主要的原因还是来自其他更大量的空气污染。

 19. 全球变暗有什么危害?

全球变暗是一个关乎全球性的重大问题，它不仅仅是一种现象，可能会对全球气候和地球上的生物带来意想不到的后果。科学家正在持续观察中。

按照常理来说，全球温度如果正在上升的话，那么地球上海水的蒸发量也应该增多。海水蒸发量增多以后，地球会变得更加的湿润，全球气候会进入一个温暖湿润的时期，但是实际的观察结果是相反的：20世纪90年代，以色列、美国和欧洲的一些科学家发现，全球的海水蒸发量呈现逐渐减少的趋势。

全球变暗对人类最不利的影响恐怕就是海水蒸发量的减少，海水蒸发量减少了以后，地球上的降雨量就会减少。因此，全球变暗很有可能会影响全球的水循环。

有些科学家担心，若是阳光不能充分照射海洋，全球降雨分布会受到严重干扰。有迹象表明，20世纪七八十年代，撒哈拉以南非洲大旱灾，原因可能正是如此。那几次旱灾造成数十万人死亡。如果同样的情况在亚洲出现，将是更大的悲剧，因为这里生活着世界一半的人口。著名气象学家拉曼内森忧心忡忡地说："我主要担心的是全球渐暗会对亚洲雨季带来灾难性影响。"

还有科学家做出了更大胆的推测：地球变暗的情况可能导致气候模式发生重大变化。

令人担忧的是，全球变暗可能使人们低估了温室效应的真正影响。科学家更担心地球变暗这一事实会掩盖全球变暖的结果。表面上，温室气体造成的"温度上升效应"，会被全球变暗带来的"冷却效应"抵消。事实上，情况恰恰相反：太阳光照的减少，可能正意味着全球变暖对人类社会的影响比我们从前估计的要大得多。

全球变暗可能会给人类健康带来危害。比如日照少容易使人患上冬季抑郁症。

20. 北冰洋会变成"无冰洋"吗？

北极绝大部分的面积是北冰洋，北冰洋对气温变化的反应更敏感。在全球气候变暖的背景下，北极地区气温的上升速度高于其他地区，北极地区的变暖速度是其他地区的两倍，这种现象叫作极地放大效应。

在短短40年间，北冰洋夏季的海冰面积就已经萎缩了一半，全年的海冰体量也在逐步下降，目前的体量仅为20世纪80年代早期的1/4，科学家原本推测至少要到21世纪中叶北极海冰的体量才会减小到如此低的程度。

许多科学家预计，到21世纪中叶北冰洋将彻底成为"无冰洋"。

21. 为什么说北极的整个冷却系统正在朝岌岌可危的方向演变？

北极是地球上升温速度最快、升温幅度最大的地方。

自90年代中期以来，北极的变暖水平是全球平均水平的两倍以上。研究发现，自2014年以后的每一年，北极的气温都比1900年—2014年之间的任何一年都要高。

根据美国国家海洋和大气管理局的年度北极报告卡，2018年10月到2019年9月北极的平均气温比正常高1.9℃，是自1900年以来的第二高纪录，仅次于2015到2016年度。2019年的高温现象是表明当前的北极变暖期没有停止的又一个迹象。

过去的10多年时间里，科学家发现北极的气象纪录一项一项被打破：北极的气温、北极地区地表冰层的融化程度、北极海冰的减少量……每一项结果都远比过去学界对北极气候的模拟结果要严峻。

联合国发布的一份报告指出，即便是《巴黎协定》中规定的减排量，也不足以防止北极气温升高引发的全球海平面上升。也就是说，即使全球达到了协定中规定的基准，到2050年，北极的气温也将上升3—5℃。

北极地区气温的快速上升，与燃烧石油、天然气和煤炭造成的大气中二氧化碳含量飙升相吻合，是全球气候正在恶化的明显证据。

研究北极的科学家习惯把极地比作整个星球的"空调"，它能容纳一定范围内的气候变化，调节温度、湿度、天气，但它正在面临瘫痪。有迹象表明这一关键的冷却系统可能正在走向崩溃，北极的整个气象环境系统正在朝着十分危险的方向发展，阻止这种变化趋势的可能性已微乎其微。

 22. 北极急剧升温将会带来怎样严重的后果？

北极是全球气候的领头羊，北极气候系统正向一个前所未有的方向发展，这不仅会影响北极内部，而且影响全球。北极任何看起来的微小变化都可能会带来巨大的后果：

1. 对全球气候模式产生深远的影响

北极加速暖化的后果绝不仅仅停留于北极。由于缺乏长期气候观测记录，目前短于百年尺度的观测记录还不足以刻画北极变暖对人类生存的直接影响，"北极放大效应"对全球尤其是北半球中纬度地区的确切气候影响及其机制尚不清楚。但有证据表明北极变暖与中纬度地区干旱密切相关，这是因为北极变暖削弱了热带和极地之间的温度差异。反过来，中纬度西风带减弱，导致中纬度地区的长期干旱。北极气候的巨变，将严重影响北半球国家的季风性气候。通常在北冰洋冰盖快速融化的年份，北半球国家严寒的天气较多。而一旦北冰洋冰盖融化殆尽，影响各国的寒流会大大减弱，从而造成不可预测的气候巨变。两极和赤道之间的温差驱动着大气与海洋环流模式。随着两极变暖不断加剧，两者温差将越来越小，最终将改变全球气候格局。

2. 对全球海洋循环产生巨大影响

当海冰大量融化以后，体量巨大的淡水会涌入格陵兰南部。这可能减缓墨西哥湾暖流的流速，进而导致大西洋东西两岸大陆上的天气趋势发生显著变化。随之而来的是全球性的洋流变化，甚至还会阻断一些重要的洋流活动，使得地球上某些地区的气候更加让人捉摸不透。

3. 引发永久冻土层甲烷的释放

北极地区的永久性冻土中，碳储量大约是目前大气中的2倍。北极气温的上升将带来冻土带的迅速融化，强温室气体甲烷将破土而出。冻土层大规模消融会给全球变暖的进程带来极大的影响，反过来，这个过程又会进一步加速冻土消融，形成恶性循环。冻土层产生的巨量排放，可能彻底击败人类减少排放量的一切努力，情况将变得难以控制。

4. 导致海平面的上升

极冰融化形成的径流在进入海洋后，会直接抬升海平面的高度，给全球所有沿海区域带来可怕后果。在12.5万年前，北极的气候曾经出现过比现在稍微偏暖的情况，当时的海平面已经比现在的状态高4米—6米。

5. 加大海洋酸化和暖化

由于冷水比热水可以容纳更多的二氧化碳，北冰洋特别容易产生海洋酸化和暖化。海水变暖导致有毒藻类大量生长，对北极海洋生物构成新的威胁。

6. 威胁整个地区的生物多样性

全球气候变化正在成为北极生物多样性最大的压力来源。随着海水温度上升，北极脆弱的生态系统也将受到重创，以浮冰而赖以生存的北极熊、海豹等动物将可能遭受灭绝。当海冰缩减后，浮游生物开始出现在一些高纬度区域，它们在原本过于寒冷的地区和季节里逐渐繁盛起来。这会吸引低纬度的鱼类向北极水域聚集，低纬度地区的鱼类资源则会大大减少甚至消失。连接北太平洋和北冰洋的白令海为美国提供了超过40%的鱼类和贝类捕捞量。在北极变暖的情况下，人类赖以生存的食物越来越少。在陆地生存的驯鹿种群数量也面临大幅度下降。

7. 病毒病菌死灰复燃

冰封在冻土层中的古老病毒有可能再次苏醒，封冻在土壤里已经灭绝的古代病菌也可能被释放出来，对现代生命形成极大威胁。

8. 极端天气也将变多

有的地区变得更加干旱而频发森林大火；有的地区则会遭到更多的风暴袭击；有的地区将出现连续不断的热浪、持续性的强降水等等。

9. 水汽影响加剧

北极变暖将导致海洋的热量更容易进入大气。高空西风急流的南北摆动也会将大量暖湿空气输送到高纬度地区，这些暖湿空气的量也一次次地突破了记录。科学家往往很容易忽略额外的水汽产生的影响。首先，水汽是一种温室气体，在北极干冷的大气环境中，即便额外增加微量的水汽都可以阻止大量的热量向外散逸。而且这些水汽在凝结成云的过程中还会释放凝结潜热，进一步加热大气。最后，云量增多会使更多的热量被困在云层下方的低层大气中，从而成为导致北极加速融化的另一种诱因。

23. 是什么原因造成了海平面上升？

海平面上升有三个主要的影响因素：冰川融化、海洋升温和风场强迫。

首先是冰川融化。冰川融化是全球海平面上升的重要因素。地球上的冰川主要存在于三个不同的区域。第一是南极大陆，如果南极大陆全部融化的话，全球海平面会上升60多米。第二是格陵兰岛，这里是很重要的淡水存储地，如果格陵兰岛全部融化的话，全球海平面上升7米。第三是高山的山地冰川，山地冰川对全球海平面的影响相比于两极冰川偏弱。

其次是海洋升温。海洋过去30年的增温过程，不仅仅发生在表面，深层也在增温。海水受热发生膨胀，以100米厚的海水层为例，当温度为25℃时，水温每增加1℃，水层就将会膨胀约0.5厘米。科学家表示，海洋的这种"热膨胀"将在500年中提升海平面0.5—2米。

最后是风场的强迫。比如太平洋持续吹东风，即风向向西的时候，太平洋西岸的海面会相对其他区域高很多。

 ## 24. 为什么说格陵兰岛融冰已过"临界点"？

格陵兰岛位于北美洲的东北部，处于北冰洋和大西洋之间，全岛面积约为216.6万平方公里，约为英国的7倍，其海岸线全长超过3.5万公里，它被称为是世界上最大的岛屿。在这个岛屿上，它有大约81.3%的面积被冰雪覆盖，称之为格陵兰冰盖。格陵兰冰盖是北半球最大冰盖，它已经存在了240万年，冰盖的平均厚度高达2300米，含冰总量为300立方公里，占全球淡水总量的5.4%。

在全球变暖的作用下，近年来格陵兰岛冰盖的融化速度比以往任何时候都要快，因为该地区对自然气候波动，尤其是大气循环，变得更加敏感。格陵兰岛的变暖速度是全球其他地区的两倍。

在20世纪，格陵兰岛总共损失了约9000亿吨冰，相当于海平面上升了0.25厘米。近20多年来，格陵兰冰盖消融速度骤然加剧。《自然》杂志的一项气候变化研究显示，格陵兰冰盖的流失率从90年代的330亿吨/年上升到近10年的2540亿吨/年，流失率在短短30年时间内加快了7倍。

现今，每年流失的冰竟达到了5000亿吨。

2019年的格陵兰是一个非常大的融化年，甚至可能超过创纪录的2012年。2019年6月，格陵兰岛西北部的气温接近历史最高水平。2019年7月，数量惊人的1970亿吨的冰川融水脱离格陵兰岛冰盖，流入大西洋。单是7月份一个月的融化量就足以使全球平均海平面上升0.5毫米。仅7月30日一天，格陵兰岛的冰盖就经历了夏季最大的一次融化，110亿吨表层冰流入海洋，这些水可以装满440万个奥运游泳池。

美国俄亥俄州立大学研究人员在2020年8月13日出版的英国《地球与环境通讯》杂志上发表声明称："格陵兰岛的冰川已经越过某种意义上的'临界点'，每年补充冰盖的降雪无法赶上融冰入海的速度。"

随着人类向大气中排放的温室气体的增加，格陵兰冰盖的消融过程正在加速。格陵兰冰盖已达到两万年来的最小值。我们已经太迟了，若不采取苛刻的控制措施，格陵兰的冰盖将在未来几个世纪彻底消失。

 ## 25. 格陵兰冰盖的融化与海平面上升有何关联？

过去的40年，格陵兰冰盖的融化使海平面上升了大约1.27厘米。

海平面上升的速度近年来开始加剧。2019年12月10日发表在《自然》杂志网站的一项气候变化研究显示，自1992年以来，格陵兰冰盖减少了3.8万亿吨，导致全球海平面上升1.06厘米。

虽然1.06厘米听起来还没有一本杂志厚，但这种上升已经影响了数百万人，最大的影响就是沿海城市。

1993年，格陵兰冰盖对海平面上升的贡献还只有5%，而现在，格陵兰冰盖对海平面上升的贡献已达25%。

2013年，联合国政府间气候变化专门委员会曾预测，最坏情况下，到2100年，全球海平面将上升50到100厘米。英国林肯大学的一项研究认为，到2100年，仅格陵兰岛的融冰就可能推动全球海平面上升10—12厘米。

如果格陵兰冰盖全部融化，全球海平面将上升7米，这对于一些沿海地区来说将是"灭顶之灾"。

26. 格陵兰冰盖的融化对洋流循环会造成怎样的影响？

墨西哥湾流（又称大西洋经向翻转环流）是世界上最强大、影响最深远的一支暖流，在西经40°附近改称北大西洋暖流。

墨西哥湾流将温暖的热带和南半球大洋表面海水传送到高纬度地区，使这些水在寒冷的北大西洋冷却、下沉，并向南返程流动。这一环流过程被认为对地球气候系统产生重要影响，特别是为西北欧供暖，被称为世界上最重要的天然供暖系统。

科学家发现，在过去100年中，特别是自1970年以来，这一环流系统的流动在减缓。目前的环流比20世纪乃至上个千年中任何时候都要弱。2018年8月，德国波茨坦气候影响研究所研究人员在《自然》杂志上发表报告称，自20世纪中期以来，墨西哥湾流的强度下降了15%。

科学家认为，格陵兰岛冰盖的加速融化是造成这一现象的主要原因。

格陵兰岛冰盖融化稀释了附近海水，海水盐度下降会减缓下沉，从而扰乱正常的墨西哥湾流。大西洋洋流对地表淡水量有敏感反应。由于气候变化，格陵兰岛的融水径流增加了，海洋上的降雨也增加了，因此这会减缓甚至逆转北大西洋洋流，从而阻止热量向欧洲输送。

荷兰格罗宁根大学和乌得勒支大学的科学家进行的模拟显示，由于北大西洋上空降水的微小而迅速的变化，目前洋流不可能完全停止。但是，在未来100年内，北大西洋洋流有15%的可能性中断。

如果墨西哥湾流冷却或中断，可能将对海洋生态系统及大西洋两岸气候产生重大影响：北大西洋变得寒冷；欧洲风暴增加；美国东海岸高于平均水平的海平面上升；萨赫勒地区干旱日益加剧。一些科学家甚至认为，墨西哥湾流如果停止流动，不仅会让海洋生态环境崩溃，地球本身也可能因此灭亡。

27. 化石燃料耗尽世界将会怎样？

2015年，《科学进展》杂志刊登的研究称，如果人类用尽煤、石油等化石燃料，那么整个南极冰盖将会融化。

科学家说，南极冰盖如果全部融化，全球洋面将升高60多米；全球冰川如果全部融化，全球洋面将升高70多米。当然这需要几个世纪的时间。

如果有一天南极冰川全部融化了，地球上的陆地并不会全部被淹没，但是大部分平原会出现在海底，而这些地方恰好是人口最稠密的地方。诸多国家的许多城市都将不复存在，如孟加拉国会沉入海底，印度沿海地区也都会淹没，柬埔寨也将成为一座孤岛，有着世界著名旅游胜地的伦敦也只能够成为历史，有着童话般美丽的威尼斯，也将与大海融为一体。中国的北京、上海、香港全部变成汪洋。

南北极的冰川全部融化，人类将进入可怕的无冰时代。

卓越的气候学家詹姆斯·汉森曾对全球人类发出警告："如果我们燃尽所有的化石燃料，海平面最终会上升数十米。""不夸张地说，根据可获得的科学证据，燃尽所有化石燃料可能会导致这个星球不仅没有冰也没有人类。"

28. 南极升温有多快？

南极比北极要冷得多。南极洲是一片被冰雪覆盖的广阔土地，气候酷寒，大多数生命难以生存。正常情况下，南极洲的全年平均气温应该是在-25℃，正常的南极洲，内陆高原平均气温为-52℃左右，极端最低气温曾达-89.2℃。

在全球变暖的大背景下，南极半岛北部却成为地球上变暖最快的地区之一。在过去的半个世纪中，南极半岛的平均温度上升了近3℃。

俄罗斯科学家叶莲娜·扎尔科娃表示，近几年由于气候变化，南极半岛北部一年0℃以上天数由25—80天增加到35—130天。

2020年2月9日，巴西科学家在南极测得20.75℃高温纪录。这是1880年有气象记录以来，南极气温首次突破20℃。20多摄氏度的气温对人类来说也许是最适宜的气温，可对南极来说，却是最为致命的打击。

就在测得这个数据的上周，南极半岛一个基地录得18.3℃高温，打破2015年3月24日录得的17.5℃纪录。

南极测得有气象记录以来的最高温，引发人们对于全球极寒之地气候变化的担忧。

 ## 29. 南极冰盖融化与海平面上升有何关联？

地球上的冰盖主要分布在南极和格陵兰岛。全世界冰川面积共有1500多万平方公里，其中南极和格陵兰的冰盖就占去1465万平方公里，占全球冰盖面积的97%。

而南极冰盖是地球上最大的冰库和冷源，占世界陆地冰量的90%，淡水总量的70%。

海平面任何大的变动，将取决于格陵兰岛特别是南极洲冰盖的融化情况。南极冰盖的融化将是造成海平面上升的主要原因。

在过去的100年中，海平面只上升了19厘米，但21世纪内由于南极冰盖的融化将导致海平面上升高达58厘米。欧洲地球科学联合会发表在《地球系统动力学》上的一项研究表明：21世纪内，仅仅由于南极洲的原因，全球海平面上升有可能是20世纪的3倍。

当前，南极洲冰盖消失的速度比过去任何时候都快。南极圈冰盖融化造成海平面升高现象在21世纪内会明显显现，且程度超过以往的估算。

南极在不久后很可能变为导致海平面升高的最核心因素。

许多研究显示，从长远看，在几个世纪内或下个千年，如果南极冰盖完全消融的话，将会使全球海平面上升60米，对我们子孙后代的影响将是十分巨大且恐怖的。

 ## 30. 为什么说南极冰盖的融化速度令人震惊？

地球的最后一片净土，南极洲正在以前所未有的速度消融。

据美国科学院院报数据显示，自1979年—2017年的38年间，南极冰盖年损失量增加了6倍，这直接导致了全球平均海平面上升了约1.3厘米。

美国加利福尼亚大学欧文分校、美国国家航空航天局喷气推进实验室和荷兰乌得勒支大学的国际研究团队进行了一项有史以来对南极现存冰体的最大规模评估。研究小组调查了南极18个地区的航空和卫星图像，其中包括176个盆地和近岸岛屿。

调查统计结果显示，从1979年—1990年间，南极洲每年融化约400亿吨—440亿吨冰体，而到了2009年—2017年，这一数字迅猛增加到了2520亿吨—2780亿吨，令人感到不可思议。似乎在2001年前后的一夜之间，南极冰体损失率突然增加280%。由于冰体消融，直接导致了海平面上升1.3厘米。

"这些数字也仅仅是冰山一角。"参与调查的美国科学家在一份声明中表示，随着南极冰盖继续加速融化，我们预计未来几个世纪全球海平面将升高数米之多。

据英国《卫报》报道，一份南极水下地图显示，南极水下冰川的融化速度正在加快，冰雪融化量每二十年就要翻一番。由于南极拥有世界上最大的冰体，冰川融化引起的海平面上升也会加剧，很快南极就能超过格陵兰岛，成为引起海平面上升的"罪魁祸首"。

南极主要的冰川——斯韦茨冰川，被称为世界上最危险的冰川。这座冰川的融化为每年全球海平面的上升贡献了4%的水。美国宇航局的科学家们发现，在南极洲西部的斯韦茨冰川底部，形成了一个巨大的空洞。这个空洞的高度300米，面积39平方公里，可以容纳140亿吨冰，而其中的大部分都已在过去3年融化了。研究机构表示，斯韦茨冰川下方的空洞以及裂缝还在"爆炸性增长"，这座冰川极有可能在几十年内崩解。一旦这座"末日冰川"崩塌，其储存的冰能够使全球海平面上升60厘米。更让人不安的是，斯韦茨冰川对附近的冰川起着支撑作用，如果其继续融化，支撑力将逐渐减弱，这将导致整个西部冰原崩解融化，如果西部冰原彻底消失，全球的海平面将会上升2.4米。

松岛冰川是南极冰盖西部众多冰川中的一座，它是南极最大、移动速度最快的冰川，也是所有流向海洋的冰河中最大的一个冰川，因此它是南极西部冰层内部所发生的任何大变动的一个关键性"指示器"。2004年的卫星探测结果显示，这块冰川开始变薄，表面的冰块流入阿蒙森海的速度比30年前要快25%。2010年美国宇航局地球观测站发现该冰川上出现1940年以来最大的冰裂。近年来，松岛冰川似乎比过去更频繁地崩裂：2000年—2013年，大约每6年剥离1座冰山，2013年—2018年则已剥离出4座冰山，2018年就罕见出现2次大型崩塌。2020年2月初，极寒的南极大陆创下了有史以来的最高温度：20.75℃，几乎和中国中部气温相同。而就在三天前，美国国家航空航天局卫星捕获了南极松岛冰川的现状，经过这一轮高温毒打后，成千上万的小湖泊出现在冰层上，显得格外抢眼。以往这种情况仅仅发生在格陵兰冰盖上，这还第一次出现在南极大陆。这是否意味着南极洲是否已经开始全面消融？

南极大陆的坚冰正在开始大规模解体和融化，冰盖的消失速度可能比之前认为的要快得多。这种快速下降让人们感到震惊，南极的麻烦可能会更快地对全球气候造成重大冲击。

31. 南极急剧升温将会带来怎样严重的后果？

南极生态环境极其脆弱，它被视为全球气候变化的预警系统。南极的持续升温，将可能带来一系到严重后果：

1. 海平面巨幅上升

据推测，如海平面上升1米，全世界受灾人口将达10亿，其中3—4亿人将无家可归，一些国家，尤其岛国，将从地球上消失，全世界受灾土地总面积可达500万平方公里，世界上1/3可耕地将受影响。据预测，我国海平面上升100厘米，长江三角洲海拔2米以下的1500平方公里低洼地将受到严重影响或淹没。南极和全球的冰川如果全部融化，可以使海平面上升70米，其中南极冰盖贡献60多米。科学家按照目前升温速度预测，几个世纪内南极冰盖全部融化，人类将会陷入灭顶之灾。

2. 沿海陆地面积大幅缩小并恶化

海平面上升对人类环境的危害主要表现为：陆地面积大幅缩减、海滩和海岸遭受侵蚀，土地恶化，引起洪水灾害、淹没城镇、咸水入侵等。海平面上升将使地球上大部分的岛屿消失，滨海湿地和沼泽受到严重影响。湿地一般能承受20厘米/百年的海平面上升，如果上升过快，将使湿地面积大大减少。而湿地是许多鱼类、鸟类和稀有动物的主要生活环境。

3. 对全球气候格局产生重大影响

极地地区对全球气候变化有"放大器"的作用，历史和现代的观测结果都表明，极地气候变化的幅度是中/低纬度地区的2倍，这说明在极地更易于监测到在中、低纬区不易察觉到的细微变化。南极地区亿年沉睡的冰川，就像个巨大无比的冰箱，调节着地球的温度，影响着地球上的气候。一旦冰箱受损，后果不堪设想。

4. 极端天气发生的频率与强度增加

南极环境的改变将反作用于地球气候，使得全球气候变得更加异常，天气更加极端化。有些地区极端天气气候事件如厄尔尼诺、干旱、洪涝、雷暴、冰雹、风暴、高温天气和沙尘暴等出现的频率与强度增加。

5. 对生物多样性造成毁灭性打击

随着海洋温度的逐步上升，海洋生物的生存也将面临威胁，由此也间接给生物链、食物链带来更为严重的自然恶果。海平面上升还可使珊瑚面临危险，珊瑚礁岛屿面积会大大减小甚至消失。冰体的消融改变了全球的生态平衡，小型浮游植物、磷虾、企鹅，以及海鸟和海洋哺乳动物的生活环境被破坏，导致生物迁移和灭绝，多种物种入侵南极，大量物种将消失。

6. 存在远古病毒感染人类的风险

对于冰封在冰川中的远古病毒，一些研究人员持悲观态度。这些病毒生活在遥远的过去，其感染宿主、致病性等等都不可知，人类能否在无数未知病毒存在的环境中安然无恙？谁也说不清楚。根据已有经验表明，永久冻土或冰川中的病毒中有相当大一部分属于巨病毒，而人类对这些病毒的基因序列、感染特征都知之甚少，一旦从消融的冰川中释放出来，后果无法估量，人类生存将会遭遇巨大挑战。

 ## 32. 为什么说"亚洲水塔"可能会变成无水之塔？

青藏高原被誉为世界屋脊，由于它是亚洲许多河流的源头，因而也被称为"亚洲水塔"。从青藏高原上发源而出的河流包括长江、黄河、澜沧江—湄公河、怒江、独龙江、恒河、印度河等。可以说，青藏高原发源的河流养育了东亚、南亚和东南亚的近30亿人口。

从青藏高原发源而出的河流还为数百万平方公里的动植物提供了水源和栖息地，同时也蕴含着丰富的水电资源。

青藏高原大约有2.43万条冰川，冰川面积3.23万平方公里，平均年融水量约360亿立方米。青藏高原的冰川也成为全世界最重要的冰川之一。

青藏高原地区是对气候变化最敏感的地区之一，随着全球变暖的恶化，这座"亚洲水塔"上的冰川正在加速融化，面临存亡的严重危机。

2019年12月18日，中国第二次青藏科考队在北京发布最新科考成果：经评估，"亚洲水塔"被认为是全球最重要、最脆弱、风险最大的水塔。作为全球变暖最剧烈的地区之一，"亚洲水塔"升温速率是全球平均升温速率的2倍。随着气候变暖加剧，"亚洲水塔"正逐渐失衡——冰川加速退缩、湖泊显著扩张、冰川径流增加、冰崩等新型灾害出现。

本次科考结果显示，过去50年，青藏高原及其相邻地区的冰川面积由5.3

万平方公里缩减至4.5万平方公里，退缩了15%；高原多年冻土面积由150万平方公里缩减为126万平方公里，减少了16%；同时，青藏高原大于1平方的公里湖泊数量从1081个增加到1236个，湖泊面积从4万平方公里增加到近5万平方公里。这些变化将直接影响区域生态及地区经济发展。

尤其值得一提的是，亚洲水塔占据着16个水塔单元（全球共78个），其中印度河水塔单元位居全球水塔脆弱性之首。该水塔上游水资源丰富、下游用水量巨大，是全球最重要的水塔单元，同时，由于政府水资源管理效能、气候变化等原因，也是全球最脆弱的水塔单元。预计到2050年，该流域人口将增长50%，GDP将增长近8倍，温度将升高1.9℃，降水将增加0.2%。印度河水塔单元的脆弱性越来越大。

2007年，联合国政府间气候变化专门委员会发布的一份基于非科学证据的评估报告，错误地预测了喜马拉雅冰川将在2035年完全消失，可能是出于尴尬，此后一直对地球第三极关注甚少，远远少于对南北极的重视。不过现在，联合国政府间气候变化专门委员会发布的基于30多个国家100多名科学家调查研究后撰写的冰冻圈特别报告，向全世界提出了重磅警告：地球第三极——青藏高原的冰川21世纪末将会有2/3消失，16亿人的生计将会受到影响，危险物质正重新进入我们的食物链中。

青藏高原冰雪含量仅次于南极和北极，约占全球冰雪总量的15%。自1970年以来，青藏高原1/4的冰川已经消失，如果气候变暖继续这样下去，80年后青藏高原将会有2/3的冰川彻底消失；即使实现巴黎气候协定的奋斗目标——气温上升控制在1.5℃，青藏高原的冰川仍将融化1/3。

报告指出，全球气候变暖是罪魁祸首，青藏高原的升温速度是全球平均速度的3倍，每10年会升高0.3℃。到21世纪末，即使全球升温控制在1.5℃内，该地区的变暖仍将超过2℃；而人类就按现在的速度继续排放二氧化碳的话，则升温幅度将超过5℃——"亚洲水塔"将基本变成无水之塔！

33. 全球山地冰川将面临怎样的悲剧？

全球山地冰川近几十年加速退缩和消融。山地冰川如今的缩减速度是20世纪60年代的5倍。山地冰川末端的持续退缩是全球变暖的显著标志之一。而最近的研究表明，近年来，非洲乞力马扎罗山、欧洲阿尔卑斯山脉、南美安第斯山脉和我国青藏高原等全球范围高海拔冰川的积累区正经历强烈消融和减薄，部分冰川积累区物质损失甚至消耗了近几十年的净积累。

阿尔卑斯山脉是欧洲最大的山脉，西起法国，经意大利、瑞士、列支敦士登、德国，东到奥地利。目前，阿尔卑斯山冰川正以每天35—50厘米的速度融化。如瑞士国内的冰川，覆盖面积为1735平方公里，自1850年以来总面积缩减了一半，达到了890平方公里。瑞士警方表示，全球变暖迫使该国的冰川消退，数百名在过去一个世纪中失踪的登山者遗骸将"现身"。据俄罗斯卫星通信网援引《冰冻圈》杂志上发表的文章中称，最坏的情况是，阿尔卑斯山上90%的冰川会在21世纪末消失。

乞力马扎罗山是非洲最高的山脉，素有"非洲屋脊"之称，而许多地理学家称它为"非洲之王"。目前，乞力马扎罗的冰川不仅在急速缩小，而且正变得越来越薄。在过去的80年内，乞力马扎罗山冰川已经萎缩了80%以上。科学家预测，再过20年，乞力马扎罗山的峰顶就会彻底告别积雪，这是一万年来首次出现这样的现象。

安第斯山脉位于南美洲的西岸，从北到南全长8900余公里，是世界上最长的山脉，也是世界上除亚洲之外最高的山脉。安第斯山的冰川在过去30多年的消退是史无前例的。研究发现，自20世纪70年代以来，气候变化已经使安第斯山脉的冰川面积缩小了30%到50%，并且可能会在未来几年内全部融化。一些科学家表示，位于安第斯山脉的恰卡塔雅冰川以前曾是滑雪胜地，但现在这里已经完全消失了。

34. 为什么会出现臭氧空洞?

经过几十亿年漫长的光化学辐射作用，在距离地球表面25公里的大气同温层形成了稀薄的臭氧层，可以说它是地球上生物的保护神。一旦离开了臭氧层，大量的紫外线就会倾泻于地表，一切生物都将遭到灭顶之灾。

虽然臭氧只占大气的百万分之一，但是即使它所发生的是轻微的变化，也会对地球生态环境产生重大影响。因为过量的紫外线照射，能够影响植物的光合作用，从而使农作物减产；会损坏人体的免疫系统，从而导致皮肤癌和白内障患病率上升；能够破坏地球上的生态平衡，连处于深水20米处的浮游生物、鱼虾幼体以及贝类等都不能免于灾难。

早在1973年，墨西哥人马里奥·莫林和他的指导老师、美国人舍伍德·罗兰发表了惊人的发现：氟氯烃已经上升到了地球平流层，并破坏了脆弱的臭氧防护层。

荷兰大气化学家保罗·约瑟夫·克鲁岑，证明了氮的氧化物会加速平流层中臭氧的分解。虽然他的研究成果一开始没有被广泛接受，但为以后的其他化学家的大气研究开通了道路。

他们三人共同获得了1995年诺贝尔化学奖。

1984年10月，英国赴南极考察的科学家在南极洲的观测站上测量到同温层的臭氧减少了40%。1985年5月，宣告南半球"臭氧洞"存在的历史性论文发表，这一消息震惊了科学界。科学家发现，每个春季，臭氧层都会在南极上空形成空洞。

那么，到底是谁破坏了臭氧层?

科学家研究发现，人类活动产生并排放的各种化学物质是破坏臭氧层的罪魁祸首。

首先是各类化工业生产的释放物，如气溶胶喷雾剂、氟利昂、氟氯甲烷、四氯化碳、甲基二氯甲烷等。其中氟利昂是臭氧层的最大杀手。一旦电冰箱释放的氟利昂与臭氧接触，它们之间的反应速度是一氧化氮与臭氧反应速度的5.6倍。20世纪30年代到90年代的五六十年间，人类总共生产了1500万吨氟利昂，氟氯烃类化合物在平流层的滞留时间为40—200年，即使人们完全停止使用氟利昂，氟利昂对臭氧的破坏作用也不会在短期内消除。

其次，民航和军用飞机排出的氮氧化物气体，也是一种能反复消耗氧的催化剂，飞机废气可导致臭氧减少10%。

再次，大量使用化肥，产生大量氮氧化物，各种燃料的燃烧也可产生大量的氮氧化物，这些物质都是破坏臭氧层的因素，这类物质导致臭氧减少15%。

另外，核试验也是影响臭氧层的因素。

35. 南极臭氧层的消耗有多严重？

最早报告南极臭氧层出现严重消耗是在20世纪80年代中期。南极臭氧的消耗具有季节性，主要发生在深冬和早春季节（8月—11月）。消耗的高峰出现在10月初，此时一定纬度范围内的臭氧被完全破坏，导致某些地方臭氧总量减少达2/3。

南极上空臭氧层空洞的大小每年都有波动。严重消耗造成的臭氧层空洞，在利用卫星观测到的南极臭氧总量状态图中甚为明显。在大多数年份，臭氧层空洞的最大面积远远超过南极大陆的面积。

2000年9月南极上空的臭氧层空洞面积达到最高纪录的2830万平方公里，这相当于美国领土面积的3倍。美国国家航空航天局近来称，南极上空的臭氧层空洞已经缩小至1982年开始监测以来最小的水平。如今这个空洞的面积已经不足1010万平方公里，创下历史新低。

然而，有的科学家认为臭氧层空洞缩小并不一定全是人力所为，因为这一过程显然是全球气温上升的结果。

36. 北极存在臭氧层空洞吗？

在北极上空也出现了臭氧减少的现象。近几年，多国观测发现，北极上空臭氧层也减少了20%，已形成了面积约为南极臭氧空洞1/3的北极臭氧空洞。如2020年，强风将冷空气困在北极上空的"极地涡旋"中，导致气温降低，高层云多于往常，形成了北极史上最大的臭氧空洞。

北极气温波动较大，通常不会出现南极一样的臭氧消耗条件，但北极臭氧层在大多数年份的深冬或早春期间（1月—3月）也会出现消耗现象，北极臭氧层的最大消耗量没有在南极观察到的情况严重。在南极平流层经常出现的巨大"臭氧层空洞"没有在北极出现，但由于北半球人口密度远高于南半球，臭氧低值区覆盖的范围内紫外线对人类健康的影响比南极臭氧洞更重要。

 37. 在修复臭氧层中是否又遇到了新的对手？

是的。是氢氟碳化物（HFCs）。

氢氟碳化物是消耗臭氧层物质的替代品，被人们视为保护臭氧层的救星。但是，人们很快发现，它会导致另一个问题：它实为一种强效温室气体，其威力是二氧化碳的数千倍。

氢氟碳化物通常用于空调、冰箱、喷雾剂、泡沫和其他制冷产品中。

近年来气温屡创新高，人们对于空调等冷却系统的依赖与日俱增，也导致氢氟碳化物的使用量和排放量快速增长。如今，氢氟碳化物是目前世界上增长最快的温室气体，其排放量正以每年10%的速率增加。尽管目前氢氟碳化合物在温室气体排放总量中的比例很小，但是它们对气候变暖的影响非常的强，它们的排放量预计在未来的30年里会增长近20倍。据估计，到2050年氢氟碳化物将会上升到3.5到8.8亿吨二氧化碳当量，与目前全球每年运输排放总量相当，约6到7亿吨。尽管不会损害臭氧层，但它在地球暖化过程中扮演了重要角色。未来几十年它将会对气候变化造成重大的影响。

为了应对氢氟碳化物的排放，国际社会采取了进一步的措施。

2016年10月15日，在卢旺达首都基加利，近200个国家签署了一项具有里程碑意义的协议——《基加利修正案》。

根据《基加利修正案》，各国已同意将氢氟碳化物列入限控清单，并拟定了时间表，规定在2040年前逐步减少80—85%的氢氟碳化物。发达国家将从2019年首先减少氢氟碳化物用量。包括中国在内的100多个发展中国家将从2024年冻结使用氢氟碳化物，印度和巴基斯坦等一些发展中国家从2028年开始冻结。

《基加利修正案》已于2019年1月1日正式生效。

2018年11月5日发布的《2018年臭氧层消耗科学评估报告》指出，通过实施《基加利修正案》，世界可以在21世纪末避免全球升温0.5℃，这将对全球实现2℃温控目标起到关键作用。

世界将这一举措赞誉为迄今为止为实现《巴黎协定》承诺的将全球升温控制在2℃以内的最大贡献。

38. 臭氧层消耗是导致气候变化的主要原因吗？

不是。臭氧消耗本身并不是气候变化的主要原因。臭氧变化和气候变化有直接联系，因为臭氧吸收太阳辐射，同时也是温室气体。最近几十年里平流层中的臭氧消耗和全球对流层中的臭氧增加均对气候变化产生有害影响。臭氧消耗会导致地表冷却，但与所有其他温室气体引起的地表变暖相比，其对气候变化的影响较小。这些其他温室气体形成的总作用力是所观察和预测到的气候变化的主要原因。臭氧消耗和气候变化有间接联系，因为臭氧消耗物质及其替代物都是温室气体。

39. 哪个国际公约获得了无与伦比的成功？

20世纪80年代，人们在发现臭氧层空洞的第3年，在应对措施上迈出了重要一步。联合国为了避免氟氯碳化物对地球臭氧层继续造成损害，承续1985年保护臭氧层维也纳公约的大原则，于1987年9月16日邀请所属26个会员国在加拿大蒙特利尔所签署了《蒙特利尔议定书》。

《蒙特利尔议定书》全名为《蒙特利尔破坏臭氧层物质管制议定书》，该公约自1989年1月1日起生效。

《蒙特利尔议定书》规定世界最广泛使用的氟氯化碳产品的产量应该冻结于1986年的水平，到1993年应缩减20%的产量，到1998年再进一步缩减30%。《议定书》对各国臭氧消耗物质的生产和消费设定了具有法律约束力的控制。发达国家和发展中国家所有主要臭氧消耗物质的生产和消费几乎都将在21世纪中叶前全部淘汰。

到1996年，157个国家和地区成为这一紧缩协议的成员。该《议定书》现已得到联合国197个成员国全部批准，是有史以来第一个也是唯一一个获得所有国家参与的国际公约。

经过几十年的不懈努力，《蒙特利尔议定书》已经淘汰了近99%的消耗臭氧层物质的生产和使用。其中，中国已经累计淘汰消耗臭氧层物质占发展中国家一半左右。臭氧空洞开始缩小，《蒙特利尔议定书》为挽救臭氧层做出了巨大贡献。

1. 健康效益

截至2030年，全球范围内，每年高达200万例皮肤癌和数百万例白内障会因《蒙特利尔议定书》的实施被避免。

根据美国环境保护署发布的新模型显示，《蒙特利尔议定书》及其修正案为美国1890年—2100年间出生的人带来以下健康效益：

防止2.83亿皮肤癌病例，其中830万例为黑素瘤。

防止160万例皮肤癌致死病例。

防止4600万白内障病例。

同时，紫外线辐射给森林和野生动物带来的不可估量的损害也将被避免。

2. 气候效益

《议定书》在应对气候变化方面也做出了卓越的贡献，由于大多数臭氧消耗化学品同时也是温室气体，因此《议定书》已经避免了相当于1350多亿吨二氧化碳的温室气体排放量。这些重大削减成果使《蒙特利尔议定书》成为抵制全球变暖的"主力干将"之一。

3. 经济效益

《蒙特利尔议定书》带来的众多经济效益中包含所节约的医疗费用。全球范围内减少的皮肤癌病例可以节省数十亿美元的看病花销。仅在美国，疾病控制与预防中心于2014年11月发表的研究成果显示，在2007到2011年期间，490万例各类成年人皮肤癌平均每年的治疗费用高达81亿美元。

可以说《蒙特利尔议定书》是迄今为止最成功、最广泛参与、最独一无二的国际环境协定，被誉为全球环保合作的典范。《蒙特利尔议定书》所取得的成就向我们证明了采取全球一致的行动是保护我们全球环境的关键。

 ## 40. 臭氧空洞能愈合吗？

在过去的十几年里，臭氧层空洞的扩大态势得到了缓解，臭氧层正以缓慢的速度恢复。2014年，联合国环境规划署和世界气象组织联合发布报告称，南极洲上空的臭氧层空洞已经停止扩大。2017年11月，美国国家航空航天局说，南极洲上空的臭氧洞缩至1998年以来的最小规模。2018年11月5日，联合国在厄瓜多尔首都基多举行的《蒙特利尔议定书》缔约方第30次会议上，由世界领先的大气科学家编写并提交的《2018年臭氧层消耗科学评估报告》，给人们带来了希望。报告指出：自2000年以来，分布在平流层的臭氧层以每10年1—3%的速度恢复。按照预计的速度发展下去，北半球和中纬度地区的臭氧层有望在2030年前完全愈合；在2050年前，南半球的臭氧层将恢复原样；截至2060年，极地地区的臭氧层将成功恢复。预计到21世纪末，全球气温升高的度数将最高减少0.4℃。

臭氧层虽然在恢复，但距痊愈还很遥远。大气科学家指出，目前仍无法预知大气层中所有有害物质消失的确切时间；如果污染气体持续增加，臭氧层恢复的速度就会放慢。正如有的科学家所言：我们可以把臭氧层当作一个病人来看待，目前他在缓解期，说他恢复病情为时尚早。

41. 减少臭氧消耗物质也能保护全球气候吗？

能。所有臭氧消耗物质同时也是温室气体，在大气中积聚时会产生气候作用力。《蒙特利尔议定书》的控制已经使臭氧消耗物质的排放在过去20年里大幅减少，从而产生既减少人类对气候变化的影响又保护臭氧层的附加效益。如果没有《蒙特利尔议定书》的控制，每年臭氧消耗物质排放所产生的气候作用力可能比当前数值大10倍，该作用力可与当前二氧化碳排放所产生的气候作用力相提并论。

42. 我们能为臭氧层做些什么？

1. 做一名爱护臭氧层的消费者

含有消耗臭氧层物质主要存在以下物品中：冰箱、空调等制冷设备（包括家电、运输制冷、工商制冷）、泡沫（大量存在于沙发、一次性发泡餐盒、汽车内饰发泡件、保温喷涂）、灭火剂、气雾剂（摩丝、杀虫剂、外用药喷雾剂）、清洗剂、膨胀烟丝等。我们在购买这些物品时，要选用带有"无氯氟化碳"标志的产品；对臭氧层有损害的物品坚决不购买。尽量减少不必要的空中旅行，以减轻飞机排放对臭氧层的压力。

2. 做一名爱护臭氧层的制冷维修师

制冷维修师在处理废旧冰箱和电器时，应确保从空调、冰箱或冷柜中回收的冷却剂不会释放到大气中，并做好常规检查和修理泄漏。

3. 做一名爱护臭氧层的司机

一定要到具有制冷剂回收设备的维修点维修汽车空调。

4. 做一名爱护臭氧层的办公室员工

帮助所在单位鉴定现有设备如空调、清洗剂、灭火剂、涂改液、海绵垫中那些使用了消耗臭氧层的物质，并制定适当的计划，淘汰它们，用替换物品换掉它们。

按照消防部门的推荐，购买不含哈龙的灭火器（如：干粉灭火器）。

5. 做一名爱护臭氧层的农民

不用含甲基溴的杀虫剂，在有关部门的帮助下，选用适合的替代品；如果还没有使用甲基溴杀虫剂就不要开始使用它。

6. 做一名爱护臭氧层的教师

告诉孩子们保护臭氧层的重要性，让孩子们从小树立保护臭氧层的意识，并积极参与到保护臭氧层的行动中去。让孩子们知道国内外为了解决这一问题而采取的行动。鼓励学生们向他们的家庭普及这些知识。

 43. 为什么说全球变暖是极端天气的幕后黑手？

近几十年来，在全球范围内，热浪、干旱、强风暴、洪水、山火等极端天气事件，强度越来越大，频率越来越高，持续时间越来越长。在这样失调的世界里，热的地方更热，冷的地方更冷，涝的更涝，旱的更旱。

究竟是什么原因使极端天气频现？

科学家们认为，虽然恶劣天气的发生具有一定的随机性，但是全球气温变暖才是极端天气的真正凶手。

极端天气和气候变化之间，关系千丝万缕。全球气候变暖后，大气中能量分布会发生变化，比如蒸发加大、水循环速率加快等，从而造成极端事件偏多。以干旱和洪涝为例，气候变暖后，陆地和海洋表面的气温都会增加，更容易发生蒸发和蒸腾，大气中水汽含量就会增加，可容纳的水分就会增多。这意味着要达到降水条件，就需要更多的水汽。如果大气达不到饱和状态，大气就会不断吸收水分，使得陆地更加干燥，形成干旱。而一旦大气达到饱和状态，由于大气含水量的增加，容易形成强降水，从而可能导致洪涝灾害。此外，由于南北半球热量、水汽交换加强，气候就更容易变得异常。系列研究认为，随着全球平均气温升高，洋流和大气环流等全球气候调控机制受到了影响，导致极端天气事件发生的风险持续上升。

美国得克萨斯州气象学家约翰—尼尔森—加蒙表示，极端天气事件造成的灾难背后的元凶基本上是水气循环出现问题，比如2010年和2011的拉尼娜现象，该现象造成了美国北部地区的大面积干旱，而且高气压带也流连美国迟迟不肯离去

著名科学家、美国国家航空航天局戈达德空间研究所主管詹姆斯·汉森在美国《国家科学院学报》发表的一篇学术报告中说，近年来美国和其他地区极端炎热气候频现，人类活动所致气候变化是唯一的背后推手

在2017年12月《美国气象学会公报》发表的论文集中，研究人员分析了2016年以来的27个极端天气事件，发现其中21个事件是由人类行为造成的。他们发现2016年全世界的5个极端事件是由全球变暖导致的，这5个事件分别是：1. 世界各地的温度达到历史最高；2. 大堡礁珊瑚白化；3. 非洲的干旱；4. 北美的野火；5. 太平洋上温暖的"斑点"。不少研究都发现，气候变化正在以极端天气的形式在人类面前上演。

44. 野火与气候变化是什么关系？

1. 气候变化导致全球野火频生

2019年，英国研究人员综合57份研究报告后得出结论，全球变暖正导致世界各地炎热干燥天气增多，为野火的发生创造了条件。研究发现，气候变化增加了火灾发生的频率和严重程度。

2019年7月发生的澳大利亚山火，席卷了8万多平方公里的土地，造成几十人以及30亿只动物丧生，被认为是有史以来最严重的野火。

我们都知道，随着地球的升温，极端气候现象主要就是高温、干旱、强降雨等，而澳大利亚如今就是面临到了高温和干旱。2019年12月17日的时候，澳大利亚出现了创纪录的高温，全国平均温度高达40.9℃，而部分地区的气温甚至可能会逼近59℃。如果没有全球变暖的影响，那么澳大利亚如今也不会遭受如此强大的气候影响。

海洋好比地球的空调，当海洋温度越来越高，就会造成极端高温、暴雨、干旱等异常气候。由于极端气候加剧，导致全球野火发生的天气条件未来将更为普遍。

专家指出，高达96%的野火都是人为活动引起的，而极端气候更与野火形成恶性循环。

2. 全球野火频发加剧了气候变化

澳大利亚大火仅是冰山一角，根据NGO"全球森林观察"的统计，2019年全球共有超过450万起森林大火，包括澳大利亚、西非、亚马孙雨林甚至北极等地。每一起的焚烧面积都在一平方公里以上。与过去20年中任何一年相比，2019年的火灾数量增加了4倍多。

每年的野火排放80亿吨的二氧化碳，约是人类燃烧化石燃料排碳量的一半，进而加速全球暖化，成为气候变迁与野火的恶性循环。

泥炭地占据了地球3%土地面积，为世界提供了巨大的生物多样性财富。

泥炭地是碳的巨型蓄水池，是缓解气候变化成效最高的方法之一。这些素有"碳的巨型蓄水池"的泥炭地一旦退化，将造成前所未有的温室气体排放和灾难性野火。

泥炭地一旦发生火灾，会极大加剧全球变暖进程——泥炭地火灾释放的二氧化碳比普通的森林火灾要多得多，并且极难发现和扑灭。

45. 全球变暖会给人类带来哪些疾病?

1. 疟疾、登革热、寨卡病毒、美洲锥虫病、西尼罗河热和莱姆病等蚊虫传播的疾病

传播疟疾的蚊子原本在赤道附近栖息繁衍，随着气候变暖，蚊子的生活范围扩大，亚热带和温带地区的疟疾患者开始增多。寨卡病毒的中间宿主是埃及伊蚊，该蚊还是登革热和奇昆古尼亚病毒的中间宿主。该蚊大多分布于热带地区的城市中。因为气温上升，埃及伊蚊的活动范围也开始扩大，它们有朝着如澳大利亚、伊朗南部、阿拉伯半岛以及北非等区域迁移的趋势。以埃及伊蚊为媒介的登革热已经感染了全球约4亿人。1970年以前，重症登革热只在9个国家流行，但现在已经扩展到全球100多个国家。蜱虫也是病原体的中间宿主。随着气候变暖，蜱虫携带的病原体也扩大了活动范围。由蜱虫感染致病的莱姆病也向北部广大地区延伸。

2. 哮喘、过敏和呼吸道疾病

气候变暖会改变植物生长周期，导致过敏增加。二氧化碳浓度、气温和降水的变化会导致空气中更多的臭氧、花粉、霉菌孢子、微粒和化学物质，这些物质会刺激和损害肺部和呼吸道，导致呼吸道疾病增多和加重。

3. 心脑血管疾病

全球变暖使一部分地区的高温和热浪成为常态。气温过高时，人的心脑血管会出现多种疾病。高温引发的心脑血管疾病会夺去很多人的生命。热浪的增加也将导致中暑死亡人数的增加。

4. 胃肠道传染疾病与营养不良

海洋温度上升也会使某些细菌增加，牡蛎等海鲜食物传播性疾病的概率更大。气温升高还会影响沙门氏菌等其他致病微生物的活性发生变化。气候变化可通过对动植物产生不利影响来影响食品生产，从而导致水果和蔬菜等天然和健康的食品供应减少。气候变化也会增加有害昆虫的数量，促使更多的杀虫剂和化学物质进入环境，对人类造成伤害。

5. 心理健康和与压力相关的疾病

大气中二氧化碳浓度的增加，可能会影响人类的智力。极端天气事件，如洪水、野火和干旱也会影响到人类生活。与气候异常相关的灾难使大量人口背井离乡，或死于非命，这给幸存者造成极大心理创伤。

6. 神经系统疾病

有害藻类等生物毒素、应对农业变化而使用的杀虫剂、新电池工艺及紧凑型荧光灯产生的金属污染等，都会导致神经系统疾病发病率猛增。

7. 癌症

大气中臭氧层的受损，增加了患皮肤癌和白内障的风险。在全球变暖的大背景下，各种物理的、化学的、生物的有害物质的泛滥使患癌的风险增加。

8. 其他代谢、内分泌、微生物群和生育问题

目前我们对气候变化的了解还不够多，对人体造成的影响还需要进一步研究，例如加州大学洛杉矶分校的研究表明，气候变化可能影响生育能力和发育异常。

9. 霍乱

致命的霍乱通过被污染的水导致人体致病。科学家预测，在逐渐变暖的未来，霍乱可能发生大暴发。气候变暖引发的持续的炎热和洪水，会导致被霍乱弧菌污染的水被进一步带到更大的区域，而持续的干旱又会导致霍乱弧菌在部分区域的水体中浓度增加。这两个极端都会导致霍乱的大暴发。

10. 远古病原体

冻土或者冰层融化，存活了数百年甚至数千年的远古病原体被释放出来，人类面临巨大风险。如炭疽杆菌孢子。一头75年前死去了的驯鹿的尸体上携带了炭疽杆菌，转化为孢子后释放出来。该75年前的炭疽杆菌孢子造成了超

过2000头驯鹿死亡，甚至还有13人因此生病。好在这些感染者大多通过皮肤感染，而且也可以被治好。

 ## 46. 妨碍大力减排的错误观点有哪些？

现在仍然有不少的思想观念在抵消着我们对大力减排的努力和追求。

目前社会上有不少的人认为，全球变暖是微不足道的，气候变化是杞人忧天。

有很多人顽固地认为，作为一个发展中大国，经济增长是第一位的，而数十亿的人口基数所造成的资源消耗，引发的严重环境污染，都是可以理解的。

甚至很多人担心，大力减排"对企业发展不好、对消费品的价格不利"，中国一旦全力推进低碳经济，势必给企业造成巨大的成本负担，让企业不堪重负。

他们在谈到低碳经济时，首先想到的是西方发达国家（如所谓的"低碳阴谋论"），认为他们应该是低碳经济的主体，因为资本主义社会是个消费型社会，消耗了地球上的大部分资源，欧美国家人均能耗比我们高得多，浪费能源比我们厉害得多，因此他们理应在节约、开发新能源方面做出表率，而西方部分国家在诸如气候大会等场合的表现的确验证了他们的责任。

也有人认为，发达国家以前也有被污染得乌七八糟的时候，现阶段治理得好是因为他们有钱治理。

有的企业生产者仍抱着"自然资源无限、自然资源无价、自然资源无主"的错误老调不放。

有一些人认为"抓环保会影响发展""环保必须花大钱""环保可以等一等、看一看"。

有的人认为：极端环保人士只看到环境污染，却没看到其背后的繁华文明；他们打着保护地球的旗帜，走着反科技反文明的道路；激进的环保主义者在某种程度上加重了环保领域的问题和矛盾。

47. 人类应对气候变化绵软无力是否与认知偏见有关？

不断滋长的气候变化正慢慢逼近人类，我们正迅速地走近危险的边缘。在生命世界急剧衰退的关键时刻，国际社会采取的措施十分绵薄软弱，各国都没有给予足够的重视，各地应对的行为非常缓慢和犹豫不决。这是为什么？心理学家认为，或与人类固有的认知偏见有关。

人类大脑在过去200万年的演化方式令我们缺乏应对气候变化的集体意志。

"同一个地球未来基金会"的研究主管兼政治心理学家塞勒认为：人类很不擅长理解统计学上的趋势和长期变化。人类在进化中只关注眼前的威胁，对发生概率较低但容易记住的威胁往往会高估，比如恐怖主义，但对气候变化这类更为复杂的威胁却往往估计不足。

在人类出现的早期，我们每天都面临生死攸关和危及繁衍的突发挑战，如捕食性动物和自然灾害。面对众多信息，如果思维迟钝或做出的选择出现错误，会将自身置于危险境地。

于是，我们的大脑演化出了快速过滤信息的能力。同时既能记住威胁，也能记住机遇，以便在未来避开威胁，并轻松回忆起在哪里可以找到食物和住所。

这些进化为大脑在处理大量信息时节省了时间和精力，从而确保了我们的繁衍和生存能力。然而，到了现代社会，这些功能不再那么有用，并会导致在理性决策时犯错，也就是认知偏见。

几十年来的心理学不断证明，人类的理性是有限的，我们在决策、认知中存在各种不理性的模式，导致我们经常会犯一些逻辑上漏洞百出的错误。现在，人类大脑固有的认知偏见，让我们难以应对危及生存的复杂长期挑战，削弱了集体应对气候变化的能力。

这些认知偏见包括：

1. 当下偏差。即看重当下利益，低估长远利益，认为现在比将来更重要。在人类演化的大部分时间里，专注于当下就会杀死或是吃掉东西比想以后的危险更有利。但现在，当应对更遥远、发展更缓慢和更为复杂的挑战时，这种偏见阻碍了我们采取行动的能力。不少人认为发展经济、解决就业、增强国防、减少贫穷比几百年后的气候更重要。

2. 缺乏对后代的关心。演化论认为，我们最关心的只有几代家庭成员：从曾祖到曾孙。尽管我们可能知道应对气候变化要做什么，但很难看到为这几代之外的人做出牺牲价值何在。大部分人会认为，可怕的气候灾难肯定不会发生在我和我孩子身上。我们总是夸夸其谈，说是为了子孙后代的幸福投入多少都在所不惜，但实际上我们的付出却微乎其微，我们中的大多数人都在做着不留后路的事。

3. 旁观者效应。我们总是认为其他人会处理危机。形成这种偏见是有原因的：大家一起打猎时，当外围出现了一头危险的野生动物，如果每个人都立即行动就是浪费精力——更会无谓地把更多人置于危险之中。在较小的群体中，通常会非常明确地规定由谁来应对哪些威胁，这样是有效的。但到了现代，这促使我们（往往是错误地）认为，决策者肯定对气候变化的危机有所行动了。群体规模越大，这种偏见就越严重。

4. 沉没成本谬误。即使结果是消极的，我们也倾向于坚持到底。如，前些年网约车还没出世，有人准备打的却苦苦等不到，反倒是公交车过去好几辆，打车人心想："我都等了这么久的的士，得继续等下去，要不然先前花的时间不白费了？"这种做法就是典型的沉没成本谬误。由于先前已在某事上投资很多，即使新证据显示那是不好的选择，仍倾向于加重投资。比如，尽管数十年的证据都表明，我们能够也应该转向清洁能源，并在未来实现碳中和，但却仍然依赖化石燃料并将它作为主要能源。沉没成本谬误解释了这种现象。

5. 确认偏误。我们总是喜欢那些同意我们意见的人，愿意跟世界观差不多的朋友交谈，收看与自己政治倾向相符的政论节目。我们倾向于指听那些和自己预期相符的信息。这也是关于气候变化有那么多争议的原因之一。当接收到令我们不舒服，或觉得被挑战的观点时，通常会将它们搁置一旁；这些行为是无意识的，我们惯于忽略相反的意见。如，许多人更愿意相信以下谎言：（1）气候变化只是自然循环的一部分。（2）气候变化是由太阳黑子、银河宇宙射线引起的。（3）二氧化碳只占大气中的一小部分，它不可能产生如此大的热效应。（4）科学家操纵数据来显示气候变暖的趋势。（5）气候模型不可靠，而且对二氧化碳过于敏感。

6. 过度自信效应。对自己的能力、判断过于自信，一些决策者更容易受到这种偏见的影响。如美国退出《巴黎协定》，该国总统认为，全球变暖是骗局，是中国的阴谋。

7. 从众效应。持某种观点的人越多，一个个体越有可能接纳这种观点。这是团体迷思中最厉害的一种。当大部分人、政治家、次策机构和其他一些组织不针对气候变化采取任何重大行动时，我们自然不情愿跳出来做"第一个吃螃蟹的人"，即便我们在原则上认同这种做法。你在气候变化问题上所谓的激进立场，在别人眼里往往会被贴上古怪和令人讨厌的标签。

8. 偏见盲点。人们总是认为自己比别人会更少地受到偏见的影响，或者有能力识别认知偏见。在气候变化问题上，面对自己的愚蠢，人们总是不易察觉。

48. 为什么今天的减排对人类的未来是弥足珍贵的？

近几十年来，随着全球能源需求的快速增长，大气中的二氧化碳以前所未有的速度持续上升。联合国政府间气候变化专门委员会在2018的一份重要报告中声称，到2030年，全球必须减少近一半的排放量，将地球变暖控制在1.5℃以下。但随着近几年的排放量有增无减，这一预期正变得遥遥无期。

2017年，英国《自然》杂志发表评论文章称，全球60多位著名科学家、商业领袖、政策领导人等警告说，我们只有3年时间可以扭转全球二氧化碳排放形势。

今天的排放规模已处于一个高点水平，如何大幅减排是当今人类面临的重大问题，更是未来人类面临的巨大挑战。

让我们担忧的是气候变化的滞后性。二氧化碳等温室气体的寿命很长，我们父母那一代燃烧煤炉释放出来的大部分二氧化碳仍在加热地球，同样我们今天排放出来的二氧化碳几十年甚至上百年后也会持续加热着我们的地球。

气候变暖的滞后性意味着对于排放到大气中的所有温室气体，气候系统不会立即做出反应。二氧化碳等温室气体上升得太快，以至于气温上升无法与之同步。气候的滞后性解释了为什么正午时太阳直射头顶，而一天中最热的时刻却在下午14时左右。

因此，即使我们现在停止了所有的排放，在未来的几十年内温度还会持续攀升，最终升高到与二氧化碳浓度一致的水平。

在未来的几个世纪里，我们的子孙后代可能将看到气候变化以史无前例的速度变快，其规模也将是地球数百万年来未曾见过的。气候变化必将对地球上未来的生命产生巨大影响。根据众多主流气候科学家的观点，减少排放几乎是阻止气候变化的唯一途径。

今天我们减排力度的大小，直接决定着我们子孙后代应对气候变化的难度。今天我们付出的越多，意味着后代面临的困难越少；而今天我们付出得越少，意味着给后代增加的困难越多；今天我们少付出一分努力，后代可能需多付出五分甚至十分的努力。

气候变化的后果比我们通常预测的更加严重，气候一旦失控，我们或者我们的后代付出千倍万倍的努力也将难以挽回，因此，今天的减排对未来人类的生存发展是至关重要的。

未来的人类无法参与今天的决策，但我们今天的决策却深刻地影响着他们。我们今天为气候变化做出的任何一个选择，都会影响到今后几个世纪的气候。我们的决策，不能只考虑我们自己，更要考虑我们的后代。要把对后代的伤害降到最低，要把确保后代福祉视为高度优先事项，要为后代"保留机会"，不能为了我们的私欲而牺牲后代的福利，不能为了我们的舒适而从子孙手中夺取本应该属于他们的东西。我们为了过更富裕的生活，却把减排等一大堆问题交给我们的子孙，对他们来说是极不公平的。

49. 应对全球变暖我们每个人能做些什么?

1. 不购买汽车，或只购买节能车辆。

2. 通过乘坐公共交通工具、步行、骑自行车来减少汽油消耗。

3. 尽可能在工作场所附近居住，这样能有效减少开车的时间。

4. 节约每一度电。电视机、电脑和灯具不用时要切断电源；把电热水器换成太阳能热水器；将白炽灯更换成LED节能灯；少安装和使用霓虹灯；少安装和使用太刺眼的户外照明设施；夜间及时熄灭户外景观灯。

5. 节约每一滴水。用洗菜水冲刷厕所；多淋浴少泡澡；烧水时控制水量，够喝就可以；少去或不去人造滑雪场滑雪。

6. 节约粮食，避免舌尖上的浪费。

7. 尽量少搬家，少更换家具。

8. 新购房屋不要豪华装修，只做简约装修。

9. 购买空调、冰箱、冰柜时，选择无消耗臭氧层物质的；不购买采用消耗臭氧层物质的物品。

10. 尽量使用玻璃、陶瓷器皿，不用塑料器皿。

11. 尽量少点外卖。

12. 少买不必要的衣服，不穿野兽毛皮制作的服装。

13. 减少空中旅行，控制旅游的频率和时间。

14. 夏天能不用空调尽量不用。

15. 不使用或少使用消毒剂、漂白剂、空气净化剂、地毯清洁剂、驱蚊驱虫剂及化学护理用品。

16. 不购买或少购买易拉罐、瓶装矿泉水等一次性用品。

17. 不使用一次性筷子、刀叉、杯盘、牙刷、剃须刀、梳子、拖鞋、内裤等。

18. 不购买过度包装的商品，不购买不必要的物品。

19. 纸张正反面都要使用，能用电子化办公的尽量不使用纸张。

20. 用晾衣绳取代烘干机。

 # 50. 什么是海洋酸化？

2003年，"海洋酸化"这个术语第一次出现在英国著名科学杂志《自然》上。海洋酸化是指海水由于吸收了空气中过量的二氧化碳，使海水逐渐变酸。

酸碱度一般用PH值来表示，范围为0—14，PH值为0时代表酸性最强，PH值为14时代表碱性最强。蒸馏水的PH值为7，代表中性。海水应为弱碱性，海洋表层水的PH值约为8.2。

自工业革命以来，海水开始慢慢变酸。美国国家海洋和大气管理局数据显示，海洋平均PH值已经从工业革命之前的8.21，变为如今的不到8.1。这一数值变化表明，海水的PH值下降了0.11个单位，由于PH值是对数级的，这一下降，意味着海水的酸度比工业革命前增加了大约30%。

 # 51. 目前海洋酸化程度有多严重？

从工业革命至今的200多年间，海洋吸收了人类产生的20%—30%二氧化碳。海洋因吸收的大量二氧化碳，使表层海水的PH平均值从工业革命开始时的8.21下降到目前的不到8.1，降低了0.11。

虽然0.11单位的变化听起来很小，但在工业化前，大自然曾用了上万年才使海水PH值下降了0.1。而人类只用了200多年的时间就完成了大自然上万年的事情。如果人类不减少二氧化碳的排放，海洋酸化的速度还会继续加快，下一个0.1有可能只需要几十年。海洋酸化已达到史无前例的水平，不管是冰期还是间冰期交替均未出现这样的状况。

2012年，《科学》杂志上一项报告称，地球正经历过去3亿年来速度最快的海洋酸化过程，这一过程已经超过了历史上5次生物大规模灭绝时期，众多海洋生物因此面临生存威胁。

目前，海洋正以每小时100万吨以上的速率从大气中吸收二氧化碳，使上层海水不断酸化。据政府间气候变化专门委员会预测，到2100年，海水PH平均值将因此下降约0.3—0.4，至7.9或7.8，这就意味着到那时海水酸度将比工业革命开始时约高100%—150%。

随着全球二氧化碳排放的不断增加，海洋酸化影响持续发酵，全球大洋上层生态不容乐观，极地海洋生态告急，近海生态更是雪上加霜。

52. 海洋酸化有什么危害？

1. 摧毁珊瑚礁

天然海水的PH值稳定在7.9—8.4之间，而未受污染的海水PH值在8.0—8.3之间。海水的弱碱性有利于海洋生物利用碳酸钙形成介壳。海水PH值预计21世纪末将达7.8左右，酸度比正常状态下大幅升高。海水酸化越严重，拥有坚硬骨骼并且能够制造珊瑚礁的珊瑚就越少，而柔软的海鸡冠则会增加。如果酸化过于严重，珊瑚在21世纪末就有可能消失。珊瑚礁的消失，将对全球海洋生态系统造成不可逆转的重大伤害。

2. 对贝类、甲壳类、棘皮动物和软体动物造成持续威胁

更具腐蚀性的海水，会软化以碳酸钙为骨骼或保护壳的动物，造成贝类的壳变薄。越来越酸的海水腐蚀贝类、甲壳类原本坚硬的"皮肤"，甚至让它们"骨质疏松"。像蛤、牡蛎、海星、珊瑚虫等钙化生物，利用碳酸盐生长出坚硬的外壳和其他构造，海洋酸化不仅使它们无法获取生长外壳所需的碳酸盐，而且会使活着的钙化生物外壳溶解，有些海域的钙化生物将陷入灭顶之灾。

3. 抑制浮游植物特别是大型藻类的生长

海洋酸化影响藻类新陈代谢功能，导致了近海潮间带不能形成海洋森

林——大型海藻场，进而不能为更多的海洋生物提供庇护场所和生儿育女、游玩嬉戏的场所。由于浮游植物构成了海洋食物网的基础和初级生产力，它们的"重新洗牌"很可能导致从小鱼小虾到鲨鱼、巨鲸的众多海洋动物都面临冲击。

4. 对海洋鱼类造成致命打击

海洋酸化会阻碍珊瑚礁的生长繁殖，并导致小丑鱼和小热带鱼智商下降和嗅觉的失灵。实验表明，同样一批鱼在其他条件都相同的环境下，处于在现实的海水酸度中，30个小时仅有10%被捕获；但是当把它们放置在大堡礁附近酸化的实验水域，它们便会在30个小时内被附近的捕食者斩尽杀绝。一项发表于《科学报告》的最新研究发现，鲨鱼的鳞片和牙齿可能遭受酸化海水的腐蚀。这将严重影响鲨鱼的捕食与游动，甚至威胁到物种存亡以及海洋生态系统的稳定。

当海洋的PH值下降0.3，即科学家们预测的2050年海洋PH条件下，海水中的声音传播速度将比现有速度快70%，海洋将变得越来越嘈杂。这对于依靠声音猎食和传递信息的海洋生物绝对不是一个好消息，即意味着这些海洋生物的活动更容易受到来自运输船只和海军声呐背景噪音的影响。随着海洋变得越来越酸以及吸声物质的缺乏，更强的背景噪音水平将对海洋动物依靠声音的功能造成致命威胁。鲸鱼将是最大的受害者，可能受到影响的海洋动物还包括海豚以及其他利用声音寻找猎物、躲避天敌和保卫领域的鱼类。

5. 暴雨侵害加重

海水酸化导致海中大陆架的珊瑚礁大量死亡，而这会造成低地岛国，如基里巴斯和马尔代夫更容易为暴雨所侵害。

6. 加剧气候变暖

通过减少生物源含硫化合物的产生，海洋酸化可能导致气候变暖加剧。《自然—气候变化》上的一项研究称，海水PH值的降低导致了二甲基硫化物浓度的下降。

海洋生物排放是大气硫元素的最大天然来源——大气中的硫元素能够增强大气对辐射的反射率，从而降低地球表面温度。

一项研究表明，在评估了未来在不同气候条件下海洋生物排放硫元素的变化情况后，到2100年，海洋生物对硫元素的排放将下降18%左右，而这将额外引起显著的辐射强迫，地球温度将上升0.23℃—0.48℃。

7. 影响人类生计

在有些水域，海洋的酸度将达到贝壳都会开始溶解的程度。当贝类生物消失时，以这类生物为食的其他生物将不得不寻找别的食物，事实上人类将会遭殃。

联合国粮农组织估计，全球有5亿多人依靠捕鱼和水产养殖作为蛋白质摄入和经济收入的来源，对其中最贫穷的4亿人来说，鱼类提供了他们每日所需的大约一半动物蛋白和微量元素。海水的酸化对海洋生物的影响必然危及这些人口的生计。

53. 目前海洋暖化程度有多严重?

海洋在变暖，但变暖了多少？不同研究机构基于海洋观测得到的估计各不相同。

来自中国科学院大气物理研究所的研究人员表示，海洋暖化纪录自2000年起，几乎年年创新高，总体而论，2000米深海水温度从1971年—2010年上升约0.1℃。

来自不同国家11个机构的14名科学家组成的国际团队研究了20世纪50年代以来的海洋数据，研究成果发表在《大气科学进展》期刊上。2020年初公布的新研究显示，全球海洋温度在过去10年间达到了20世纪50年代以来的最高值，最近5年也是海洋温度最高的5年，2019年是海洋变暖再创纪录的一年，海洋温度达到了有记录以来的最高水平。该论文第一作者、中国科学院国际气候与环境科学中心副研究员成里京表示："我们过去25年里向全球海洋排放的热量相当于36亿次广岛原子弹爆炸所产生的热量。"该论文作者之一、美国明尼苏达州圣托马斯大学的机械工程教授约翰·亚伯拉罕说："我们如今每秒向海洋排放的相当于5到6颗广岛原子弹所产生的热量。"这个比喻直观的说明了海洋暖化造成的影响到底有多大。

据美国合众国际社报道，科学家发表的一份研究报告称，全球海洋升温速度很可能超出此前预期，这意味着全球变暖危机更加迫在眉睫。该研究报告刊载于《自然》期刊，由美国普林斯顿大学、斯克里普斯海洋研究所以及其他研究中心的科学家联合撰写。研究结果显示，过去25年，全球海洋每年吸收的热量值是人类发电总量的150倍，比科学家此前确定的要高出60%，使得全球海洋暖化的程度远远超过预期。该报告撰写人之一、普林斯顿大学地球科学家罗兰·雷普朗迪说："我们曾经以为，人类社会排放的二氧化碳还不足以造成海洋和大气显著升温。但事实上是，全球变暖问题比想象中更为严重，它早已蔓延至深海之中。我们此前的采样方式不当，才造成了错误预判。"

 54. 海洋暖化有什么危害？

1. 摧毁珊瑚礁

近几十年来全球珊瑚白化及死亡频率和范围逐渐增加，这与海水温度上升密切相关。如果世界无法保持升温在2℃以内，几乎没有珊瑚礁得以生存。

2. 引发海冰融化及海平面上升

导致高纬度地区海冰融化。温室气体的排放导致了海水体积的膨胀，海水的膨胀使海平面不断上升。大批沿海地区，特别是贫困地区居民的生活空间和生存基础将不复存在。

3. 导致海水缺氧

海洋变暖的另一个重要影响是导致海水中溶解氧浓度的降低。人类犯下的错误造成全球700多个海域没有生命存在。这些被称为"死亡地带"的海域，一般在大河入海口附近。在死亡地带海水中几乎没有生命赖以生存的氧，海洋溶氧量大幅度下降，一些海域每10年降低4%。不只是死亡地带，全球所有海域均出现溶氧量下降的现象。自1960年以来，全球海洋溶氧量降幅已经超过2%。海洋溶氧量的下降，可能会给海洋动植物造成毁灭性后果。这是海洋生态退化最明显的标志。

4. 风暴、洪水、干旱等极端天气越发频繁

热带风暴的猛烈程度与海水表层温度有关。飓风或台风季节会持续得更长；大西洋和太平洋北部生成的龙卷风会明显增多，强度也会增加。

在极端天气使某些地区出现暴雨和洪水的时候，另一些地方却干旱难耐。后果是农作物歉收和森林火灾。很多地方的林火高发季节会延长，火灾数量也会大增。

随着海平面暖化日渐显著，海洋能同样也在增高。上层海水的暖化影响了全球的风流布局，因此使得海浪强度变得越来越高，海浪威力正持续增加。海平面温度越高，海浪威力也越高。美国加州大学的研究人员发现，全球平均海浪威力自1948年起增加0.4%。

5. 对海洋生物造成极大危害

随着珊瑚礁灭绝速度的加快，许多鱼类失去栖息地而绝种。海水变暖使海洋生物的种群和生态系统发生推移。同陆地上的动物类似，一些鱼类种群的分布区域趋向于向深海或高纬度水域迁移。浮游生物、水母、海龟和海鸟开始迁往较冷的高纬度地区。一些生物种群生活纬度向两极扩展了10度，导致热带渔获量减产。海洋生物比陆地生物的移动速度快1.5倍—5倍。

海表温度升高对海洋生物的影响贯穿整个海洋食物网，海表温度升高导致浮游植物丰富度减少，随后引起以藻类为食的桡足类和更高营养级浮游动物减少，因此，海洋桡足类生物的多样性以及生物地理学分布在气候变化的影响下也会发生变化。

近海的温度上升尤为显著，比远海的温度上升高出了1/3还多，这使得一些近岸生物的栖息地发生变化。对于海龟和海鸟来说，它们的一些繁殖地消失，在全世界范围内，这些生物的种群数量都在持续减少。

温度升高也可能在未来改变乌龟等动物的性别比例，因为温度较高更可能孵出母龟。

6. 引发有毒藻类疯狂繁殖

海洋变暖对大型藻类有巨大影响。在温暖、缺氧的水中，某些有毒藻类

会爆炸式地繁殖。它们的毒素让鱼类和其他海洋生物大批死亡。现在，许多地方的渔业和旅游业就已受到海藻疯狂繁殖的威胁。

7. 可能导致洋流改变

在海水变暖的作用下，如果北大西洋暖流被打断，西欧和北欧就会陷入寒潮。因为北大西洋暖流保障了表层和深层海水的循环。其他洋流也可能被打乱。

8. 释放海底甲烷

海水升温是一个不祥的预兆，随着海洋不断升温，将融解亿万年前海底沉积层中的冰冻甲烷水合物，导致释放更多的甲烷气体。多数深海甲烷气体在上升过程中会被海洋微生菌吞噬，转变成为二氧化碳，即使如此，这些甲烷也会对海洋气候构成威胁。海水中产生额外二氧化碳伴随着低氧含量和高酸度，这对于水栖生物十分不利。另外，海底斜坡的甲烷气体起到黏合剂作用，一旦甲烷气体释放，将破坏海底斜坡结构。

9. 人类健康面临风险

暖化令海洋细菌生长得更快，包括会生产毒素的细菌，例如副霍乱弧菌，导致海中毒素增加。温暖的海水更容易让病毒蔓延扩散，使海洋植物和动物疾病发生率提高，而人类健康也因病菌在较热水体中更易传播而承受越来越大的风险。

水生贝壳类动物如蚝、蚬、青口、带子等是滤食性生物，容易摄取水中的毒藻，并会积聚在贝类的组织内。因为鱼类生病死亡，导致食用鱼类的人类也会受到这些扩散病毒的威胁。

 55. 海洋酸化和暖化的原因是什么？

海洋酸化和暖化背后的罪魁祸首是人类大量燃烧化石燃料、砍伐森林和其他行为在大气中积累的超额二氧化碳。

在工业时代到来之前，大气中碳的变化主要是自然因素导致的。从工业革命开始，人类开采使用煤、石油和天然气等化石燃料，还砍伐了大量森林，至今已经排出超过5000亿吨二氧化碳。如今大气中的二氧化碳含量超过过去80万年中的任何时期。同时二氧化碳的排放也在影响着海洋。海洋与大气在不断进行着气体交换，排放到大气中的任何一种成分最终都会溶于海洋。受海风的影响，大气成分最先溶入100米深的海洋表层，在此后的数个世纪中，这些成分就会扩散到海底的各个角落。研究结果显示，在过去两个世纪中海洋吸收了人类排放的二氧化碳中的30%，目前仍在以约每小时100万吨的速度吸收。

另外，通过陆源污染进入海洋的硫化物和氮化物会对海洋的酸度产生影响，降低海水的PH值，特别是在近海局部海域，这种酸化影响可能会更加显著。

近岸水体还受过剩营养盐输入的影响，主要是来源于农业活动、肥料和生活污水中的氮。化学成分的变化引起浮游植物水华，当水华结束有机物迁出表层时，细菌的呼吸作用导致海水中溶解氧减少而二氧化碳增多，次表层海水的PH值也随之下降。

人类活动导致了海水的不断酸化和暖化。到目前为止产生的海水酸化和暖化基本是不可逆的，即使从现在开始完全停止二氧化碳的排放，要想恢复到工业革命之前的酸度和温度也需要几万年。

 ## 56. 为什么说海洋中的氧气正在迅速下降？

人们发现原本在海面以下200米深处觅食的金枪鱼和剑鱼，如今却屡次三番浮出海面。

造成这一怪象的原因在于：海水温度不断升高，导致海洋中氧气变得稀薄。

金枪鱼、青枪鱼、马林鱼、鲨鱼等动物体形较大，且需要大量能量，它们对缺氧特别敏感，这些动物正开始迁移到海洋的浅层。

科学家指出，全球海洋中的氧气含量正在迅速下降。世界自然保护联盟发布报告指出，在1960年—2010年间，全球海洋中的氧气含量下降了大约2%。德国基尔亥姆霍兹海洋研究中心的研究显示，在过去的50年里，一些热带地区的氧气水平惊人地下降了40%。

如果各国继续采取一切照旧的排放方式，全球海洋的含氧量预计将持续减少。有的研究人员警告：基于现有的趋势，估计从现在到2100年，氧气浓度会再进一步下降1%—7%。人们担心全球海洋最终将达到饱和点。

除了氧气浓度的整体下降之外，研究人员还发现"完全不含氧气"的海域也在快速增加。这些"完全不含氧气"的水域被人们称为"海洋死区"。在这些死区，基本没有生命的存在。

在20世纪之前，全球的海洋到处充满生机，从未发现过任何一块无氧或低氧的"死区"。人类第一次发现"海洋死区"是在1910年，在1920年左右，全球海洋死区仅有4块，到1970年的时候已经上升到50块，到1980年的时候已经接近90块，到1990年的时候达到了160块。进入21世纪之后，由于陆源污染不断扩大以及全球变暖的加剧，海洋死区面积与数量不断增长，增长速度是过去90年的2倍有余。

如今全球海洋死区数量已经突破了700块，面积达到30多万平方公里。仅这些海洋死区的面积就占到了全球海洋总面积8‰。

这些"海洋死区"一般在大河入海口附近。最为人所熟知的地带位于墨西哥湾、波罗的海和黑海。当前，海洋死区面积最大的当属美国密西西比河河口，这块区域超过了2万平方公里。中国的长江口、珠江口死区面积也在不断增长，与密西西比河河口已经非常接近了。海洋死区就像在全身扩散的慢性病一样，在海洋中逐渐扩大，正成为一个全球性问题。

如果人类不对自己的行为进行约束，任由这样的扩展速度持续下去，可以预见在未来的数百年时间后，全球的海洋都会变成真正的"死海"，这对人类而言将会是个巨大的灾难。

海洋氧气的持续减少是陆地污染、全球气候变暖、海水酸化三者相互作用的结果，三者之间产生连锁效应，推动了海洋生态环境的恶性循环。

首先是陆地污染

海洋死区形成的最直接的原因就是海藻泛滥。海藻在海水中生长会像陆生植物那样吸收二氧化碳进而释放出氧气。由于海藻生长速度较快，死亡率高，死亡之后会沉入海底并腐烂，成为海底诸多细菌的食物来源。而这些细菌在分解海藻的过程中需要消耗大量的氧气。按照科学家的分析，海藻生长过程中释放出来的氧气不足以抵消海底细菌分解腐烂海藻所耗费的氧气，这样就导致了周边海水中的氧气不断被消耗，在海藻较多的水域就会形成无氧、低氧的"死区"。

尽管海藻泛滥是导致海洋死区形成的直接原因，但这并不是自然原因所造成的。海藻的疯狂生长是人类活动的结果。如果没有陆源上的污染及人类活动，海藻生长速度不会如此之快。人们在生产生活中将大量的废水、污水排放到江河甚至是近海，这些废水、污水最终都会通过自然循环系统进入海洋。而废水、污水中富含海藻生长所需的各种营养成分，如农业生产中的肥料残留、生活污水中的有机质、动物粪便、化石燃料燃烧后的污染物等。这些成分会大大刺激海藻的生长。同样，海底细菌在分解海藻过程中也会从这些污染物中汲取营养成分，因此会消耗更多的氧气。

其次是全球气候变暖

全球变暖也是促进海洋死区形成的重要原因。而全球变暖无疑是人类活动的结果。氧气在温水中的溶解度是相对较低的，随着海水气温的升高，其溶氧量就会进一步下降。变暖的海洋失去氧气的原因是因为液体温度越高，它能溶解的气体就越少。这就导致了部分海洋区域一度出现季节性的死区，比如海藻疯狂生长的季节或是气温较高的夏天。一旦过了这个时节，随着海水中含氧量的增加，又会有生物在这些地方生活。但是如果人类不断向海洋排放污染物，需氧细菌就会常年活动并且大量繁殖，此时这些海域将有可能变成永久都无法恢复生机的"死区"。

第三是海洋酸化

人类在过去200多年的时间内大量使用化石燃料，向大气中排放了大量的二氧化碳，加速了全球气候变暖。海洋作为吸收全球二氧化碳的一块天然海绵，当其吸收能力饱和之后就会打破自身的生态平衡，进而导致海水酸化。而陆源污染的加剧，使得沿海地区的低氧、无氧区域持续扩大，最终再次削弱了海洋抵御气候变暖的能力。由于海水不断吸收二氧化碳，导致海洋表面水体的PH值在不断下降，与工业革命前相比，今天海洋表层水体的PH值已经从8.2降为8.1。

58. 海洋中氧气减少会带来什么危害？

氧这对于鱼类和其他海洋生物的生存而言是至关重要的。氧气的快速下降，使海洋生物的生存环境正变得愈加恶劣。

由于深海低氧区持续扩大，而且不断靠近海平面，旗鱼、鲨鱼、金枪鱼、箭鱼、太平洋鳕鱼、沙丁鱼、鲱鱼及鲭鱼等鱼类，如今却越来越多的在更浅的水域活动，这一巨大的行为变化表明了一个令人不安的趋势正在发生：由于温度不断升高，远离海岸的海洋中氧气量都在不断减少，导致大片深海区不适合海洋动物生存，海洋生物的活动范围正在缩小。生活在海洋贫氧区的物种要么窒息死亡，要么饿死，要么迁移到其他海域被吃掉。原来生活在深水区的海洋生物会不断往浅水区寻求氧气，可能会扰乱整个海洋生物链，使海洋生态发生重大变化。随着海水中的脱氧情况日渐严重，不仅造成大量海洋动物死亡，而且会引发一连串的物理、化学反应，影响着全球的氮、磷循环。

另外，海水缺乏氧气，会影响海洋生物的生长和繁殖，并使它们更易患病；还可能加剧全球变暖，因为在低氧环境生存的海洋微生物会产生大量一氧化二氮，而这种温室气体的强度为二氧化碳的约300倍。

据科学研究统计，在地球上，由光合作用所产生的氧气中，88%是在海洋中形成的，其中海藻起主要作用。海洋藻类多达10万种以上，其生活范围很广，除了生长在海陆交接的地方和低潮线以下的浅海区域，它们还可以生活在100—200米的水层中，海洋中的藻类面积非常庞大。另外，光合单位的周转率跟体型成反比，也就是说，植物个体越小，单位重量的植物光合效率就越高。如一棵树长到原来的两倍需要几年，一个藻类分裂成两个只要1天。所以海洋植物的光合作用比陆生植物的光合作用所占比重大得多。海藻在制造有机物时，产生了大量的氧气，同时还吸收大量的二氧化碳，作为碳汇影响着全球气候。

氧气是生命的核心，无论是在海洋还是陆地，氧气对生命都至关重要。地球上的人类，不管住在海边，还是居住在离海岸遥远的地方，每个人呼吸的每一口氧气都是海洋生物的功劳。

海洋中氧气的微小变化就可能导致巨大的生态灾难，没有足够的氧气，动物的生长和繁殖都会受到影响，甚至导致疾病和死亡。如果海洋海藻全部毁灭，地球上的人类和所有其他生物都会因缺氧而死亡，这说明了海洋产生氧气是多么的重要！

为了弄清楚海水中的含氧量减少会持续多长时间，丹麦的科研人员构建了一个计算机模拟模型，用于追踪海水含氧量减少在未来10万年时间内的变化。按照这个模型，随着21世纪末全球气温升高2℃，海洋温度升高会持续扩大海洋无氧区域，在未来的2000年时间内，全球所有海域将会变成"死海"，到时候只有极少数的鱼类能够生存下来。特别是在印度洋北部、中美、南美、非洲等热带海洋领域，生物几乎不可能生存。研究人员表示，这一计算机模拟模型尚未将海水变暖导致海洋沉积物大量释放甲烷这一情况考虑在内。如果海洋沉积物释放的甲烷与氧气再发生反应，海洋中的氧气损耗将会更加严重。

59. 珊瑚礁究竟有多重要？

珊瑚礁对全球环境和人类社会极为重要。

1. 珊瑚礁有力地维护全球海洋的高生物多样性

在广阔的海洋中，珊瑚礁只占据了不到0.2%的面积。不过莫要小瞧这0.2%的面积，它养育了1/4的海洋生物种类，近1/3的海洋鱼类生活在其中，也被称为海洋中的"热带雨林"。珊瑚礁为许多动植物提供了生活环境，其中包括蠕虫、软体动物、海绵、棘皮动物和甲壳动物等。世界著名珊瑚礁专家、"珊瑚教父"查理·维隆说："在所有的海洋物种中，大约有1/4到1/3海洋生物的一部分生命周期是在珊瑚礁中度过的，珊瑚礁死了，这些生物就会随之灭亡，这就是生态的混乱和崩溃。"珊瑚礁是世界上最独特、最重要的生态系统之一，具有丰富的生物多样性、极高的初级生产力、快速的物质循环等特点。迄今为止，地球上还没有发现像珊瑚礁一样支持众多物种的其他生态系统。因此长期以来，人们一直以"生态关键区"来看待珊瑚礁生态系统。

2. 珊瑚礁能维持全球渔业资源

全球约10%的渔业产量源于珊瑚礁地区。珊瑚礁中栖息的鱼类是许多人依赖的蛋白质的来源。全世界估计有5亿人不同程度地依靠珊瑚礁来获得食物和产生收入。即使你居住在远离海岸的地方，你吃的鱼也很有可能来自珊瑚礁。每年，每平方公里的健康珊瑚礁可出产15吨鱼类和海产品。

3. 珊瑚礁对优化地球大气环境环扮演重要角色

珊瑚礁生态系统的物质循环主要有碳、氮、磷、硅四种元素的生物地球化学循环，包括固氮、二氧化碳与钙的贮存与控制、废物清洁等过程。有珊瑚礁生物参与的生物化学过程和营养物质循环对于维持和促进全球碳循环有重要作用。珊瑚虫可将二氧化碳转变为碳酸钙骨骼，有助于降低大气温度。同时，这种化学过程也维持了全球钙平衡。

4. 珊瑚礁可以保护海岸线

珊瑚礁是抵御风暴和海浪的天然屏障，对于保护脆弱的海岸线免于被海浪侵蚀起了重要的作用。健康的珊瑚礁就好像自然的防波堤一般，约有70%—90%的海浪冲击力量在遭遇珊瑚礁时会被吸收或减弱，珊瑚礁的三维结构，凹凸不平，当海浪经过珊瑚礁，珊瑚礁能消减海浪非常多的能量。所以当台风、风暴潮和海啸来临，经过珊瑚礁、海草床或者红树林，会消减掉非常多的能量。如今，受到气候变化的影响，风暴的发生频率及强度不断加剧，珊瑚礁的"天然防波堤"功能显得越来越重要。

珊瑚礁是天然净水器，有助于保持近岸海水免受污染。许多珊瑚和海绵动物都是滤食性动物，这意味着它们能够吃掉水中的颗粒物（不溶于水的污染物），防止颗粒物沉降到海底引发有害物质污染海洋。

而珊瑚礁本身会有自我修补的力量。死掉的珊瑚会被海浪分解成细沙，这些细沙丰富了海滩，也取代已被海潮冲走的沙粒。人们常常认为沙滩上的沙子来自碎裂的贝壳，但其实，珊瑚礁也参与了沙滩的建设工作。事实上，许多海滩上的沙子都是珊瑚骨骼碎裂的产物。此外，一些以珊瑚为食的生物会排泄出珊瑚碎屑，最终都变成了沙子。例如，一只大型的鹦鹉鱼每年最多可生产1吨重的沙子！

5. 珊瑚礁是医疗药材的重要来源

人们在珊瑚礁及栖息其中的物种身上发现了各种各样的化合物，在此基础上研发新的药物和营养补品。尽管科学家已经在森林中进行此类型的研究达数十年，但直到最近人们才开始探索珊瑚礁在这方面的可能性。这意味着，我们目前对于利用珊瑚礁研发药物的掌握和了解或许只是皮毛而已。珊瑚礁是新基因、新药品等的重要来源地，也是医疗药材的重要原材料，珊瑚还可作为治疗癌症、关节炎、阿尔茨海默病、心脏病等的药物，珊瑚礁物质是人类极大的资产。

6. 珊瑚礁是重要的文化教育和生态旅游基地

珊瑚礁已经成为热门的旅游景点。每年，数以百万计的浮潜者和深潜者蜂拥而至，只为一睹珊瑚礁的风采，还有更多的游客被珊瑚海滩景观吸引而来。珊瑚礁为渔业、旅游业提供了绝佳的资源，推动了潜水业、酒店和餐厅的蓬勃发展，为当地居民提供大量就业机会。珊瑚礁鉴于其丰富的环境、生态及生物多样性，是理想的海洋生态科研、科普教育基地，并可提供以珊瑚礁生态为主题的文化产品。珊瑚礁是海洋中的奇异景观，为发展滨海旅游业提供了条件。珊瑚礁形态造型奇特，千姿百态，很有观赏价值。此外，由于珊瑚礁生态系统的存在，为人类带来了美学和艺术灵感，并提供文化、精神、道德、信念和宗教等服务价值，是人类共同的自然文化遗产。

7. 珊瑚礁是科学研究的重要载体

珊瑚具有对环境变化极其敏感、年生长量大、年际界线清楚、连续生长时间长、环境信息记录准确、分布广等特点，是高分辨率地记录过去环境变化过程的重要载体，并在揭示低纬度热带海区环境变化过程及其在全球气候变化中的作用等方面发挥着重要功能。从全球变化的角度来看，珊瑚礁作为高分辨率环境变化的重要载体，对揭示气候变化过程、事件和机制等具有不可替代的价值。

 # 60. 为什么说全球珊瑚礁正在走向生命的末路？

珊瑚礁分布在全世界约110个国家的热带、亚热带海岸沿线。珊瑚礁主要分布在南北半球海水平均温度20℃的等温线内，这是由于形成珊瑚礁的造礁石珊瑚对海水水温有着严格要求，多数造礁石珊瑚生活的适宜水温是18—29℃。过低和过高的水温都会造成造礁石珊瑚的白化和死亡。

珊瑚礁已经在地球上形成很久了，它平安无事地在地球上生存了数亿年之久。而人类，从古猿人阶段开始，满打满算也就是440万年的时间。

可就是这440万年的时间，甚至应该说，从发现珊瑚礁存在的将近2000年来，让已经生存了几亿年的珊瑚礁面临消失殆尽的危局。

珊瑚在长达亿万年的演变过程中保持了顽强的生命力，不论是狂风暴雨、火山爆发还是海平面的升降都没能让珊瑚灭绝，然而珊瑚能抵御地球以万年为单位的生态变化，却不能应付人类近百年带来的快速环境变动。

在过去的几十年内，全球的珊瑚礁消失十分严重。澳大利亚的礁体似乎是恶化最快的，2016年，世界上最大的珊瑚礁群——大堡礁中90%的珊瑚遭遇白化危机，其中20%的珊瑚死亡。在加勒比海岸，过去35年之内损失了75%—85%的珊瑚礁。西大西洋是全球范围内最先变暖的海域，这个区域内一半以上的珊瑚礁在1980年后遭受了7次以上白化。这种打击对美国珊瑚礁尤甚。2005年，当热流席卷波多黎各和美属维尔京群岛时，美国失去了在加勒比海的一半珊瑚礁。

不幸的是，这不是个别现象，更为不幸的是，珊瑚礁白化甚至没有停止的迹象……全球珊瑚礁瓦解速度之快超乎人们的想象！

科学家发现，全球已知的845种珊瑚中，约1/3的种类面临灭绝的威胁，对全球而言，约20%的珊瑚礁已经彻底消失，约25%的珊瑚礁处于威胁状态，约60%的珊瑚礁可能在2030年消失。

研究表明，如果世界不能有效减少温室气体的排放，任由当前气候变暖趋势肆意发展下去，按照现在的退化速度，珊瑚礁生态系统可能在21世纪内从地球上消失。

在全球变暖不可阻挡的趋势下，我们眼睁睁地看着色彩斑斓的珊瑚变成一堆堆"白骨"。珊瑚礁的消失会给人类带来无法估量的损失。

61. 为什么说世界上最大的珊瑚礁群正在慢慢走向死亡？

位于澳大利亚东北海岸的大堡礁是世界上最长最大的珊瑚礁群，也是赫赫有名的世界自然遗产，它绵延2600公里，即使人们身处太空，也可以一眼就看见它。俯瞰大堡礁，犹如在汹涌澎湃的大海上绽放的碧绿的宝石一般。

大堡礁是由众多微小的珊瑚虫所构建，它也算是世界上由生物建造的最大物体了。大堡礁并不是一个大的独立珊瑚礁，而是由大约2900个独立的成片珊瑚礁组成，其面积等同于英国的国土面积，而这却是由最微小的珊瑚虫创造的伟大自然奇迹。曾被CNN选为"世界第7大自然奇观"。每年都有很多的游客来到大堡礁游览，有一些游客还希望潜入海底去目睹更多美丽的奇观。

大堡礁是大自然对人类的一份馈赠。根据世界野生动物基金会的数据，大堡礁是1500多种鱼类的家园。就珊瑚而言，大堡礁拥有世界上1/3的软珊瑚和411种硬珊瑚。珊瑚礁上发现了134种鲨鱼和鳐鱼，世界上7种濒危海龟中有6种生活于此。大堡礁其中还含有4000多种软体动物、250多种鸟类和大部分濒临灭绝的物种，除了一些皇帝鱼、鹰嘴鱼和鲽鱼等常见的各种热带鱼之外，还有一些是的白尖鲨、白鳍鲨和灰礁鲨也能偶尔见到。

但是由于气候逐渐变暖，美丽的大堡礁正在慢慢地走向死亡。气候变暖引发的海水温度上升导致大堡礁面临着史无前例的珊瑚白化危机。珊瑚礁生态系统也在遭受污染和过渡捕捞的威胁，这个素有海洋"亚马孙"和"世界海洋之肺"的自然瑰宝正在以惊人的速度退化……

2016年，海洋暖化引发了第三次全球珊瑚白化，这次大堡礁并未像前两次一样幸免于难，北部地区长达700公里的珊瑚礁带的潜水珊瑚有至少67%在当年死亡，若要恢复，至少需要10年时间。2017年初，第四次珊瑚白化已经到来，93%的大堡礁正在白化，其中80%的部分正处于严重危险中。

如今的大堡礁正面临着巨大的危机，已有2/3的珊瑚遭到破坏。世界自然基金会工作人员表示，也许在5—25年之内，大堡礁就会消失。

 ## 62. 珊瑚礁消失的原因是什么？

1. 人类活动造成的海洋酸化和暖化是导致珊瑚礁消失的元凶

珊瑚礁对水温、盐度、水深、光照等条件都有严格的要求。当海水PH值平均为8.1的时候，珊瑚生长状态最好；当PH值为7.8时，就变为以海鸡冠为主；如果PH值降至7.6以下，珊瑚礁无法生存。

适合珊瑚生长的水温为20—30℃，23—27℃是珊瑚生长发育的最佳水温。日益上升的海水温度是珊瑚礁最致命的威胁。当海水出现高温时，成片的珊瑚就会变得像骨头一样惨白，然后很快死去，这种现象叫珊瑚的"漂白"或

"白化"。根据珊瑚学家的分析，全球再上升1℃，将有82%的珊瑚白化；上升2℃，将有97%的珊瑚白化；上升3℃，所有珊瑚将完全死亡。

大气中的二氧化碳快速累积，导致了海洋酸化和海水表层温度上升。许多研究预测显示，若全球变化趋势得不到有效控制，则珊瑚礁难以幸存至21世纪末。

2. 过度捕捞

过度捕捞是导致许多水生动物灭绝的主要原因，也可能是人类对珊瑚礁极具破坏性的威胁，过度捕捞会破坏海洋生态系统的平衡。今天使用的捕鱼方法可能严重损害珊瑚礁。例如，海底拖网捕捞可以粉碎珊瑚碎片，炸药捕鱼也很猖獗，一次爆炸就能在水下杀死众多生物。

3. 防晒物品的使用

最近的一项研究表明，仅仅需要一滴防晒霜就能使最近的珊瑚礁造成大量的白化。这是一种名为氧苯酮的成分，一种毒性很高的化合物，通常存在于许多大公司生产的防晒霜中。珊瑚中毒可能以多种方式发生，许多游客通过在皮肤上涂防晒霜，当他们游泳时，通常会在能到达珊瑚礁的水中留下浮油。无论何时使用这些产品，都可能会在不知不觉中对珊瑚礁造成伤害。

4. 人类和其他动物的病菌

埃尔克霍恩珊瑚曾在加勒比海和佛罗里达群岛繁衍生息，但一种名为"白痘"的疾病在15年内使其数量锐减了90%。这种疾病是由致命菌造成的，这些病原体通常存在于人类和其他动物的粪便中。这种疾病会造成珊瑚白色斑块，破坏珊瑚的组织，使其暴露且易受伤害。

5. 航运

除了石油泄漏的直接威胁外，通常为营救搁浅的船往往更具破坏性。锚定、拖曳或疏浚的行为可能会对珊瑚造成损害。来自游轮的废物和污水也对海洋生物有害。根据美国环保署2008年的一份报告，这些废物正在使海洋中的酸性物质产生有毒的藻类，从而毒害珊瑚。

6. 吃珊瑚的海星

长棘海星也许是大堡礁上珊瑚的头号捕食者，它们被有毒的脊椎骨覆盖，广泛存在于印度太平洋地区。30多年来，这些无脊椎动物以敏感的珊瑚为食，造成了几乎一半的珊瑚礁损失。在激烈的食物竞争中，许多珊瑚最终会成为这些恶毒的猎手的食物。一个长棘海星一天能吃两平方米的珊瑚，它不喜欢吃中间这块白的——筒星珊瑚，把周边全部吃光后就剩下这一块了，人们称之为"最后的晚餐"。

7. 微塑料

一片扔进海里的塑料会给包括珊瑚在内的水生动物带来严重的问题。微型塑料是很小的颗粒，可以被浮游生物吃掉。食用这些微小的东西是危险的，因为它们是不可消化的。微小的塑料污染会影响巨大的珊瑚礁。

8. 厄尔尼诺现象、赤潮和海藻

第一次引起广泛关注的厄尔尼诺现象是在1998年，全球大概有1/3的珊瑚礁白化死亡，从空中看太平洋的很多岛礁都是白茫茫的一片。

人类向海洋中大量排放污水会造成近海海水富营养化，导致藻类和浮游植物密度上升，海水透明度降低，形成赤潮。这使得珊瑚体内共生藻的光合作用被抑制，珊瑚礁生态系统的平衡遭到破坏。

海藻看起来无害，但实际上对珊瑚是致命的。在太平洋和加勒比地区可以发现许多种杀灭性海藻，它们拥有某些化学物质，一旦被释放，就会漂到附近的珊瑚上。很明显，珊瑚在接触这些化学物质时会产生负面反应。

9. 溢油

2010年4月，墨西哥湾附近发生了历史上最严重的石油泄漏之一。灾难发生后，科学家们立即开始关注海底珊瑚礁的状况。专家们很快就得出结论，石油可以通过抑制氧气供应而对珊瑚礁造成伤害，严重时可致珊瑚礁窒息死亡。

10. 寒流

珊瑚白化通常是由于高温造成的，但极端低温也会引发这一现象。在2010年1月的美国，遭受了1940年以来历史上最恶劣的寒冷天气。它对水下的珊瑚礁造成严重破坏，大量死亡和漂白。

11. 地震

地震的摧毁性极强，珊瑚礁也不可幸免。在2009年5月，7.3级地震震撼了加勒比海西部，珊瑚礁遭到严重的破坏，虽然珊瑚礁可以卷土重来，但要想完全恢复，可能需要大约2000到4000年的时间。

另外，臭氧的消耗、沿海工程、环境污染、珊瑚开采、物种入侵、观光旅游等，也都加剧了珊瑚礁生态系统的急剧退化。

63. 中国珊瑚礁现状为何令人痛心？

中国的珊瑚礁主要分布在中国南海诸岛海区，以及台湾、福建、广东、广西、海南岛近岸及离岛海域。

从分布区域来看，中国南海珊瑚礁可大体分为南沙群岛、西沙群岛、中沙群岛、东沙群岛、海南岛、台湾岛和华南大陆沿岸等七大区域。

中国珊瑚礁面积达38000平方公里，占全球珊瑚礁总面积的13.5%。中国的造礁石珊瑚种类大概有300种，全球大概是800种，中国占到全球的近1/3。

在当今全球珊瑚礁急剧退化的大环境下，中国南海珊瑚礁也未能幸免，其退化速率甚至高于全球平均值。例如，从最能反映珊瑚礁健康状况的活珊瑚覆盖度这一指标来看，南海北部大亚湾静海区活珊瑚覆盖度从1977年的77%下降到2008年的15%，海南三亚鹿回头岸礁从1960年的80%—90%下降到2009年的12%，西沙群岛永兴岛从1980年的90%下降到2008年—2009年的20%，总体来说，这三个礁体活珊瑚覆盖度在过去50年内下降都达80%以上，严重影响到了南海的生态安全。今天的南海已经没有了原始状态的珊瑚礁。

半个世纪以来，中国近岸的珊瑚消失了80%，离岛珊瑚礁的造礁石珊瑚覆盖率，从50%、60%下降到现在的10%—15%。当然，不仅是中国，全球都是这么凄惨，全球也是15%左右。

随着珊瑚礁的急剧退化，原本生活在珊瑚礁内的大量生物随之消失，生物群落日渐单一化。珊瑚礁受到的环境压力主要来自自然压力和人为压力。在中国，海岸及海洋工程、污染、过度捕捞等引起的环境压力对珊瑚礁的影响远远大于气候变化的影响。

近年来，中国持续开展典型珊瑚礁生态系统监测工作，根据2018年监测结果：雷州半岛西南沿岸和广西北海珊瑚礁生态系统呈健康状态，海南东海岸和西沙珊瑚礁生态系统呈亚健康状态。雷州半岛西南沿岸珊瑚礁生态系统活珊瑚盖度较5年前有所下降；广西北海珊瑚礁生态系统硬珊瑚补充量达到1个/平方米；海南东海岸珊瑚礁生态系统活珊瑚盖度仍处于较低水平；西沙珊瑚礁生态系统活珊瑚盖度呈上升趋势。

64. 如何保护珊瑚礁？

1. 实施大规模的减排

珊瑚礁面临的最大威胁是气候变化，即使二氧化碳排放受到一定限制，珊瑚礁仍将面临生死存亡的挑战，任何温度升高超过1.5℃阈值的情况都有可能导致绝大多数珊瑚礁的死亡，而限制温度的上升至少可以为珊瑚礁争取一些适应气候变化的时间。实施大规模的减排是保护珊瑚礁的最根本之策。

2. 严控陆地污染物进入海洋

海岸湿地的丧失和赤潮是严重影响水质的因素。从陆地上流失的营养物质在海水中会导致藻类和浮游生物的大量繁殖，形成赤潮。而珊瑚礁则需要营养少的海水，需要充分的阳光。保持好海岸湿地，避免陆地大量的营养物质流入海洋。

3. 严控近海工程建设

严格控制在海岸建造桥梁、道路、隧道、机场、海港等。

4. 避免过度捕捞

人类过度捕捞打破了健康珊瑚礁生态系统的平衡。维持健康珊瑚礁生态系统，一方面不能有过高营养盐，以免大型海藻扩繁；另一方面鱼类不能太少，每公顷海域至少保持600公斤的鱼类生物量。鱼类与珊瑚礁之间存在正响应和相互依赖的关系。珊瑚礁鱼类可在珊瑚礁觅食、栖息、繁衍、躲避敌害等；同时，鱼类可以使珊瑚礁维持健康的状态。

科学家研究发现，食草系鱼群能够在一定程度上缓解珊瑚礁白化。当某一区域的珊瑚礁遭遇非常严重的白化问题时，珊瑚会被另外一种海藻覆盖，而这种海藻能够阻止珊瑚继续生长，如果这个时候在周边投放一群食草系鱼群，那么这些海藻就能被消灭掉。

另一种对珊瑚礁破坏巨大的行为是使用炸药捕鱼。炸药爆炸时在水下造成冲击波，对鱼类和珊瑚造成伤害。应严禁在珊瑚礁区打鱼、毒鱼、电鱼、炸鱼及采集海胆。

5. 广泛禁止含有伤害瑚瑚成分的防晒霜

防晒霜现在被视为潜在威胁。每年有大量的防晒剂冲洗并进入珊瑚礁区。研究人员说，数千种防晒产品含有两种最具有威胁性的化学物质：甲氧基肉桂酸乙基己酯、二苯甲酮—3。这些防晒因子，吸收紫外线，使珊瑚礁发生白化反应。二苯甲酮—3可以阻止婴儿珊瑚的生长，并且对几种不同的珊瑚物种有毒。帕劳将成为第一个广泛禁止使用防晒霜以保护其脆弱珊瑚礁的国家。为了挽救珊瑚礁，我们应该：

（1）不要使用含有该成分的产品。

（2）使用防晒服、防晒伞等物理防晒方式代替防晒霜。

（3）使用只有物理防晒成分（非纳米级二氧化钛或氧化锌）的防晒霜。

6. 避免氰化物的使用

由于北美和欧洲对珊瑚礁观赏鱼的需求，使在印度洋——太平洋地区使用氰化物捕鱼的方法大增。世界上85%的观赏鱼是在这个地区捕取的。捕鱼人使用氰化物来麻醉鱼，然后可以轻易地捕取它们。贫困是促使氰化物捕鱼普及的重要原因。有些地区如菲律宾使用氰化物捕捉活鱼非常普遍而且是合法的，而当地40%的人生活在贫困线以下。在这些国家中捕鱼人只有依靠这样的手段才能养活自己和家人。但使用这个手段捕鱼，鱼的死亡率高达90%。氰化物对珊瑚礁生态系统的破坏也很大，它杀死珊瑚虫和其他无脊椎动物。在全世界范围内应严控氰化物的使用。

7. 开展珊瑚礁人工修复

在珊瑚礁自然恢复力不足的情况下，通过增加幼体补充数量、有效培育成体及提高底播移植存活率等方法，人为增加造礁石珊瑚数量，促进珊瑚礁恢复力的提升。

由于存在许多技术限制，导致成本太高，目前尚未找到一种能够大面积、快速修复退化珊瑚礁的方法，有些区域甚至根本无法人工修复。应该更多从保护做起，让生态系统发挥功能，促进珊瑚礁自然恢复。当然，在诸如礁盘破碎化的一些区域，需要采取人工措施修复，靠自然恢复难度较大。

8. 建立更多珊瑚礁保护区

这是保护珊瑚礁生态环境和生物多样性的有力措施。目前，中国已建立了海南三亚珊瑚礁自然保护区、福建东山珊瑚礁自然保护区、徐闻珊瑚礁自然保护区。应建立更多的保护区，组建专职管护机构，开展巡护管理，采取得力措施，保障珊瑚礁保护区的生态秩序。建立长期监测网络，监测珊瑚礁保护修复的动态过程，积累珊瑚礁现状和动态基础资料，提高珊瑚礁保护和管理的针对性。

9. 保护海岸的红树林

10. 强化珊瑚礁保护的立法和宣传教育工作

 ## 65. 红树林为什么会有"海上森林"的美誉?

提起红树林，可能许多人会感到陌生。红树林生长在热带和亚热带海岸潮间带，是一种特殊的常绿植物群落。主要分布在江河入海口及沿海岸线的海湾内。

西印度洋边缘有高达百万公顷的最丰富的红树林覆盖，主要存于肯尼亚、马达加斯加、莫桑比克和坦桑尼亚的河流三角洲。

在中国，红树林湿地断续见于台湾、福建、广东、广西和海南岛沿海的亚热带、热带海岸港湾、河口等水域。

红树林是最具特色的湿地生态系统。它同时包括了陆地和水体生态系统，具有两个生态系统的特性，所以其复杂、多样的生态特性是其他生态系统所无法比拟的。

你知道吗? 红树林可是对抗气候变化的超级英雄:

它保护和稳定海岸线，是天然的海岸卫士，能够抵御涨潮所引发的洪水，并减少沿海土壤侵蚀；

拥有卓越的碳汇能力，它存储的碳比热带雨林多4倍有余；

在碳的吸收方面，单位面积红树林比其他森林系统高出3%到5%；

红树林形成的天然屏障能够有效抵御风暴潮和巨浪的冲击；

在抵御洪水方面，每公里红树林比造堤建坝便宜1000倍；

红树林的枝干和树根是大量鸟类及鱼、虾、蟹、贝等的天然繁殖场和栖息地，同时也为沿海社区的居民提供生计来源。

红树林"海上森林"的美誉当之无愧。然而，在过去40年里，红树林的覆盖率减少了一半，红树林的消失速度比全球森林总损耗速度快3—5倍。通过养护和恢复红树林对抗气候危机，是既便宜又有效的方法，不论对环境还是居民都好处多多。

 ## 66. 为什么说海洋中的塑料污染令人触目惊心？

海洋是人类赖以生存的瑰宝，它覆盖地球表面的近3/4，占地球全部水资源的97%。联合国数据指出，全球超过30亿人的生计依赖于海洋和沿海的多种生物。若以体积衡量，海洋占据了生物在地球上所能发展空间的99%。然而，全球的海洋环境正在面临着前所未有的巨大污染。人类生产的塑料等固体废物量持续增长，而废物降解速度又异常缓慢，导致在全球各大洋的水体、海底以及海岸线上塑料垃圾堆存量越来越多。

联合国环境规划署2014年所作的一项研究表明，全世界每年生产2亿8千万吨塑料，其中只有很少的一部分被回收，有多达2000万吨塑料垃圾最后进入了海洋。

据估计，每1分钟就有1整辆卡车的塑料垃圾倾泻入海，我们今天的海洋中有5万亿个塑料碎片，足以围绕地球超过400周。

2016年1月，达沃斯世纪经济论坛和艾伦·麦克阿瑟环保基金会发出的警告：到2050年，世界各大海洋中的塑料垃圾总重量将超过海中鱼类。

人们把海洋上漂浮的塑料垃圾整体称作"第七大陆"。这些塑料垃圾包括易拉罐、塑料袋、塑料瓶、塑料箱、拖鞋、儿童玩具、渔网、轮胎等。人类的行为和洋流导致这些塑料垃圾集中在一起，分布于北太平洋、南太平洋、北大西洋、南大西洋及印度洋中部，造成污染。光是太平洋上的海洋垃圾就已经达到350万平方公里，相当于22个山东省的陆域面积。

塑料微粒化学性质稳定，难以降解，将可能在大海里存在数百年以上。海水就成为名副其实的"塑料汤"。沉浮其间的塑料微粒也将顽固地滞留在海水中。海洋塑料垃圾不但会破坏渔业和旅游业，而且对海洋野生动植物和人类的生存构成永久威胁。

塑料污染正以高速的、不可逆的方式侵蚀着海洋，如我们不立刻采取行动结束一次性塑料的时代，海洋的未来将一片黯淡。

67. 海洋放射性污染有什么危害？

海洋放射性污染是指人类活动产生的放射性物质进入海洋而造成的污染。

海洋放射性污染主要来自四个方面：1、核武器在大气层和水下爆炸使大量放射性核素进入海洋。2、核工厂向海洋排放或泄漏放射性物质。3、向海底投放放射性废物。4、核动力舰艇在海上航行泄入海中少量放射性废物。

进入海洋中的放射性物质，不仅污染了海水，也必然污染生活在其中的生物，对其生长、发育和繁殖都会有潜在影响。

核素能沿着海洋食物链（网）转移，有的还能沿着食物链扩大。海洋中的鱼、贝、藻类一般对放射性物质都具有强烈的富集作用，体内所含放射性物质的浓度可以是周围海水的几万倍。如果大量食用被放射性物质污染的鱼贝类，将直接威胁人类健康。因此，在被严重污染的海区中所捕捞的海产品就失去了食用价值。

当海水中某些放射性物质达到一定量时，会对卵和稚鱼的发育产生明显的影响。胚胎和幼体对射线辐射的敏感性高于成体。有的研究证明，放射性污染可以破坏雌雄个体的性腺，影响鱼卵的受精，从而影响鱼类的繁殖生长，同时，在稚鱼生长发育过程中，放射性污染对稚鱼的脊髓神经影响特别大。有的研究甚至认为海水中的放射性锶90可以使某些鱼类死亡。

海洋的放射性污染对人类的危害是长期的、潜在的，往往要在下一代或下几代人才能充分表现出来。整个人体，除毛发、指甲和皮肤表层外，都容易遭受辐射损伤，其中骨髓、淋巴以及睾丸和卵巢等对辐射特别敏感。而遗传系统受到放射性损伤后，对人类具有极为深远的影响。

 ## 68. 中国陆源入海污染源分布情况如何？

近几十年来，人类活动对近海生态与环境系统的破坏力度不断加强，海洋环境退化和生态破坏的速度加快，海洋生物多样性以空前的速度消失，海洋对人类生存的作用正慢慢衰退。

据初步统计，目前进入海洋的全部污染物中有80%以上来自陆地污染源，包括工业废水、城镇生活污水、农药和化肥、沿海油田排污等，主要通过河川径流入海和沿岸的直排口直排入海，还可以通过大气干、湿沉降进入海洋。

2018年1月17日，国家海洋局在围填海新闻发布会上公布了2017年陆源入海污染源排查结果，这也是我国首次摸清全国陆域入海污染源分布，全国共有陆源入海污染源9600个，这意味着平均2公里海岸线就存在一个污染源。

根据陆源入海污染源排查初步结果，全国9600个陆源入海污染源中，入海河流740余条，入海排污口7500余个，排涝泄洪口1350余个；排查显示，从海域分布情况看，东海陆源入海污染源数量最多，为4200余个；南海有3800余个，黄海、渤海分别有960余个、640余个。

长期以来，陆源入海污染源底数不清，为入海排污监管带来极大挑战。此次，国家海洋局完成了各海域陆源入海污染源排查，基本摸清入海污染源的情况。

污染源数量大、类型多、分布广。陆源入海污染源分布较为密集，在大陆岸线及海岛均广泛分布。污染源类型复杂，除入海河流、排涝泄洪口外，包括入海直排口、排污河、污水海洋工程处置排放口、养殖排污口在内的入海排污口数量众多，占排查污染源总数的78%。

入海排污口监管不到位。全国共排查出2900余个养殖排污口，环保、渔业和海洋部门均未实施有效监管。结合海洋督察发现，全国审批的入海排污口570余个，仅占入海排污口总数的8%。此外，由于入海污染源动态变化快、隐蔽性强，也增加了对入海污染源实施监管的难度。

入海排污口不合理设置问题突出。虽然海洋环境保护法对入海排污口的设置提出了一系列要求，但大量排污口设置未执行相关法律和海洋功能区划的要求，未综合考虑区域水动力、环境承载力和生态敏感性的特点进行科学选划布局。根据排查结果，全国疑似设置不合理的入海排污口近2000个，约占入海排污口总数的1/4，主要位于海洋保护区、重要滨海湿地、重要渔业水域等生态敏感区域。

近岸海域污染整体上仍较严重。2012年以来，海洋生态环境质量整体上呈现出企稳向好的积极趋势。但是，近岸海域污染整体上仍较为严重，生态系统退化趋势尚未得到根本扭转。

近岸局部海域污染依然严重。近岸海域劣于第四类海水水质标准的海域面积大于3.7万平方公里。

典型海洋生态系统健康状况不容乐观。实施监测的河口、海湾、滩涂湿地、珊瑚礁等典型海洋生态系统中，处于亚健康和不健康状态的生态系统占比均在80%左右。

入海排污口邻近海域环境状况无明显改善。五年来，监测的入海排污口全年达标率均低于55%，超过80%的入海排污口邻近海域环境质量状况无法满足所在海域海洋功能区的环境保护要求。

海洋环境风险仍然突出。赤潮年均爆发次数近60次，浒苔绿潮灾害持续大规模爆发，渤海滨海平原地区海水入侵和土壤盐渍化加重，局部砂质海岸地区海岸侵蚀加重。

69. 为什么说过度捕捞使全球近九成渔场资源告急？

海洋广阔无际，资源取之不尽——一个世纪前，科学家是这样想的。但很遗憾，人类的过度捕捞已经改变了海洋的命运。

根据联合国粮农组织估算，目前，全球有1/3的鱼类种群遭到过度捕捞。令人担心的是，在20世纪70年代监测刚刚开始时，遭到过度捕捞的种群只有大约10%。也就是说，在从70年代到现在的这段时间里，我们可能丧失了全球20%的鱼类种群。

过去50年，全球海洋近一半的鱼消失了。全球总捕捞量在90年代中期达到顶峰，为1亿3000万吨，但之后整体呈现下降趋势。这并非是由于各国家放缓或是减少了消耗，恰恰是由于过度捕捞造成的资源枯竭使得人们无鱼可捕。

联合国表示，全球有近九成渔场处于捕捞顶限、或过度捕捞。近年来，过度捕捞现象加剧，不仅使得鱼类数量日益减少，也让靠捕鱼为生的渔民深感忧虑。相较从前，渔船需耗时到更远的海域，才能捕捞到足够的鱼。

过度捕捞在不同地区和不同鱼类之间存在着显著差异。情况最为严重的是地中海和黑海。地中海渔业资源已有93%的面临过度捕捞，如果不采取断然措施，地中海也将面临中国"东海无鱼"的境地。

过度捕捞究竟有多严重？请看以下12个事实：

1. 由1950年开始，因为过度捕鱼，全世界1/4的渔业已经崩溃。

2. 2.77%海洋鱼类资源已经完全枯竭，遭受过度开发、减少或复苏缓慢。

3. 1992年，加拿大纽芬兰的鳕鱼渔业崩溃，4万人因而失业。当地渔业至今仍尚未恢复。好在有所好转。

4. 全球90%的大型鱼类濒临绝迹。包括我们熟知的鲨鱼、大比目鱼、金枪鱼、石斑鱼，而它们又都是海洋生态系统顶端的捕食者。

5. 全世界共有350万艘渔船，但当中仅占1.7%的巨型工业渔船每年竟捕获全球近60%的鱼类。

6. 单单在印度洋，围网渔船使用的人工集鱼器，每年就杀死100万条鲨鱼。

7. 每年，全球船队收到大约300亿美元的政府津贴，大部分给予大规模工业化渔业。

8. 工业化捕鱼船队每年平均杀害及丢弃约2700万吨的鱼，相当于全年1/4的渔获。在街市买1公斤虾，背后可能潜藏超过10公斤的热带海洋生物的牺牲。

9. 拖网捕鱼利用渔网高速沿着海底拖行，会破坏脆弱的珊瑚及海床，令鱼类失去栖息地。

10. 全球每年因非法渔业损失超过200亿美元，当中大多牵涉欧美和亚洲的渔船。据联合国估计，非洲国家索马里和几内亚每年就分别损失约3亿及1亿美元。

11. 在印度洋的克罗泽群岛、爱德华王子岛和马里恩岛，小鳞犬牙南极鱼（南极鳕鱼）因有利可图而被大量捕捞，使该海域鱼种濒临灭绝。

12. 全球已知24种信天翁中，20种在南冰洋生活的都正面临存活危机，其中两种更属极度濒危物种。科学家估计，仅在1997年，非法捕鱼已在南冰洋杀害超过10万只信天翁和海燕。

专家警告，目前全球捕鱼数量，已逼近渔业可持续发展极限值。如果不加以应对，渔业市场会不断萎缩，最终面临崩溃。欧洲渔业委员会也指出，过度捕捞终将耗尽海洋资源。

正如专家所言，如果人类继续过度捕捞海洋鱼类和破坏海洋生态，用不了多久，人类将会看到一个无鱼的海洋。

 70. 为什么说中国近海渔业资源衰退严重？

20世纪70年代中期，中国的近海捕捞年产量只有约300万吨。

1985年国务院发布的5号文件和1986年颁布的《渔业法》成为中国海洋捕

捞业的转折点。在法律和行政力量的鼓励之下，中国海洋渔船的产能和产量双双经历了一段为期十几年的连续增长。

其实早在1995年左右，也就是5号文件出台后的第十个年头，中国的海洋捕捞量就超过了农业农村部估算的1000万吨最大可捕量，向着不可持续的方向一发不可收拾。

2016年，中国近海捕捞总量达1328万吨，年捕捞量比世界排名第二、第三的印度尼西亚和美国加起来还多，远高于渔业专家建议的800—900万吨最大可捕量。

中国是全球最大渔业国，海洋捕捞量占世界总量的18%。30多年来，我国近海资源随着持续高强度的捕捞，野生鱼类资源已越来越少，我国渔业资源已进入严重衰退期。

让我们来看一下渔民的"毁灭性"捕捞方式，他们使用网孔极小的渔网，俗称"海洋杀手"，在海底来回拖拽。由于网孔极密，沉入海底后捞起，鱼群不分大小，不分种类全数收入网中，"一网打尽"，连2—3厘米的小鱼、甚至虾米也难逃一劫。

除了这些，还有电网捕鱼、灯光捕鱼、声波捕鱼……所到之处鱼类死绝。这些破坏性极强的捕鱼方式，会间接导致鱼群的繁殖能力、鱼苗质量、存活率大大下降，使鱼类遗传特性发生变异，长此以往，甚至会造成鱼类资源的衰竭和灭绝。

自2003年起，中国近海90%以上的水域几乎无鱼可捕。近二三十年的过度捕捞下，海洋的自然生态轮回早已扭曲，能捕的野生大鱼愈来愈少，只有量多态小的"垃圾鱼"。渔民们只能退回海岸，做起人工水产养殖生意。

浙江舟山渔场曾经是世界四大渔场之一，也是中国四大传统海产主产区之一，受到滥捕滥捞的影响，鱼类没有足够的休养生息的时间，渔民作业渔场日益远离近岸。目前，只有带鱼还能形成鱼汛，野生大黄鱼、小黄鱼、乌贼的产量都严重下降，成了捕捞其他鱼时的兼捕对象。

以大黄鱼为例，在20世纪80年代，大黄鱼在黄海还十分普遍，是当时人们普通的家常菜，但目前，野生种群基本已经全部消失，一跃成了价格堪比黄金的奢侈品。

20世纪70、80年代，黄渤海的渔业资源还相当丰富，对虾、带鱼、黄花鱼等屡见不鲜，不仅数量惊人，而且种类繁多，而今濒临绝迹。

越来越多的渔民反应："大海里真是没东西了"。出一趟海，一网捞下去，捕捞上来的几乎都是小鱼小虾，曾经渔民满载而归的盛况再难看见了。传统经济鱼类迅速小型化、低龄化；食物链短、经济价值低的杂鱼所占比例迅速上升。近年来，人们越来越多地听到来自世代靠海渔民的感慨：近海已经无鱼可捕了。

在过去30年里，伴随着强度捕捞以及渔业生态环境污染，中国近海和主要江河、湖泊的渔业资源严重衰退。从1999年开始，我国的捕捞总产量就进入了"零增长"，并在保持稳定中略有下降，渔业资源的总体数量水平已经降得很低。

在渤海和黄海，掠夺式的鱼类捕捞已经导致海洋渔业资源局部"荒漠化"。

人们对于海洋产品的无度索取，直接阻断了海洋生态链，致使海洋生态系统严重退化，海洋生态灾害频发。2010年，处于健康、亚健康和不健康状态的海洋生态监控区分别占我国海洋面积的14%、76%和10%。我国近海的赤潮、绿潮、水母旺发等灾害性生态异常现象频频出现。

如果这种不可持续的捕捞方式继续存在，那么等待我们的将是一片日益荒漠的海洋。

 71. 中国近海存在的突出问题是什么？

1. 污染形势严峻

中国近海生态系统面临陆源污染、气候变化、富营养化、过度捕捞、生境丧失、无序养殖和物种入侵等多种威胁，而且许多影响因素的作用仍在不断增加。全海域四类和劣四类水质海水面积从2012年的9.3万平方公里减少到2018年的4.94万平方公里，局部海域生态系统得到有效修复。但生活污水、工业废水、石油产品泄漏、海上石油开采、海水养殖添加剂对近海造成的严重污染依然严重。污染物的排放居高不下。陆源污染物排海是造成海洋环境污染的主要原因。局部近岸海域污染严重，主要分布在辽东湾、渤海湾、胶州湾、长江口、杭州湾、闽江口、珠江口及部分大中城市近岸海域。

2. 典型海洋生态系统受损严重

近岸海洋生态系统结构和生态功能退化，海洋生物多样性降低，敌害生物种群暴发。大部分近海河口和海湾区域面临着严重富营养化问题，在渤海、南黄海、长江口、东南沿海、北部湾等海域，不同类型的有害藻华问题突出。绿潮、赤潮等海洋生态灾害频发。近海生态系统发生突变性生态灾害事件的风险不断增加。长江口邻近海域和黄、渤海部分近岸海域底层水体缺氧问题逐渐显现。一些典型海洋生态系统受损严重，部分岛屿特殊生境难以维系，局部海域资源环境承载力已达极限。滨海湿地50年间消失了60%。2017年全国20个监测的河口、海湾、滩涂湿地、珊瑚礁、红树林和海草床等典型海洋生态系统中，处于亚健康和不健康状态的海洋生态系统占80%。

3. 海洋资源供给面临挑战

部分沿海地区海洋经济发展方式粗放，产业结构不平衡，产业布局不尽合理。传统产业多、新兴产业少、高耗能产业多、低排放产业少，上下游产业链延伸不够，产业同质化现象严重。一些高污染、高能耗、高生态风险和资源消耗型产业在重要海洋生态区域附近布局，海洋环境风险加大。渤海地区海水入侵和土壤盐渍化依然严重。砂质海岸局部地区侵蚀加重。产业布局与陆域、海域资源环境承载力不相协调的矛盾仍然突出。

4. 近岸过度开发问题突出

沿海的临港工业、临海开发区，还有围填海等一系列破坏生态环境的现象时有发生。可利用自然岸线、滩涂空间和浅海生物资源日趋减少。过度捕捞十分严重，大部分经济鱼类已不能形成鱼汛，近海渔业资源接近枯竭。海岸带和近岸海域开发密度高、强度大，海岸人工化趋势明显，可供开发的海岸线和近岸海域后备资源不足，天然岸线不断缩减。陆地与海洋开发衔接不够，沿海局部地区开发布局与海洋资源环境承载能力不相适应。极地勘测能力不足。

72. 全球沙滩会有怎样的命运？

沙滩占据了全球超过1/3的海岸线，通常是在人口密集的地区。沙滩保护海岸免遭风暴和海潮破坏，同时也是大量物种赖以生存的重要栖息地。海滩不仅是度假胜地，也是重要的经济引擎，支持娱乐、旅游和其他活动。

由于气候变化和海平面的上升，全球沙滩命运堪忧。2020年3月2日，欧盟委员会联合研究中心的科学家发出警告，到2100年，海平面上升将导致全球一半的沙滩消失。

研究人员在《自然·气候变化》杂志上发表的报告称，即使人类大幅减少导致全球变暖的化石燃料污染，到那时，地球上1/3以上的沙质海岸线还是可能会消失，大大小小的国家的沿海旅游业也会受到严重影响。

澳大利亚将成为世界上沙质海岸线受损最严重的国家，预计到2100年，该国将失去多达14849公里的沙质海岸线，约占其现有沙质海岸线的一半。

损失第二大的是加拿大，预计该国将失去多达14425公里沙质海岸线。

其次是智利（6659公里）、美国（5530公里）、墨西哥（5488公里）、中国（5440公里）、俄罗斯（4762公里）和阿根廷（3739公里）。

沙滩具有无法估量的价值，它发挥着不可替代的重要作用。沙滩一旦消失，海浪和海水必将入侵，对内陆环境带来巨大的影响。

研究人员发现，人类可以控制世界海滩的状况，如果世界各国政府能够坚持适度削减热能气体的污染，那么到2050年，可以避免17%的预计海滩损失；如果限制温室气体排放，到2100年，可以避免40%的损失。

73. 世界上建立海洋保护区概况如何？

最近30年来，海洋保护区的建设在世界范围内兴起。不少沿海国家和地区相继建立起各种类型的海洋保护区。

这些保护区根据保护对象的不同，大致可区分为：海洋生态系统保护区、濒危珍稀物种保护区、自然历史遗迹保护区、特殊自然景观保护区以及海洋环境保护区等等。

1962年，世界国家公园大会首次提出了海洋自然保护区的概念，但当时的人们对海洋保护的意识并不强烈。1970年，全球仅有27个国家建立了118个海洋保护区。1974年，澳大利亚政府将大堡礁定为国家公园，大堡礁成为当时世界上最大的海洋生态系统保护区，总面积约28万平方公里，比英国本土的面积还大。

20世纪60年代以来，全球海洋保护区面积以8%的速度增长。至2019年底，全球已指定或建立各类海洋保护区约16000个，覆盖超过2800万平方公里，占全球海洋面积的7.9%，占国家管辖内海域面积的18.4%，占国家管辖外海域面积的0.45%。全球85%的海洋保护区面积小于100平方公里。

近年来，国际社会热衷于指定面积超过10万平方公里的超大型海洋保护区，相关国家以及国际组织相继宣布建立了多个大型海洋保护区。

2016年8月，美国总统奥巴马宣布将夏威夷西北部的帕帕哈瑙莫夸基亚国家海洋保护区扩大至150万平方公里。帕帕哈瑙莫夸基亚国家海洋保护区是美国总统小布什于2006年建立的，保护区最初面积36万平方公里。奥巴马政府将它的面积增加了4倍，这比美国所有国家公园加起来的面积还要大。他利用《古迹保存法》赋予的行政权，将原保护区的边界和商业捕鱼禁区扩大至200海里的专属经济区。

南极洲罗斯海被公认为世界上唯一一个未被人类改变和破坏的水体，有极地"伊甸园"的美誉。2016年10月28日——经过长达五年的谈判，南极罗斯海被正式划设为全球最大的海洋保护区。在南极海洋生物资源养护委员会年度大会上，24个国家和欧盟的代表一致表决通过，将在南极周边建立世界最大自然保护区。在公海建立如此大范围的海洋保护区，这在历史上还是第一次。海洋保护区面积达157万平方公里——超过英国、法国、德国和意大利的面积总和——将有长达35年时间不得从事渔业活动。

英国、法国、澳大利亚、新西兰以及密克罗尼西亚、帕劳和基里巴斯等小岛屿建立了一系列面积超过10万平方公里的超大型海洋保护区，且多分布在人类经济社会活动稀少、密度最低的区域，整个保护区全部为禁止商业渔业捕捞和海洋矿产资源开发的保留区。

智利、帕劳、夏威夷、皮特凯恩群岛和南大西洋的圣赫勒拿岛新设立或新扩建了5个大型海洋保护区。

智利总统米歇尔·巴切莱特因在建立海洋保护区和推动可再生能源方面展现出的出色领导力，被授予"政策领袖奖"。2015年10月，巴切莱特总统建立了一系列海洋保护区，总覆盖面超过100万平方公里。

菲律宾的苏米龙岛禁渔区和阿波岛禁渔区分别建立于1974年和1982年，主要保护珊瑚礁鱼类群落。位于埃尔尼多自然保护区内的巴奎湾是菲律宾最大的海洋保护区。埃尔尼多是由45座岛屿组成的覆盖面积达903平方公里的保护区，以该地区最多样化的生态系统著称。

墨西哥承诺对近1/4的领海海域进行保护，其中包括建立墨西哥加勒比地区生物圈保护区，面积达5.7万平方公里。

阿拉伯联合酋长国表示将新成立18个保护区，其中包括4个海洋保护区。

加蓬宣布在其领海建立海洋保护区系统，由20个海洋公园和保护区组成，面积为5.3万平方公里。

塞舌尔宣布建立两个海洋保护区，面积达21万平方公里。

据统计，全球已建立35个面积超过10万平方公里的大型海洋保护区，大多采取禁止捕鱼、禁止采矿以及禁止或限制商业船舶航行等约束性措施，面积约1700万平方公里，占全球海洋面积的4.6%、占保护区面积的60%。在这35个超大型海洋保护区中，面积约100万平方公里的海洋保护区为6个。这些超大型海洋保护区的建立时间短，除个别保护区外，多为美国西北夏威夷群岛国家海洋保护区之后建立的，单个保护区面积超大且呈不断扩大之势，管理措施严格，多采用高强度保护的管理措施，且分布在远离大陆人烟稀少、经济社会活动密度较低的远小岛区域。

74. 中国建立海洋保护区概况如何？

我国海洋保护区建设最早可追溯到20世纪60年代。1963年中国第一个海洋保护地——辽宁蛇岛老铁山国家级自然保护区建立，其后中国逐渐兴起海洋保护区的建设。

1990年，经国务院批准建立了第一批海洋保护区，中国第一批国家级自然保护区有5个，即河北省昌黎黄金海岸自然保护区，主要保护对象是海岸自然景观及海区生态环境；广西山口红树林生态自然保护区，主要保护对象是红树林生态系；海南大洲岛海洋生态自然保护区，主要保护对象是金丝燕及其栖息的海岸生态环境；海南省三亚珊瑚礁自然保护区，主要保护对象是珊瑚礁及生态系；浙江省南麂列岛海岸自然保护区，主要保护对象是贝、藻类及其生态环境。

目前，中国已初步建成了以海洋自然保护区、海洋特别保护区（含海洋公园）为代表的海洋保护地网络。至2018年底，我国共建立各类海洋保护区271处，总面积为12.4万平方公里，占全国海洋水域面积的5%左右。

其中由海洋部门主管的国家级海洋自然保护区14处、国家级海洋特别保护区（海洋公园）67处，保护区覆盖沿海11省区市，保护对象达200余种，初步形成了沿海海洋生态走廊。

75. 中国海洋保护区存在的突出问题是什么?

1. 海洋保护区总面积太少，与某些发达国家差距巨大

美国有将近1800个海洋保护区，面积大小不等，从2平方公里到30多万平方公里，仅夏威夷西北部的一个海洋保护区面积就高达150万平方公里。而中国各类海洋保护区总面积仅为12万多平方公里。

2. 海洋保护区全部设在自己的"家门口"，未涉足远海和公海

美国海洋保护区地点位于从北极到南太平洋、从缅因州到加勒比海，甚至西部直到菲律宾海之间的广袤区域。而中国目前的海洋保护区设置绝大部分集中于海岸及近海区域，没有涉及辽阔的南海、东海及更远的公海。

3. 海洋保护区制度安排存在不足，需要出台更具法律效力的国家法律

中国已经于1995年和2010年分别出台国家海洋局部门规章《海洋自然保护区管理办法》和《海洋特别保护区管理办法》，但是，它们只是在《中华人民共和国海洋环境保护法》《中华人民共和国海岛保护法》《中华人民共和国文物保护法》以及《中华人民共和国自然保护区条例》等法律法规体系框架下，初步奠定了海洋保护区发展的法律基础。中国现有的、与海洋自然保护区相关的法律法规体系从上至下包括：全国人大颁布的国家法律，如《中华人民共和国环境保护法》《中华人民共和国海洋环境保护法》；国务院颁布的国家行政法规，如《中华人民共和国自然保护区条例》；相关行政主管部门颁布的部门规章，如《海洋自然保护区管理办法》；还有地方政府制定的地方性法规等。以上法律法规已经形成了初步的法规网络，它们的法律功能依次由强渐弱，但是都未上升至国家法律的层次，法律地位和功能较弱。

4. 管理体制有缺陷

一是多头管理，职能交叉。中国的海洋保护区分属许多部门共同管理。农业、环保、交通等都可管，而各部门之间又不能很好协调、缺少沟通。例如海洋自然保护区受陆源污染、捕捞、旅游、航运等人类活动的影响，而这

些活动分属环保、农业、旅游、交通这几个部门共同管理。多部门管理的结果是没人管理，这使保护区的建设和管理受到严重影响。

二是基层管理体制有缺位。中国海洋保护区实行中央和地方相结合的管理体制。以保护区建立的批准机关为划分标准，中国海洋自然保护区分为国家级和地方级，地方级海洋自然保护区分为省、市、县3级。中央层面，将自然保护区等管理职责整合，组建国家林业和草原局，加挂国家公园管理局牌子，由自然资源部管理。这在中央管理层面明确了中国保护区的综合管理部门，避免了之前多部门管理容易出现的权责不明确状况。地方层面，《中华人民共和国自然保护区管理条例》第8条第4款规定"县级以上地方人民政府负责自然保护区管理的部门设置和职责，由省、自治区、直辖市人民政府根据当地具体情况确定。"但是实践工作中，在管理机构设置与人员配置方面，由于缺乏相关法律政策的支持，在严格限制机构编制增加的大环境下，相当一部分海洋保护区（尤其市、县级保护区）还没有建立独立专职机构，一般由当地海洋渔业局、环境监测站等部门代管；长期从事保护区建设和管理的专业人员也存在缺失情况。管理机构的缺失以及管理人员和管理设备的不健全，很大程度上影响了海洋保护区的管理质量。

5. 管理能力不强

近年来，随着海洋保护区数量的不断增加，海洋保护区"批而不建，建而不管，管而不力"的问题比较突出。

海洋保护区的基础管护设施相对陆地自然保护地明显不足，甚至有的海洋保护区基础设施和管护条件基本处于空白状态。海洋保护区在海洋资源调查、监测和保护等方面的科学研究工作相对滞后，科研监测任务主要依靠院校和科研单位，海洋保护区本身科研能力较弱，与保护工作对科研监测的需求有很大差距。

另外，海洋资源开发利用和海洋生态环境保护矛盾日益突出，地方政府建立海洋保护地的积极性不高，导致部分重要海洋系统得不到有效保护。

6. 缺乏有效的监督协调机制

从中国海洋保护区的监督主体来看，《海洋特别保护区管理办法》第五条规定：国家海洋局负责全国海洋特别保护区的监督管理；沿海省、自治区、直辖市人民政府海洋行政主管部门组织制定本行政区地方级海洋特别保护区建设发展规划并监督实施。但是实践工作中，一些海洋保护区的管理机构是地方省市的海洋行政主管部门，而同时该部门又是法律规定的监督部门，存在管理和监督为同一主体的现象，一定程度上影响了中国海洋保护区的监督力度。

7. 监督执法不严

有的海洋保护区的保护仅是纸上谈兵，只有少数保护区的保护措施真正得到了落实。有的保护区内拖网捕捞强度竟比保护区外部还要高；有的保护区仍存在大量污水直排现象；有的保护区甚至擅自违规调整保护区范围和功能区划……保护区不仅不能成为濒危海洋物种的"避风港"，反而成为"重灾区"。

 # 76. 我们为什么要建设海洋保护区？

人类活动导致的各类环境问题，给海洋和海洋生物造成了各种各样的"麻烦"。目前全球只有不到1%的海洋受到保护，渔船可以在海洋上恣意航行，渔业资源可以任意开发。几十年来，海洋生态环境问题在国际上一直没有取得与陆地同等重视的地位，世界自然保护联盟综合各种统计数字，给出"海洋生态环境保护落后于陆地保护"的结论。

世界各国经过几十年的实践发现，要保护海洋，最快捷的方法是设立海洋保护区。海洋保护区可能是达到某些保护目标的唯一工具，跟其他工具相比，可能是其中最好的。

海洋保护区与传统保护方法相比，对受保护区域的整个生态系统提供整体保护，被认为更具科学性，为许多国家采用。

科学家发现，对单一物种的特殊保护并不能达到有效保护海洋生物多样性的目的。各类海洋生物处在一个整体的生态系统中，构成一条完整的食物链，其他物种数量的减少同样会对受保护的特殊物种造成影响。

海洋保护区对于鱼类密度、生物量和种群数量的恢复作用非常有效，特别是对于遭到过度捕捞的物种。保护区可以提供鱼类生活史中不同生长阶段的关键栖息地对连通性的需求。海洋保护区是保护海洋生物及其栖息地、重建海洋生物多样性、修复海洋生态系统和维持重要生态服务的关键工具。

通过建立海洋保护区，能够完整地保存自然环境和自然资源的本来面貌，能保护、恢复、发展、引种、繁殖生物资源，能保存生物物种的多样性，能消除和减少人为的不利影响。

因此我们需要设立如同在陆地一样的国家公园，防止过度开采渔业资源。

海洋保护区被广泛认为是衡量各国保护海洋生物多样性的主要指标。同时，我们更应看到：构建海洋保护区或海洋国家公园，从来都不是单纯地保护海洋生态环境和文化景观，它更体现着一种海洋资源国家控制权利和管理能力。在全球化的背景下，这种控制更强调长远的战略控制权，而非短期的局部的资源开采和利用。

77. 我们应怎样更好地建立海洋保护区？

1. 海洋保护区应向外海扩展

中国海洋保护区的发展应转变固守沿岸近海的思路，逐步向远离大陆的远海区域拓展，扩大在外海的覆盖面。与此同时，在合法合理的框架下，利用好国际法和国际海洋法条款以及其他国家海洋保护区的管理经验，争取中国的更大权益，谋得更大的发展空间。

2. 制定海洋保护区中长期发展规划

将海洋保护区的发展目标纳入国家与区域社会经济发展规划，明确海洋保护区在区域社会经济发展规划中的定位，海洋保护区的保护目标与区域社会经济发展目标有机整合。理顺保护区与资源开发的尖锐矛盾。把自然岸线、重要海域、海洋动植物纳入统一保护，满足濒危物种及典型生态系统保护的需要。建立海洋保护区生态补偿机制，对管理任务较重的地区加大财政补助力度，调动地方积极性，妥善化解保护中遇到的各种问题，实现保护区可持续发展。

3. 出台更具法律效力的国家法律

应确定海洋保护区的法律地位，加快海洋保护区立法，同时加强海洋保护区的地方立法。目前中国针对海洋保护区的规章法规在法律层级上较低，应在更高级别的法律中对海洋保护区进行考虑。加强《自然保护区条例》与《海洋自然保护区管理规定》以及相关法律法规衔接和修订工作。抓紧修订水生野生动物保护规章制度，尽快批准新的《国家重点保护水生野生动植物名录》，根据实际需要提高海洋濒危物种保护级别。

4. 强化海洋保护区的自然保护主体功能

海洋保护区的建设需要设定持久性的目标，更需要不断增加禁渔海域的保护措施，部署更多的"禁渔区"或"禁采区"，禁止在区内所有的捕捞、垃圾倾倒或开矿等活动。尤其需要增强相应的执法力度，加大行政执法和检查，加强遥感监测和巡护，强化监测与评估机制的连续性与完善性。规范海洋保护区的生态旅游。

5. 整合部门监管职责

切实解决多头管理以及管理机构执行力不足的问题。海洋自然保护区涉及海洋、环保、农业、林业等部门，应强化海洋部门在海洋保护区的统一管理职能，明确监管责任。将海洋保护区管理成效纳入地方政府绩效考核内容。建立周期保护区审查制度，对管理不合格的保护区、由于违规开发资源而丧失自然保护区功能的海洋保护区实施警告、限期整改、取消、摘牌等措施。

6. 加大社会对海洋保护区的支持

广泛发动民众的参与和配合，畅通信息公开渠道，建立公共监督员制度，提高公众参与度。积极开展社区共建，争取社区渔农配合和参与。一些海洋资源保护区可发展成为青少年环境保护教育基地。

78. 中国的2.8万条河流为什么会消失？

河流孕育着文明，浸润着生命，与人类社会的产生和发展有着千丝万缕的联系。然而，不少河流正面临消失的危险。

经过80万名调查员的努力，2013年原水利部、国家统计局公布了《第一次全国水利普查公报》。其中揭示，中国流域面积在100平方公里及以上的河流约有2.29万条，与20世纪90年代估计的5万条相比，数目减少约2.8万条。这一普查结果公布后，引起了国内外广泛关注和学术争议。

这些只有在陈旧地图上才能找到的河流为什么会消失了呢？

国务院水利普查办公室的解释把原因归咎于统计上的差异、水土流失和气候变化。虽然这一解释貌似合理，可以推卸管理和治理不善的责任，但中外一些环境学者认为，大规模工业化、城市建设、人口增长以及改革开放以来对自然资源的掠夺性开发，造成了这样的后果。

河流消失的这些年恰逢中国迅速工业化和城市化的时期。从1990年—2000年，城市面积扩张了近13万平方公里。不断发展的经济相应地造成水和能源等资源的紧张。

工农业毫无控制和不可持续的水资源攫取，更可能是河流消失的罪魁祸首。

 79. 为什么说全球河流正以惊人的速度干枯？

在全球范围内，一些重要水系都出现河水流不到海、或半途干枯的情况。从亚马孙到恒河，从尼罗河到黄河，这些世界大河都处在变成涓涓细流的危险中。

目前只有1/3的河流仍有水在流淌，这个数字将来还会减少。世界自然基金会的报告研究了177条大河。这些大河中，只有64条仍处在天然状态。

联合国警告说，世界上的河流正以惊人速度干枯，在500条最大的河流中，超过半数出现严重干枯和污染，长此发展下去，势必会演变成生态灾难。

印度的水资源部和农业农村部预计，到2025年印度全国将有11条主要河流干涸。

中东约旦河和美墨边境的格兰德河，则有大截河段完全干枯。

位列全球第五长河的黄河，在过去近40年里大部分时间河水流不到大海。

在中东地区，"既深又宽"的约旦河已名不副实。在《圣经》的时代，约旦河的支流耶尔穆克河每年蓄水量为10亿立方米，现在不及1/10，而且被污水严重污染。

孕育埃及文明的尼罗河问题同样严重，下游过去的蓄水量每年为320亿立方米，现在已"缩水"至20亿立方米。

有"亚洲尼罗河"之称的巴基斯坦印度河在过去60年蓄水量更减少了90%。

澳大利亚的墨瑞河也隔年出现流不到大海的惨况。

即使在欧洲，德国的易北河水位，有时也下降到不能进行航运的地步。

而英国的160条河流中，已有40条敲响了警钟。

亚马孙河前几年出现破纪录的严重旱灾，水位下降10米，小型船舶都不能航行。

世界上危险最小的河流是那些流域人口最少的河流。在北极地区和相对人迹罕至的热带地区，河流看来是最健康的。

世界自然基金会2007年发布的题为《世界面临最严重危险的10条河流》报告中称，受气候变化、污染等因素的影响，世界上一些主要河流正面临日益严重的干涸危险。这些河流包括亚洲的湄公河、萨尔温江、长江、恒河和印度河，欧洲的多瑙河，南美洲的拉普拉塔河，北美洲的格兰德河，非洲的尼罗河和维多利亚湖，澳大利亚的墨累河及其支流达令河。在10条面临最严重干涸威胁的河流中，有一半源自亚洲。报告强调，过分抽取地下水、修筑河坝以及气候变化等对人类造成严重威胁，同时废弃物和污染也造成了严重问题。

80. 为什么说河流抗生素污染已经成为一个全球性问题?

近年来，全球多地河流水体被检出抗生素，已经引起人们的广泛关注。

2019年，英国约克大学领衔的国际团队在对全球72个国家711个地点的河流水质进行检测后，发现65%的河流中，抗生素浓度都超过安全标准。孟加拉国的河流污染情况在被检测河流中最为严重，河水中含有大量用于治疗细菌和原虫类感染的抗生素——甲硝唑，浓度超过安全标准300多倍。作为欧洲第二大河的多瑙河是该大陆污染最严重的河流，采集样本被检出7种抗生素，其中克拉霉素含量接近安全浓度的4倍。与大众印象截然不同的是泰晤士河，这条被视作是欧洲最干净河流之一的长河，有多条支流被检测出含有至少5种抗生素。研究人员表示，非洲和亚洲的河流抗生素污染堪忧，其中孟加拉国、肯尼亚、加纳、巴基斯坦、尼日利亚的超标情况惊人。欧洲、南美洲和北美洲的状况也不容乐观。

中国的情况如何?

2014年，中国国内学术期刊《科学通报》发表了由华东理工大学、同济大学和清华大学的研究机构共同完成的科研成果。该项研究发现，中国地表水中含有68种抗生素，且浓度较高，另外还有90种非抗生素类的医药成分被检出。

该研究报告称，在地表水检出的68种抗生素中，总体浓度水平与检出频率均较高，其中一些抗生素在珠江、黄浦江等流域的检出频率高达100%，有些抗生素检出的浓度高达每升几百纳克，而一般工业发达国家则小于20纳克。

2014年12月25日，央视新闻播出暗访报道，该报道称央视记者暗访时发现，山东鲁抗医药大量偷排抗生素污水，浓度超自然水体1万倍! 南京自来水甚至检出阿莫西林。全国主要河流黄浦江、长江入海口、珠江都检出抗生素。其中，珠江广州段受抗生素污染非常严重，脱水红霉素含量达460纳克/升、磺胺嘧啶含量达209纳克/升、磺胺二甲基嘧啶含量达184纳克/升，远远超过欧美河流中同类物质含量不超过100纳克/升的标准。

据悉，除了在河流中检出抗生素超标外，在部分地区的居民自来水中也被检出抗生素。比如在安庆、铜陵、阜阳、蚌埠等地的自来水中，就检出含有四环素、土霉素、金霉素、多西环素、磺胺二甲基嘧啶等抗生素。

河流抗生素污染已经成为一个全球性问题。

 ## 81. 为什么说水污染问题已经成为"世界性的灾难"？

水污染问题已经成为目前世界上最为紧迫的卫生危机之一，它已演变为世界性的灾难。

全世界每年约有4200多亿立方米的污水排入江河湖海，污染了5.5万亿立方米的淡水，这相当于全球径流总量的14%以上。

第四届世界水论坛提供的联合国水资源世界评估报告显示，全世界每天约有数百万吨垃圾倒进河流、湖泊和小溪，每升废水会污染8升淡水；所有流经亚洲城市的河流均被污染；美国40%的水资源流域被加工食品废料、金属、肥料和杀虫剂污染；欧洲55条河流中仅有5条水质勉强能用。

科学家发现，目前全球水中污染物已达2200多种。主要为有机化学物、碳化物、金属物，其中自来水里有765种（其中190种对人体有害，20种致癌）。

2016年8月30日，联合国环境署在其报告《世界水质速读》中发出预警：水污染问题已席卷亚洲、非洲、拉丁美洲，数亿人面临感染霍乱、伤寒等疾病的风险。报告指出，1990年—2010年，三大洲超过50%的河段病原体污染和有机污染呈上升趋势，而盐污染更是已上涨近1/3。三大洲中3.23亿人可能因饮用受污染水体而感染疾病。

病原体污染　未经处理的废水直接排放到地表水中，导致大约25%的拉丁美洲河段、10—25%的非洲河段及半数的亚洲河段受到严重的病原体污染。在一些国家，超过90%的人口依赖地表水生存。每年大约有340万人死于因病原体引发的疾病，如霍乱、伤寒、传染性肝炎、脊髓灰质炎、隐孢子虫病、蛔虫病、腹泻疾病。这些疾病多数源于水中的人类排泄物。据联合国环境署估算，在拉丁美洲、非洲与亚洲，水体污染可能分别导致2500万人、1.64亿人与1.34亿人感染疾病。

有机污染　大量可分解的有机化合物被排放到水体中，导致严重的有机污染问题。目前在拉丁美洲、非洲、亚洲，约1/7的河段被污染。有机污染可能导致水体缺氧，对淡水渔业构成重大威胁。渔业为人类提供重要的动物蛋白质，它还关系到发展中国家2100万渔民的生计和3850万个相关的工作岗位。

盐污染　拉丁美洲、非洲和亚洲大约1/10的河段受到中度或重度盐污染的影响。人类将矿区、灌溉系统、生活污水系统中高盐度的污水排放到河流和湖泊，导致河流和湖泊的盐度居高不下，这使得世界上最贫穷地区的农民更难以灌溉庄稼。盐污染概率于1990年—2010年间在三大洲增长了几乎1/3。

水体富营养化　化肥和农药中的磷被大量排入水体，由此产生的富营养化导致水中有害植物与藻类疯狂繁殖，改变了生态系统结构和鱼类物种。全球25个主要湖泊中，有23个湖泊磷超标。而其中超过一半的磷来自人类活动，如无机肥料的使用、禽畜业废物、人类污水排放。拉丁美洲和非洲主要湖泊的磷含量都大大超出1990年的水平。

发展中国家约有10亿人喝不清洁水，每年约有2500多万人死于饮用不洁水，全世界平均每天5000名儿童死于饮用不洁水，约1.7亿人饮用被有机物污染的水，3亿城市居民面临水污染。在肝癌高发区流行病的调查表明，饮用藻菌类毒素污染的水是肝癌的主要原因。

在我国，只有不到11%的人饮用符合我国卫生标准的水，而高达65%的人饮用浑浊、苦碱、含氟、含砷、工业污染、传染病的水。2亿人饮用自来水，7000万人饮用高氟水，3000万人饮用高硝酸盐水，5000万人饮用高氟化物水，1.1亿人饮用高硬度水。

发展中国家中估计有半数人，不是由于饮用被污染的水或食物直接受感染，就是由于带菌生物（带病煤）如水中滋生的蚊子间接感染，而罹患与水和食品关联的疾病。这些疾病中最普遍且对人类健康状况造成影响最大的疾病是腹泻病、疟疾、血吸虫病、登革热、肠内寄生虫感染和河盲病（盘尾丝虫病）。联合国教科文组织发布的数据显示，大约80%的类疾病是由质量低劣的饮用水造成的。全球每6人中有1人在生活中无法固定获得干净的水源。亚洲开发银行认为，亚洲人口的寿命缩短的年数约有42%是由于水源污染和卫生条件差引起的。

目前饮水问题非常严峻，全球每天因饮用水卫生状况恶劣而死亡的少年儿童更是多达6000名，每小时就会有400儿童死于与水污染相关的疾病。这一连串触目惊心的数字让我们不得不正视日益严峻的水污染问题！

82. 为什么生态学家对建设水坝多持否定态度？

人类建造了数量惊人的水坝，全球范围内的水坝总数高达280万座。目前还有数千座的水电站大坝正在建造或正在规划中。

水坝可以提供清洁电力能源，此外它还给我们提供了饮用水和灌溉水。但这些好处没有一项对河流和周围的生态系统有利。一些人宣扬水力发电是可靠、廉价、可再生的能源，有助于减轻对煤炭、石油等化石能源的依赖。但国内外许多研究却质疑水力发电在对抗全球变暖中的价值。批评者称，水力发电的好处被夸大了——与水坝造成的危害相比得不偿失。生态学家对水坝建设均持否定态度。

洪水为广大的洪泛区带来水资源、营养盐、肥沃的泥土、多样的物种、饵料等，洪水还可以冲洗河道和土地的污染。干旱饥渴的土地，在洪水过后的若干年内都会显现旺盛的生机。可以说，洪水是维持生态系统，特别是水生态系统的重要生态过程。兴建水坝，河流不再泛滥。在除掉洪水对人类社会威胁的同时，也切断了洪水对洪泛区的生态培育过程。洪泛区的水循环过程逐渐与河流的水循环分离。洪泛区的生态系统得不到洪水的滋润，只能靠本地降雨来维持，必然逐步退化。

水坝对洄游鱼类的影响是最为直接和深远的。河流中鱼类和虾蟹等在产卵、觅食和生命的一些阶段需要在河流中上下移动，大坝建成后阻断了水生动物的通道，威胁到他们的生存，造成某些物种濒危甚至消失。下游鱼类等水生动物的饵料多来自上游，水库建成后这些饵料很多沉积在水库里，使下游鱼类因缺少食物而减产。

水库下游的生物，则面临另一种威胁——氮气过饱和。水流从高水位的水坝上游被冲进水轮机，承受着巨大的水压，而水轮机的快速搅动、从出水口排出后与空气的大量接触，以及此时的压力迅速变化，会导致水中的氮气过饱和，这对于下游鱼类来说是非常严重的危害，一般来说，鱼卵耐受过饱和的能力比较强，成年鱼次之，但在幼年鱼身上，往往引发严重的气泡病导致死亡。

而由于水坝的阻隔，许多原本可以发生基因交流的水生生物种群也被分割成几个独立的种群，这又进一步降低了基因多样性。水坝将一个完整的流域切割成一个个孤立的空间，鱼类、两栖动物、水鸟、陆生小动物、大型动物的活动空间越来越小，无法自由地迁徙。生态系统的孤立化，使得动物的捕食、饮水、繁殖、迁徙受阻，影响到食物链和基因的遗传，也是造成物种退化和灭绝的原因之一。

水库建成后，原有河流形态消失，转变为深水人工湖泊。人工化的水循环，改变了天然水资源的时空分布，破坏了河流的连续性、河床的连续性、河流生态的连续性。原有的河流生态系统很难适应这种变化，大部分河流原生物种消失，逐步演替为外来种为主的湖泊生态系统，河流有价值的生物多样性减少。

流动的水体可以通过水面向水体赋氧，水中溶解氧含量较高，水体自净能力高，流水不腐。形成水库之后，水体长期接近静止状态，加上周边流入水库的污染物长期累积，库区水质不断恶化，河流净化功能迅速消失，甚至出现富营养化现象。水库还存储了大量的有害化学物质，如化肥农药残留，造成水体污染。

河道断流，使下游河段基本常年干涸，在城市段多修建橡胶坝形成水面，维系河流景观。由于缺少水源，大多用中水作为景观用水，水质较差，河流生态系统彻底破坏。

河流的阻断，还改变下游河湖关系。如，长江下游连通洞庭湖、鄱阳湖和太湖。这些湖泊既是洪水季节分纳长江洪水之处，在枯水季节也需要长江来水的补充，河湖的生态系统也存在不可分割的联系。

大型水库建成蓄水之后，由于巨大的水压力施加于库区岩基，加之水压入岩隙降低了岩石界面的摩擦，可能导致基础岩体结构变动诱发地震。

地球上的河流，正如人类的血管，当血管出现问题的时候，人类就离各种疾病甚至死亡不远了。

 ## 83. 全球有多少大型河流遭人类堵截？

2019年，科学杂志《自然》刊登的研究报告显示，全球91条长度各超过1000公里的河流中，只有21条在源头和海洋间没有阻拦物。此外，全球最长的242条河流中，只有1/3多一点（37%）的河流还维持着无闸坝的状态，近2/3的大型河流被大坝、水库或其他人造建筑截断。而大部分现存的无闸坝河流只存在于北极地区、亚马孙地区和刚果盆地的偏远地区。这也是科学家有史以来第一次对地球上河流自由流动的状况进行评估。

水坝是导致河流连通性丧失的主要原因。在全球范围内，水坝是对河流生态系统带来最大改变的因素。全世界共计280万个截断河流的水坝中，有6万个高度超过15米的巨型大坝。而中国巨型大坝所占的比例最大，超过了22000个。这些水坝合在一起，使世界上60%的大型流域变得支离破碎。

大型水坝始于20世纪30年代美国科罗拉多州兴建的胡佛水坝，如今各类水坝堵截了全球超过1/3的淡水河，使河流流入大海时的水量至少减少15%。目前水坝、水库已霸占了地球近1%土地，而且对此的需求还在日渐增加。

自由流动的河流对于人类和环境来说都很重要，然而世界各地的经济发展正导致可自由流动的河流数量越来越少。地球河流、湖泊和其他淡水水源情况正惊人地恶化，人类兴建巨型水坝已大大地改变了地球河流的自然规律。

84. 为什么湿地被称为"地球之肾"？

地球有三大生态系统：湿地、森林和海洋。根据《湿地公约》的定义，湿地包括湖泊与河流、沼泽地、湿地草场、泥炭地、绿洲、河口及江口、三角洲、潮滩、近海水域红树林及珊瑚礁，以及一些人工湿地，像鱼塘、水稻田、水库和盐田。

湿地作为天然蓄水池，在蓄洪防旱、调节气候、控制土壤侵蚀、促淤造陆、降解环境污染等方面起着极其重要的作用。

湿地可以改善水质。湿地能够处理并过滤掉水中多余的营养物质和沉积物，使水变得清洁可用。硝酸盐是农业生产中一种常见的营养物质，但过量使用时会损害水质。研究表明，牛轭湖（U型河道）平均可以从周边流入的水中过滤掉42%的多余营养物质。

湿地可以增加蓄洪量。湿地在雨水进入大河和小溪之前减缓其流动速度，降低河岸侵蚀。在降雨期间及之后，当溪流的流量增加时，湿地会拦截一些洪水并将其缓慢释放回溪流中，从而有助于降低洪峰流量。而由于气候变化导致的降水事件愈发极端化，湿地的这一重要作用能够使得所在地的景观更具弹性和气候适应力。

湿地虽然覆盖地球表面仅有6%，却是地球上20%已知物种赖以生存的家园。它支持了全部淡水生物群落和部分盐生生物群落，是最重要的生命支持系统之一。

全世界40%的动植物在湿地中生存繁衍。湿地为野生生物，尤其是一些珍稀或濒危的野生动植物提供了良好的栖息地，更是许多鸟类、鱼类、两栖类动物繁殖、栖息、迁徙、越冬的场所。比如在幼鱼成熟、进入溪流之前，湿地为它们提供了重要的栖息地。湿地还为一些寻求保护的小鱼提供重要的避难所，使其免受大型捕食性鱼类的侵害。湿地为各种鸟类提供了丰富的食物来源和营巢、避敌的良好条件。候鸟和水禽常将湿地用作觅食区和筑巢地点，鸭类和鹅类一般自出生起便经常使用湿地。可以说湿地孕育了众多生命，用其不可替代的功能，维系着水、生命、丰富多彩的自然等多方面关系。

湿地作为"地球之肾"，是自然界中生物多样性最丰富的生态景观和人类最重要的生存环境之一，在维持生物多样性、生态系统服务及生态安全方面具有举足轻重的地位。

湿地还有重要的生态价值。1公顷湿地生态系统每年创造的价值高达1.4万美元，是热带雨林的7倍，是农田生态系统的160倍。

85. 全球湿地消失概况如何？

随着城市化和农业转移，作为世界上最具价值和生物多样性的生态系统之一的湿地正以惊人的速度消失。

研究显示，自1900年以来，全球湿地已经减少50%，如果从1700年算起，则湿地丧失率已高达87%。尤其在20世纪至21世纪初期，湿地丧失速度是之前的3.7倍。其中，内陆湿地较沿海天然湿地丧失得更多、更快。就地区而言，北美湿地丧失速度继续保持低速，欧洲湿地丧失的速度已经放缓，而亚洲湿地仍在快速丧失。

在20世纪，北美洲、欧洲、澳大利亚和新西兰等地特有的湿地中，50%以上已经发生改变。20世纪前50年，北温带的许多湿地已经迅速丧失；50年代以来，热带和亚热带的许多湿地也已急剧减少和退化。此外，海岸湿地目前正在经历有史以来最快的退化和丧失过程。据估计，全球海岸湿地面积75万平方公里，到2100年，如果海平面上升100厘米，再加上人类的堤坝建设，海岸湿地损失将高达78%。

有证据显示，人类对湿地的改变正在加大其非线性变化甚至突变的可能性，这将对人类福祉造成严重影响，这一变化一旦发生就难以或根本无法逆转。

1971年2月，在伊朗的拉姆萨尔召开了"湿地及水禽保护国际会议"，会上通过了《国际重要湿地特别是水禽栖息地公约》，简称《拉姆萨尔公约》。《拉姆萨尔公约》规定每3年召开一次缔约国会议，它是拥有170个会员国的全球性公约，旨在保护湿地并促进湿地的妥善利用。2018年9月27日，该公约发布了其有史以来第一份关于世界湿地状况的全球报告《全球湿地展望》。报告显示，从1970年—2015年，大约35%的湿地——包括湖泊、河流、沼泽和泥炭地——以及潟湖、红树林和珊瑚礁等沿海和海洋区域消失了。

报告说，目前全世界湿地面积超过1200万平方公里，同时警告称，自2000年以来，湿地每年的流失速度加快，全球各区域皆然。

报告指出，湿地直接或间接地满足了世界上几乎所有的淡水消费，40%以上的物种生活并繁殖于湿地。以湿地为家的动物和植物尤其容易受到打击，其中1/4面临灭绝风险。泥炭地储存的碳是世界森林的两倍，尽管它们只占陆地面积的3%。盐沼、海草床和红树林也储存了大量的碳。因此，当湿地消失后，被安全封锁在土壤中的碳将被释放到大气中，气候科学家担心在从北极永久冻土解冻中渗出的强大的温室气体甲烷。

该公约负责人玛莎·罗哈斯·乌雷戈说：我们正处于危机之中，我们失去湿地的速度是森林消失速度的三倍。

科学家发现：1970年—2014年间，鱼类、鸟类、哺乳动物、两栖动物和爬行动物的数量下降了60%；自1970年以来，81%的内陆湿地物种以及36%的沿海和海洋物种数量下降；25%的湿地物种濒临灭绝，其中包括水鸟、依赖淡水的哺乳动物、海龟和造礁珊瑚。

86. 中国湿地消失概况如何？

目前中国湿地面积8.04亿亩，位居亚洲第一、世界第四。中国湿地面积占全球湿地总面积的10%，占中国国土面积的5.58%。

自20世纪50年代以来，中国大量的湿地遭到破坏和退化，面积急剧减少。如，相较于20世纪50年代，长江中游70%的湿地已经消失。长江源头湿地沼泽、湖泊萎缩盐化，土地退化、草场沙化严重。退化草地占可利用草场面积的50%以上，其中约10%的退化草地已沦为"黑土滩"。

在全国范围内，乡村湿地的消失更加触目惊心。河北省过去50年来湿地消失了90%，即便侥幸存留的湿地，八成以上也变成了污水排泄场所。陕西关中一带30多个县，几十年来消失上万个池塘。中国最大的淡水湖鄱阳湖，水域面积从最高4000平方公里曾减少到不足50平方公里。因湿地消失，干旱几度由北方转移到鱼米之乡的江南。干旱、半干旱区湿地状况更不容乐观。内蒙古阿拉善盟，由于上游地区大量使用黑河水资源，进入绿洲的水量由9亿立方米减少到现在的不足2亿立方米，致使东西居延海干枯，几百处湖泊消失。新疆塔里木河流域因上游大量开荒造田，造成下游350公里的河道断流，罗布泊、台特马湖已干枯沦为沙漠。

从1995年—2003年，原国家林业局组织开展了新中国成立以来首次大规模的全国湿地调查。这次调查之后，原国家林业局又于2009年—2013年组织了第二次全国湿地资源调查，调查发现，截至2013年，中国湿地总面积5360.26万公顷（8.04亿亩），其中人工湿地674.59万公顷，自然湿地中内陆湿地总面积4087.88万公顷，滨海湿地579.59万公顷。

然而首次湿地资源调查后的10年间（2003年—2013年），中国湿地面积又锐减了339.63万公顷，相当于两个北京市的面积，减少率为8.82%。其中，自然湿地面积减少了337.62万公顷，减少率为9.33%。

近几十年来，中国已经认识到湿地生态系统的重要性，并在湿地保护方面做出了许多努力，建立了550多个国家湿地自然保护区和100多个国家湿地公园。然而，在如此努力的背景下，每年的湿地消失率仍然接近1%。

 ## 87. 中国湿地面临哪些危机？

1. 面积大幅减少

从20世纪50年代以来，全国湿地开垦面积达1000万公顷，全国沿海滩涂面积已削减过半，黑龙江三江平原的原有沼泽80%也都消失了，"千湖之省"湖北省的湖泊削减了2/3，在中国东南沿海，56%以上的红树林也消失了。全国各类大小湖泊消失了上千个，约1/3的天然湿地存在着被改变、丧失的危险。

2. 功能衰退

由于人口的急剧增长和经济的快速发展，湿地被开垦为农田或作其他用途，围埝造田、兴建码头，湿地植被被破坏，生态功能衰退，鱼类等水生生物丧失了栖息生存的空间与繁衍的场所，湿地自身的生态功能在不断衰退。

3. 生物多样性受损

对湿地的不合理开发利用导致湿地日益减少，功能和效益下降。捕获、狩猎、砍伐、采挖等过量获取湿地生物资源，造成了湿地生物多样性逐渐丧失。鱼类种类日趋单一，种群结构低龄化、小型化。白鳍豚、中华鲟、达氏鲟、白鲟、江豚已成为濒危物种。长江鲥鱼、鲫鱼、银鱼等经济鱼类种群数量已变得十分稀少。由于过度猎捕、捡拾鸟蛋等导致种群数量大幅度下降，湿地水禽资源遭到严重破坏。

4. 污染加剧、环境恶化

湿地被肆意侵占，并成为建筑垃圾、工业废水、生活污水的排泄区和承泻地，污染在不断加剧、环境在不断恶化。长期承泄工农业废水、生活污水，导致湿地水体污染，生态系统富营养化现象严重，危及湿地生物的生存。

中国目前加入国际湿地公约指定的国际重要湿地有57处，其中内地56处，香港1处。在2018年，由中华人民共和国国际湿地公约履约办公室组织对内地的56处国际重要湿地生态状况开展了现地监测和评估。在51处获取地表水水质的湿地中，Ⅲ类水比重最大，占35.30%。在49处获取水体富营养化湿地中，贫营养的12处；中营养的27处，富营养的10处，没有极端富营养化的情况。

中国湿地污染日趋严重，已经有2/3的湖泊受到不同程度的高营养化污染危害，仅长江水系每年承载的工业废水和生活污水就达120多亿吨。湿地污染不仅使水质恶化，也对湿地生物多样性造成严重危害。面对日益严峻的污染问题，湿地的恢复与重建已经迫在眉睫。

88. 中国滨海湿地存在的突出问题是什么？

中国长达18000公里的大陆岸线上，分布着580万公顷的滨海湿地，约占全国湿地总面积的11%。这条带状区域在维护生物多样性安全等方面具有重要地位。

滨海湿地是陆地生态系统和海洋生态系统的交错过渡地带，地形上包括河口、浅海、海滩、盐滩、潮滩、潮沟、泥炭沼泽、沙坝、沙洲、红树林、珊瑚礁、海草床、海湾、海堤、海岛等。

在过去的半个世纪里，我国60%以上的天然沿海湿地消失，包括53%的温带滨海湿地、73%的红树林和80%的珊瑚礁。尤其是近十年来滨海湿地消失的速度显著高于我国其他类型湿地。

全国第一次和第二次湿地资源调查的结果显示，2003年—2013年间我国近海与海岸湿地面积减少了136.12万公顷，减少率为22.91%，是各类湿地中消失最快的（全国湿地平均减少率为8.82%）。

围垦和填海是导致滨海湿地消失的直接原因。1990年—2010年间，建有海堤的海岸线长度增加了3.4倍；2010年达到了11000公里，占我国海岸线总长度的61%，而20年前仅占18%。

围填海是东部沿海地区增加土地指标最快速、最廉价的方式，且利益巨大。滩涂围垦所带来的巨大经济利益使得地方政府想方设法避开中央政府颁布的有关政策规定的监管。如中央政府规定，超过50公顷以上的围填海项目必须经国务院审批。但为避开国务院的审批，一些地方政府经常"化整为零"，把大的围垦项目分割成多个小的围垦项目。滨海湿地持续减少的命运并未终结。根据沿海11省区市的海洋功能区划，至2020年，已获批的建设用围填海指标合计达24.69万公顷，未来围填海的规模可能更大。这也意味着作为我国生态底线的湿地已岌岌可危，"8亿亩湿地保护红线"很快将面临突破。

 # 89. 如何保护我国的湿地？

1. 推动国家湿地立法，尽快颁布《中华人民共和国湿地保护条例》。天津、江苏、上海、福建和海南五省市，应尽快颁布省级的湿地保护条例，建立高效的湿地保护管理体制。

2. 对湿地资源的开发利用实行许可制度。比如美国的《清洁水法案》要求土地所有者和开发商在向水域处置疏浚或充填物之前，必须获得由陆军工程兵团颁发的许可证。

3. 制定东部沿海统一的国土空间开发与保护规划，重新评估并暂停一切围填海项目的审批和施工，尽快对已围垦但未开发的滨海湿地进行生态恢复。

4. 在天津滨海新区、河北滦南、江苏盐城与南通、山东东营与潍坊、浙江杭州湾等围垦与填海的热点地区，对围填海规划进行再评估。在关键水鸟栖息地设立保护区或扩大保护区范围，在保护区内禁止围垦和填海。

5. 建立湿地监管制度。明确湿地权责、监管责任，建立湿地保护"零损失"制度，重点对滨海湿地自然资源资产确权、责任追究和跨部门协调。

6. 构建长江、黄河等重要流域生态安全屏障。积极预防重大水利工程、交通网络、资源开发等工程建设对长江、黄河等重要流域生物多样性的不利影响，加强水资源保护，控制水环境污染，稳定长江、黄河等重要流域的湿地面积。

7. 在长江流域率先构建湿地生态补偿机制，探索长江流域上下游区域的补偿模式。

8. 规划和建立湿地保护网络。鉴于各保护区之间往往因水文、迁移物种和其他原因在功能上相互关联，因此建立各个层次的湿地保护区网络。湿地网可以通过将存储在湿地网中的淡水补充到该地区的河道中，以有效地减轻咸水的入侵。

9. 实施强有力的科技支撑。开发利用退化湿地恢复技术，湿地健康与评价技术、泥炭开发利用技术等。应通过加大投入、培养人才等措施，强化科研机构的能力，逐步建立健全湿地保护的科技支撑体系。

10. 切实加强科研监测体系建设，提升实时监测能力，建立重要湿地生态状况监测机制，为重要湿地保护管理提供科学依据。

11. 通过自然恢复、人工促进修复、生态重建等模式，对受损湿地进行修复。

12. 提高公众湿地保护意识和参与度。通过立法与政策来保障公众的参与。

 90. 保护湿地我们每个人应注意些什么？

1. 不在湿地开垦、挖砂、取土、筑房、伐木。

2. 不向湿地倾倒污染物和废弃物。

3. 不在湿地搞规模化禽畜养殖。

4. 不抽采湿地水资源，不排干湿地。

5. 不非法捕捞鱼类和其他水生生物。

6. 不购买、不滥食鸟类及其他湿地野生动物。

7. 不捡拾鸟蛋。

8. 不在湿地投放、种植不符合生态要求的生物物种。

9. 不破坏鱼类洄游通道和野生动物栖息地、迁徙通道。

91. 什么是泥炭地?

泥炭地是一种沼泽，属于湿地类型。泥炭地是由腐烂的植物物质组成的有机堆积物在积水条件下经过千百年积累而成。多水和厌氧的环境条件为泥炭地的形成创造了条件。泥炭地分布于地球各大洲，被称为泥炭沼泽森林、沼泽或泥潭。在欧洲、亚洲和南美的湿地里都有大片的泥炭沼泽，尤其是在沼泽森林较多的印尼和马来西亚，但是大部分的泥炭地存在于北部的永久冻结带。在这些泥炭地下面，有一层永久冻结的土，即永久冻土。

在高纬度的寒冷地区，那里荒无人烟，高大植物和一般的禾草无法生长，更不适于农业耕作。但到了夏季，部分区域由于冰雪融化变为湿地，为苔藓、莎草和低矮沼泽灌木的生长提供了条件。当这些生物死亡后，体内的碳水化合物在酸性环境下埋于地下或水下，与空气隔绝，出现厌氧条件，在不完全腐烂时，就形成了泥炭。泥炭地里的泥炭是一种植物混合泥土与水的碳化物质，如果没人动它，再经过百万年，或更长的时间，它会变成褐煤。

高纬度地区最现代的泥炭沼泽是12000年前在冰河时代末期冰川消退后形成的。在北半球的高寒地区，30%—40%的沼泽里泥炭还在以每年一毫米的速度继续缓慢累积。

泥炭地在水被排空以后就成为富含腐殖质的酸性疏松土壤。泥炭一般会呈现不同程度的海绵状，能够吸收水分，在低温环境下会表现为有空隙的冻土，能够保持水分，在干旱季节具有保水功能，有的泥炭地里的泥炭层可达几米深。

在大片荒原沼泽下面储存的泥炭形成了泥炭地。泥炭地覆盖约400万平方公里，约占世界陆地面积的3%，在世界175个国家都能找到自然形成的泥炭层。

南半球的泥炭地主要集中在印度尼西亚的热带泥炭地和红树林，印度尼西亚的很多热带雨林生长在热带湿地，这些湿地由于植物生物量较高，经过多年的积累，变成了泥炭沼泽。

92. 泥炭地有何重要的生态价值？

在地球上，有50%—70%的湿地底下蕴藏着泥炭。泥炭地是碳的巨型蓄水池，尽管它只占地球陆地表面的3%，可别小瞧它，它却储存了5500亿吨碳，是全球森林碳储总量的2倍。泥炭地的碳储量相当于全球大气碳储量的60%。数千年来，它们积聚了大量的碳和氮，长久保持着地球的凉爽。

其中东南亚泥炭地锁定的碳达420亿吨之多。北极泥炭地，约占地球陆地表面的30%，存储了全球8%的地下碳。泥炭地里的淡水占全球陆地淡水的1/10。

泥炭地是地球独一无二的生态系统，它横跨北半球的广大地区，在全球气候系统中发挥着重要作用，是对抗气候危机的神手，被誉为"储碳狂魔"。它是减缓气候变化成效最高的方式之一，也被视为应对气候危机"绿色"且经济的自然解决之道。但如果它被过度开采，贮存在其中的碳就会被释放到大气中，反而进一步加剧气候变化。

泥炭地是无价之宝，除了蕴藏着丰富的泥炭资源，它也是许多濒危物种的家园。作为湿地的一种，它对于全球生物多样性提供安全的庇护。

在泥炭地生态环境中，有很多浮游生物和湿地野生动物，如蛙类等两栖动物、蛇类等爬行动物和哺乳动物等。泥炭地也为大量候鸟迁徙提供了产卵和繁育后代的栖息地环境。泥炭沼泽是一种比较脆弱的生态系统，因有生物腐烂而形成的酸性水和土壤才适合部分动植物生存，一旦积水被排空，湿地生态系统就会被破坏。

在南方，热带泥炭地是许多濒危物种的家园，包括苏门答腊虎、大猩猩和红毛猩猩。在北方，亚北极和北极泥炭地为具有独特适应性的物种如驯鹿和麝牛提供栖息地。

93. 泥炭地面临怎样的危机？

近年来世界的泥炭地屡屡遭到野蛮开采和破坏，引起了人们的警惕。

目前，全球已经有7%的泥炭湿地被开发为农田。泥炭沼泽中的大量泥炭土壤被广泛应用于农业活动和生物质燃料的生产，并且都挂上"绿色"的招牌。在部分国家，泥炭利用已经达到规模化生产程度，主要用于生产有机复合肥料。部分泥炭原料还会被用作营养腐殖土进入农田和园林。世界已经有超过5000万公顷的泥炭沼泽被转化为农业和林业用地，自然泥炭沼泽正在快速退化之中。

在印度尼西亚、马来西亚和巴布亚新几内亚等东南亚热带区域的国家，随着对棕榈油需求的不断增长，棕榈油供应商在利益驱动下大规模开发泥炭地，一方面大规模采伐林地，一方面排空泥炭沼泽积水，然后放火烧掉泥炭，很大程度上导致了泥炭地的破坏。特别是在印度尼西亚，每年的湿地面积减少约10万公顷，2015年，42%的温室气体排放来自干涸、退化的泥炭地。对泥炭地进行农业开发和造地等经济开发的活动，令国际社会十分担心和震惊。

科学家敏锐地意识到，泥炭地——包括其中近一半的永久冻土——很容易受到气温升高的影响。在北极地区，随着全球气温不断攀高，北极的变暖速度是全球平均水平的2倍，多年冻土区泥炭地面临严峻危机。在过去的几十万年间，在极地环境中的土壤碳库存得以日积月累。但是现在，随着大气变暖，永久冻土正在融化和流失。而当永冻层融化并流失时，微生物就有可能进入并快速地分解所有这些碳，有可能以温室气体的形式向大气释放数千亿吨碳。而这些向大气层释放的额外温室气体，只会导致进一步暖化，使这种困境更加恶化，极大地加剧气候变暖，这将引发地球生态系统的巨大灾难。科学家们对此愈加担忧。虽然相关研究正在展开，但目前对永冻土层和累积了大量植物残体的泥炭层之间错综复杂的动态关系知之甚少——它们覆盖了地球最北部区域的大片土地。

　　永久冻土的融化不仅对泥炭地的生态产生直接影响，它也可能成为温室效应问题失控的"关键撬动点"。保护这些富碳土壤对于缓解气候变化的全球性影响，以及避免气候变暖加剧势在必行。

　　在自然状态下，泥炭地的积水由于干旱被排空，沼泽里的泥炭就会变成可燃烧的物质，如遭雷击还有可能造成泥炭地自燃。有的泥炭地会自燃数月、数年甚至数百年。在泰加森林和环绕北极的冰原上，一些泥炭地的野火会以地下火的形式蔓延到很远的地区，涉及很大的范围，有的会穿过地表的森林和草场，在别的地方引发地面上的森林和草原火灾。

　　在2010年的夏天，在俄罗斯中部，酷热的气候点燃了当地的泥炭，成千上万的房屋和森林被烧毁，莫斯科也受到有毒烟雾的威胁。大火一直持续到冬季到来，天降大雪才将野火扑灭。

　　自1997年以来，在东南亚热带地区，加里曼丹和东苏门答腊每年就有100多起泥炭地火在持续燃烧。印度尼西亚的泥炭和森林火灾的碳排放量在0.81亿—2.57亿吨之间，相当于全球化石燃料燃烧释放碳排放量的13%—40%，比全球生物圈的碳汇总量还大，这也被认为是生态系统碳排放的主要来源。

　　湿地国际和全球环境中心在2015年的一项新研究发现，每年因泥炭地遭破坏而导致的碳排放量超过30亿吨，相当于全球燃烧化石燃料排放量的10%。

　　泥炭地与气候暖化已成一道恶性循环：泥炭地干涸易燃，引发灾害，环境与气候因此失衡；而全球暖化造成的异常气候，则导致泥炭地自行干枯，助长碳流失、碳释放。而且它会持续不断地循环，极大地改变我们的气候未来，使世界接近危险的临界点。泥炭地极可能成为引爆气候变化的定时炸弹。

 94. 如何保护泥炭地？

　　从北极到热带，从高山到大海，在全球范围对泥炭沼泽进行保护已刻不容缓。尽管世界各地泥炭地情况不一，但不妨遵循以下原则予以保护：

1. 保留原始状态的泥炭地，明文禁止开发。

2. 妥善管理泥炭地，限制开发，保住泥炭地的水，保持湿地状态、自然功能、生物多样性和生态平衡，防止水患。

3. 制定和执行良好的管理和作业系统，不只是政府单方面的责任，拥有资金和能力的大企业，可投入科研及改变作业方式。

4. 接近泥炭地的社区和居民应遵循传统作业模式，支持当地社区实施传统的无损使用方法，可持续地管理泥炭地。

5. 截断抽取泥炭地下积水的渠道，维持适宜的泥炭地水文条件。

6. 已开发作为农业和商业用途的泥炭地，要完全恢复或禁止使用是不可能的，但可采用交替农作种植或种植适合的物种，让土地有休养生息的时间。被遗弃的土地则可种植树木，恢复森林状态。

7. 积极推广并实施有关泥炭地管理和恢复的良好做法。

8. 为了更好地了解泥炭地的范围和现状，对全球泥炭地进行全面的测绘必不可少。

 95. 为什么说全球湖泊正在急剧变暖？

湖泊，作为水资源的重要载体，是江河水系、生态系统的重要组成部分，是经济社会发展的重要支撑。在所有的自然生态系统中，湖泊又是最脆弱和最难恢复的生态系统之一。

科学家发现，全球变暖使湖水迅速升温。

美国《地球物理研究快报》杂志刊登一项新研究证实，世界各地的湖泊正日益变暖，其升温速度甚至超过了海洋和空气。在这项研究中，64位科学家采集了全球六大洲235个湖泊的数据。研究人员测量了湖泊深处温度，并将所得数据与全球湖泊卫星观察数据进行了对比研究。结果发现，在1985年—2009年间，一些湖泊水温急剧升高，平均每10年上升0.34℃，是同期海洋升温幅度（0.12℃）的两倍多。

湖泊比海洋升温更快并不让人感到意外，因为海洋水体庞大。但让人不可思议的是，很多湖泊比地表气温上升也快。

在过去的50年中，由于全球气候变暖，使湖水平均温度上升了2℃—3℃，上升幅度令人担忧。

96. 湖泊变暖的原因是什么？

湖泊变暖这么快，最主要的原因是全球源源不断的温室气体排放，直接原因有两个方面：

一是暖冬导致湖泊结冰季节缩短。通常情况下，冰层是一个很好的绝缘体，能够保护湖泊避免被大气加热。然而，全球变暖导致湖泊冰层过早融化，湖水暴露在暖春的时间更长，冰融化得越来越早，湖水暴露在温暖的春季空气中的时间也越来越长。这可能解释了为什么通常在冬天结冰的湖泊每十年变暖0.48℃，大约比不结冰湖泊快了两倍。

二是气候变化等因素导致一些温带地区云量减少。由于气候变化，某些温带地区的云量下降。由于缺少足够云层的遮挡，更多阳光会直射湖面，湖泊从阳光和空气中吸取更多的热量，这就导致湖水分层更明显，会阻止深处低温湖水与表层暖湖水的混合，影响夏季湖水降温。

97. 湖水升温会带来怎样的危害？

湖水温度的迅速升高将对湖泊生态系统造成广泛的破坏。

1. 加剧气候变暖。更高的湖泊温度能够导致甲烷和二氧化碳从湖泊沉层的排放，而这种反馈效应可能会加速全球变暖。水生生物一旦死亡，其富碳残骸会混入湖水，落入沉积层或被微生物分解成气体。湖泊已变成处理陆地有机物的巨大熔炉，会产生大量温室气体，湖泊加速变暖会使气候问题更加严重。

2. 造成湖泊水生植被加剧退化。水生植物是湖泊重要的初级生产者，对营养盐拦截、滞留和水质净化起到非常重要的作用，为底栖生物及各种鱼类提供栖息场所，成为湖泊生态系统健康状况的重要表征。以沉水植物为主形成的草型湖泊生态系统，具有多种生态服务功能，为社会经济发展提供重要的生态产品。然而，由于湖水急剧升温，造成全球湖泊水生植被特别是沉水植被急剧退化。湖泊生态系统由水草茂盛、水体清澈的草型生态系统向藻华频发、水体浑浊的藻型生态系统转换，湖泊生态系统结构和功能出现退化，生态服务功能下降。我国湖泊水生植被退化速率明显高于全球，其中水生植被面积退化比较严重的湖泊有：鄱阳湖、洪泽湖、洪湖、南四湖、滇池、梁子湖、博斯腾湖、菜子湖、滆湖、长湖和太湖等，主要分布在长江中下游浅水湖泊群。

3. 威胁物种的生存和繁衍。虽然气候变化可能不会直接导致湖泊物种灭绝，但许多本地物种的生存将受到威胁，因为它们将面临更多的入侵物种、物种替换以及害虫和疾病生物的繁殖。鱼类对水温敏感，随着湖泊水温的升高，鱼类的地理范围、种群数量特征、系统繁殖力、物种特有繁殖力、物种的空间分布以及它们的生理状态和性能都会随之改变。一些鱼类的生长速度可能会下降。随着水位的下降和气温的上升，肉毒中毒等疾病将会增加，疾病传播更多，更多吃鱼的鸟类会中毒死亡。鸟类还可能受到物候不匹配的影响，例如它们赖以为生的昆虫种类会因为温暖的春天提前孵化，或者随着植被向北转移而减少。

4. 导致藻类水华暴发的频率和强度加大。由于湖水升温和营养盐的污染，水体发生有害藻华的趋势越加明显。首先，水华的暴发会使水体感官性状恶化，丧失美学价值，影响旅游业发展。其次，水华的泛滥，使水底植物光合作用受阻，且溶解氧的大量消耗，造成鱼类等水生动物的缺氧死亡。再次，一些水华会产生毒素，杀死鱼类、哺乳动物和鸟类，降低生物多样性，对人类健康造成威胁。有研究认为，我国南方原发性肝癌的高发病率与饮用水中的微囊藻毒素密切相关；2020年的一项研究表明，在藻华暴发严重的美国佛罗里达居民鼻孔中检出了微囊藻毒素，说明长期暴露于有毒藻类水华的空气中也存在一定的健康风险。

5. 引发病菌和病毒的滋生。湖水变暖导致了水体的垂直混合，改变了湖泊生态。下水道溢流、船舶压载水的倾倒、农业和工业的营养物径流，导致了湖泊中细菌和若干入侵物种的滋生。更大的暴雨和更温暖的天气令现实雪上加霜。数百种新的致病菌、病毒、原生动物和非本土物种或许会在气候变暖的条件下被引入并繁衍生息，取代本土物种。

6. 给水产业带来巨大损失。如在美国，藻华给饮用水、农业、渔业、娱乐和旅游业带来众多危害，每年损失约40亿美元。

 ## 98. 为什么说全球湖泊藻华正在恶化？

近几十年来，由于全球气候变暖日趋严重，极端天气事件频发，以及更多的氮、磷等营养物质被带进江河湖泊，因此全球藻类水华的暴发变得更加频繁，并且人们在控制湖泊富营养化上的努力正在被气候变化所带来的影响所抵消。

研究人员通过对北美洲和欧洲100个湖泊的沉积物分析发现，在其中近60%的湖泊中的藻华自工业革命以来就持续增长；2011年，北美洲伊利湖经历了有记录以来最大的有害藻华，其峰值强度是之前观测到的藻华强度的3倍多；2014年，因为西伊利湖有毒藻类大量繁殖，托莱多地区有50万人在72小时内得不到安全的饮用水供应；2014年8月，美国自来水中微囊藻素浓度超标；波罗的海在夏天会被大量固氮蓝藻覆盖；2010年，第一次在地中海发现了广泛的红海束毛藻华。种种迹象表明，藻华正在持续迅猛地在全球范围扩散。

自20世纪80年代以来，全球范围内湖泊中浮游植物大量繁殖。研究人员使用来自美国国家航空航天局和美国地质调查局Landsat 5近地卫星30年的数据，并与谷歌地球引擎合作，处理了超过720亿个数据点。结果发现，在全球六大洲33个国家的71个大湖中，藻华正在"变得越来越广泛和强烈"；在选择的湖泊中，超过68%的湖泊中夏季水华强度达到峰值，这表明全球湖泊水华状况正在恶化。相关研究模型预测，美国有害蓝藻暴发的平均天数将由目前的每年每个水体7天左右到2090年上升到18—39天。全球目前仅有8%的湖泊其水华强度在降低。

另一方面，尽管全球湖泊藻华恶化的趋势十分明显，但是这造成藻华恶化的原因似乎在各个湖泊之间各不相同。研究发现，水华强度下降的湖泊升温幅度较小，这表明湖泊变暖可能已经抵消了改善富营养化所做出的努力。

 ## 99. 怎样治理藻华？

目前较为成熟的藻类治理措施包括物理、化学和生物技术。

1. 人工（机械）打捞

此种方法可及时应对短期内藻类的暴发，但处理范围及能力受限制，不能从根本上解决问题。

2. 扬水曝气

通过混合上下水层，破坏水体分层，将表层藻类向下层迁移，使其生长受到抑制，同时增加水体溶解氧。

3. 水动力调节

主要适用于水库的藻类治理。通过调整水流量，降低水华发生的概率。

4. 添加化学药剂

利用化学药剂直接快速杀死藻类。操作简便，效果明显，一次性使用成本低，但对整个水环境生态系统产生一定的负面作用。

5. 生物操纵

放养食鱼性鱼类，以控制食浮游生物的鱼类，以此壮大浮游动物种群，或者放养滤食性鱼类，遏制藻类生长。

6. 生态修复工程

通过种植水生植物等方式，吸收水体和沉积物中的营养盐，来削减湖库营养盐含量；水生植物还可能存在遮光作用，以及释放化感物质对藻类生长产生化感作用，来抑制藻类的生长。

7. 严控污水排放

严格控制工业废水、农村面源污染、城市生活污水向湖泊江河的排放。

8. 实施巨大幅度的减排

限制化石燃料的使用，不断压缩排放规模，遏止湖泊温度上升趋势——这是解决藻华问题的治本之策。

 100. 为什么说中国"五大湖"环境恶化的隐忧仍然存在?

鄱阳湖、洞庭湖、太湖、洪泽湖、巢湖是中国五大淡水湖。"五大湖"生态状况如何？

2017年，《瞭望》杂志记者对"五大湖"的生态进行了专访。记者深入采访后认为：受夺湖造陆、工业入侵、人为阻水、酷捕滥捞和农村污染等影响，"五大湖"生态向好的拐点尚未出现，环境恶化的隐忧仍然存在。

1. 夺湖造陆

20世纪90年代国家推行的"退田还湖"政策，曾让一些大湖重现"浩浩汤汤"。但近年来，侵占湖泊湿地建园区、盖住宅、办旅游等新一轮市场开发或"政府发展计划"，导致一些水生态良好的湖泊水域萎缩。

2. 工业入侵

据多位环保人士介绍，鄱阳湖部分水体化工污染问题严重，有些村的村民多年因体检不过关，无人能当兵。在一些水域，每年有污水的时候鱼虾要死两次。不少企业在汛期通过河流集中排污，有的地方化工企业偷排偷放等突出环境问题长期得不到解决，群众反映强烈。"五大湖"区及相关流域一些地方，如今有工业园区隐身滨湖"生态经济区"。但有的园区或企业看中的其实是大湖的"生态承载能力""污染扩散能力"。在"五大湖"区一些地方，湖面上或入湖河流中，成群结队的挖沙船滥采乱挖，将湖床、河道破坏得千疮百孔。堆起的沙丘围成的死水坑里，臭烘烘的绿藻疯长。

湖边上，一些企业恶意超排、偷排。有的将暗管布设在环保部门的自动监测点位前方，再引干净的水往监测点位流过；有的将排污暗管从水下伸向河湖中，把污水"注射"进河湖肌体；更有甚者，有地方在入湖河流边耗资数十亿元建了众多污水处理厂，但因管网配套不到位收集不到污水，沦为了摆设。

3. 人为阻水

"五大湖"的多条入湖河流特别是支流上，电站、大坝林立，近些年还出现了非法利用风电和光电侵占岸线甚至水面的现象。水量"收不抵支"加上气候变化因素，洞庭湖、鄱阳湖枯水季面积能急剧萎缩2/3。有受访群众担心，如此下去，就会大湖变草原、大江变河沟，船舶搁浅，航道堵塞。

相关权威研究显示，大坝会改变河流形态和径流基本特征，将河流生态环境变成梯级水库生态环境。如设计规划不科学，水温变化、下泄水含氮量增加、水体透明度变化、淹没和河流自然水位消失、阻隔、环境破碎等，对下游湖泊存在生态负面影响。

4. 酷捕滥捞

电鱼、炸鱼、迷魂阵、船罾乃至筑坝、筑围"竭湖而渔"等违法渔业生产，让"五大湖""毛鱼小虾"难有生路。受访专家介绍，"五大湖"水生动物灭绝或大量减少是一个严酷现实。需要警惕的是，随着一些地方部分物种特别是水生哺乳动物、大型鱼类等标志物种面临灭顶之灾，五大湖"生物完整性指数"有可能沦入最差等级。

5. 农村污染

"五大湖"区是传统意义上的鱼米之乡。但农村点源（生活污水、垃圾）和面源（农业生产污染）构成的"农村污染"问题严重。洪泽湖不少湖面被围网养殖，圈圩密布湖边。洪泽湖养殖总面积按规划应为20多万亩，但实有70多万亩。在洞庭湖一些水域，多地圈圩导致"哑河"遍布，河内一潭死水，水质有的沦为劣V类。中央环保督查组在督查时指出，太湖流域内9000余家畜禽养殖企业，无治污设施的约占1/3，一级保护区内约80%无治污设施。截至2016年7月，鄱阳湖生态经济区内就有1961家养殖场，一些湖泊大面积草洲被犁成四方田块露出沙土，草洲边缘还筑有高大的围堰，经营者有水时在围堰里养鱼，没水时就围垦种植。

有研究显示，"五大湖"区一些耕地偏施氮肥导致植物体内硝酸盐含量增加、土壤物理性质恶化、水体富营养化。而滥用劣质磷肥则会带来砷、镉、氟、汞、铅、三氯乙醛等污染。日益增多的农村和集镇生活污水、生活垃圾，让充当"接纳者"的大湖不堪重负。

 101. 为什么说中国湖泊正在急剧萎缩？

目前，世界上500万个湖泊中一半以上的水域已经萎缩。中国的湖泊也不例外。早在2011年12月召开的首届中国湖泊论坛上，中国科学院院士陈宜瑜表示，全国湖泊最大的问题就是湖泊的消失和萎缩。根据当年完成的全国湖泊调查数据，近50年来消失的湖泊共计243个，新疆消失62个，位居榜首；内蒙古紧随其后，消失59个；湖北第三，消失55个。湖泊的萎缩和干涸，最严重的是西北的湖泊，其次是在长江中下游。造成湖泊面积萎缩和干涸的原因之一是围垦。新中国成立后，全国合计围垦湖泊面积估计超过1.3万平方公里，相当五大淡水湖泊面积总和的1.3倍。

近年来，我国的湖泊面积和储水量仍逐年减少，且呈恶化趋势。

新疆地区湖泊面积在1平方公里以上的湖泊有114个，总面积在6400平方公里左右，约占全国湖泊面积的7.7%。而有一些湖泊我们几年前还能看见，现在已经找不到了。新疆消失的62个湖泊主要分布在南疆地区，其中最为人熟知的就是罗布泊。罗布泊于1972年前消失，之前水面约660平方公里。台特马湖水面约88平方公里，也于1974年前后消失。

北疆地区也有湖泊消失。艾丁湖1950年面积约100平方公里，1987年后消失，成为季节性湖泊。玛纳斯湖1959年面积约550平方公里，1974年消失，2000年又出现水面。

在湖泊消失的同时，还有不少湖泊正在干涸、萎缩。如柴窝堡湖、博斯腾湖、乌伦古湖以及吉力湖都开始呈现湖泊总体收缩、水体咸化的态势。

青海湖在近50年的时间里缩减了312平方公里，青海湖正以每年等同于一个西湖的面积缩减，青海湖水位每年平均以12.1厘米的速度下降，水位下降最快的2000年，1年内下降了21厘米，以这样的速度，青海湖年平均减少湖水4.36亿立方米，正在从单一的高原大湖泊分裂为"一大数小"的湖泊群。目前青海湖50%的注水河流已经干涸。据统计，由于水源补给河流大量减少，与20年前相比，入湖水量也因此减少了60%。

内蒙古高原，水面大于1平方公里的湖泊在1987年前后共有785个，到2010年锐减到577个。湖泊总面积从4160平方公里缩小到2901平方公里。1987年—2010年23年间数量减少34%，缩小比例高达30.3%——这就是内蒙古的湖泊家底。

被称作"千湖之省"的湖北，20世纪50年代，有百亩以上的天然湖泊1332个，目前仅存728个，减少45%。出自《湖北省湖泊志》的这组数据令人触目惊心。

长江流域为中国的气候湿润区，这里的五大湖泊，从20世纪中期至今，萎缩速度加快。清朝道光年间，洞庭湖面积达到6000多平方公里，此时洞庭湖面积达到最大，方圆八九百里，依然可以称为八百里洞庭。到1949年，洞庭湖已经从鼎盛时期的6000多平方公里，减少到4350平方公里，原本第一大淡水湖，变成了第二，已经小于鄱阳湖。如今的洞庭湖面积只剩下2820平方公里。

江汉湖泊群自1949年以来湖泊总面积缩小6000平方公里以上，即总面积缩减2/3以上。鄱阳湖20世纪50年代面积为5190平方公里，2019年低水位时仅剩500平方公里，萎缩率达到了90.3%。

武汉水系发达，原本大小湖泊星罗棋布，素有"水袋子""百湖之城"之称，但是，现在武汉湖泊已经没有办法起到调节作用了，为了城市建设，当地填了许多湖来造地。20世纪50年代初，武汉市主要城区内，共有大小湖泊127个。现在，中心城区仅剩下40个湖泊。

安徽省各湖泊总面积缩小近1225平方公里。

江苏省由于围垦湖泊，缩小湖水面积近1/8，即812平方公里。

102. 中国湖泊污染有多严重?

近年来，中国湖泊环境治理的力度加大，总体上湖泊水质恶化的趋势得到了一定程度的缓解，但是湖泊富营养化水平和湖泊水质没有根本好转，再加上其他各类污染物如有机氟农药等污染的持续增加，潜在的生态危险不容忽视。大多数湖泊的水质达不到饮用水源的标准，水质安全无法得到有效保障。

中国科学院南京地理与湖泊研究所、中国科学院流域地理学重点实验室等科研人员，联合中国环境监测总站、南京水利科学研究院生态环境研究中心、加拿大多伦多大学、丹麦奥胡斯大学，收集了我国142个湖库2005年—2017年的24319条监测数据，构建了反映湖库水质恶化程度的综合水质指数，开展了水质时间系列的突变点分析，识别了湖库水质的时空格局变化，以及导致水体污染的主要水质指标。

研究结果表明：过去13年，我国湖库水质有显著改善，尤其是富营养化有所缓解，但仍然存在突出问题：

一方面，铬、镉与砷等重金属污染日趋严重，2017年的138个监测湖库中，38个湖库出现过重金属污染（浓度高于劣五类水标准）；

另一方面，滇池与白洋淀等湖库仍存在富营养化问题，2017年的严重污染水体中，16.3%是由于湖泊富营养化造成。

中国主要有五大湖区：

一是青藏高原。那里的湖泊数量最多，约占湖泊总面积的50%，这些湖泊大多数是原始和未受污染的。

二是中国西北部。那里的湖泊面临的挑战是干旱化，而不是污染，这些湖泊正在迅速萎缩。

三是长江中下游地区。那里的湖泊占全国湖泊总面积的1/4。该区域中超过80%的湖泊受到严重污染，主要问题是富营养化——由于排放含磷物质

（如肥料、牲畜粪便和污水）而产生的营养过剩。这个地区受影响最典型的是太湖和巢湖。2007年，无锡因太湖富营养化而出现严重的水危机。

四是中国东北部。那里的湖泊很浅，面临着严重的污染，尤其是工业重金属以及农业化肥和农药。

五是云南和贵州。那里的低海拔湖泊，如滇池和洱海，也有富营养化现象；而高海拔湖泊，如泸沽湖和天才湖，基本保持原始状况。

根据《2019中国生态环境状况公报》的数据，中国湖泊污染形势依然严峻。2019年，开展水质监测的110个重要湖泊（水库）中，Ⅳ类21个，占19%，太湖、巢湖、滇池、洪湖、阳澄湖、白洋淀、洪泽湖、鄱阳湖、洞庭湖在列；V类5个，占4.5%，淀山湖、高邮湖在列；劣V类8个，占7.3%，艾比湖、纳木错湖在列。开展营养状态监测的107个重要湖泊（水库）中，贫营养状态湖泊（水库）占9.3%，中营养状态占62.6%，轻度富营养状态占22.4%，中度富营养状态5.6%。

 ## 103. 中国治理湖泊生态应从哪些方面进行探索？

1. 划出湖泊生态"红线"

要像划18亿亩耕地红线一样，划出湖泊生态"红线"。这条生态"红线"应包括水域面积控制线、绿化控制线、建设控制线等。需设立生态核心区域，禁止一切水产养殖和航运等开发利用项目。核心区域外还应设立缓冲区，避免外来干扰，减少人类活动对于核心区域的影响。缓冲区以外的区域，也应强制进行综合性规划，明确怎么保护、开发、治理。同时，应将湖泊的生态"红线"作为对地方政府的考核标准，作为地方落实中央提出的《关于全面推行河长制的意见》的最重要抓手之一。

2. 集中湖泊行政执法权

在体制不顺、职责不清的问题暂时不能彻底解决的情况下，可以先行破解执法困境。集中湖泊行政执法权，统筹各个部门涉湖执法力量，相关涉湖管理部门将各自执法权限授予统一的湖泊执法机构，让红线真正"带电"。

如目前武汉乃至湖北对"填湖行为"的处罚过低，一次填湖，不论面积大小，最高罚款限额为5万元，而填一亩湖的土地可卖到几十万元，巨大的利益驱动和低廉的填湖代价，让填湖行为屡禁不止，因此应加大违法填湖的处罚力度，同时不仅仅限于处罚，还应该强制性要求对湖水区域"恢复原状"。

3. 实施"一湖一策"

应根据湖泊承载极限等因素，实行一湖一功能的定位。既统筹湖泊流域水循环及其伴随过程，又结合该湖的自然地理与社会经济特色，充分考虑技术、经济层面的可行性和有效性，因地制宜地提出相应的湖泊治理和保护的优先措施，避免"眉毛胡子一把抓"。具体说来，就是要实施"一湖一策"。

复杂的湖泊污染问题仍需要辩证分析，还需要研究跨流域、跨地区统筹协调、共同治理，这样才能达到"精准治湖"目标。特别是"五大湖"，除洪泽湖外，都是长江流域的"棋子"。要治理湖泊，就不能不管长江。必须以长江流域为单位，将各自的治理工作置身于整个长江流域水治理的大背景下去统筹规划：在流域层面统筹考虑湖泊富营养化控制、河流综合整治、城市水环境治理、饮用水安全保障、监控预警等研究内容，强化流域顶层设计；建立流域统一高效的资源和信息共享机制，解决流域内上下游、左右岸的跨界责任落实问题；按流域进行成果集成，凝练流域共性技术。

4. 建立高效的流域管理体制和法制体系

在国家层面，应对相关管理部门的作用和职责进行清晰定义，针对湖泊生态治理问题，制定专门的法律，建立系统的管理体制。构建上下游相互协调、各部门密切协作，横向到边、纵向到底的合作体系，形成治污合力，着力改变"环保不下水，水利不上岸"、环保和水利部门互不过问、部门之间缺乏协作的状况。

5. 突破资金瓶颈

两级财政分开后，地方政府逐渐成为水利工程出资的主体之一。仅靠地方财政资金治理湖泊，难以形成资金合力。可研究探索建立国家中央生态补偿专项基金，同时积极考虑引入社会投资、捐赠和国际资金。优先考虑民生，特别是优先补偿湖区人畜饮水等基本生存保障的项目，推动湖区产业转型，发展生态循环农业，引导湖区人民自力更生，休养生息。各级政府应主动拆除民营资本进入湖泊公益事业项目的壁垒，创造条件构建新的融资机制。如BOT模式、公私合作等，以促进在湖泊流域水污染控制等方面的民营资本进入，从而增大设施的建设规模并提高运行效率。还可以借鉴国外经验，尝试施行排污权交易制度。

 104. 为什么说中国的八成地下水已不能饮用？

2016年4月11日，央视新闻报道：全国地下水80%被污染，不能饮用。这是央视根据水利部公开的2016年1月《地下水动态月报》数据而做出的报道。

《地下水动态月报》显示，全国地下水普遍"水质较差"。具体来看，水利部于2015年对分布于松辽平原、黄淮海平原、山西及西北地区盆地和平原、江汉平原的2103眼地下水水井进行了监测，监测结果显示：无I类水；Ⅱ—Ⅲ类水418个，占总数的19.9%；IV类水691个，占32.9%；V类水994个，占47.3%。IV类和V类合计占比为80.2%。

IV类水主要适用于一般工业用水区及人体非直接接触的娱乐用水区，已经不适合人类饮用；V类水污染就更加严重。这也意味着，超八成地下水遭受严重污染威胁。

《地下水动态月报》指出："主要污染指标除总硬度、锰、铁和氟化物可能由于水文地质化学背景值偏高外，'三氮'污染情况较重，部分地区存在一定程度的重金属和有毒有机物污染。"

而在水利部这次检测之后，生态环境部发布的《2018中国生态环境状况公报》和《2019中国生态环境状况公报》，其检测结果与本次检测十分接近。

《2018中国生态环境状况公报》显示：2018年，全国10168个国家级地下水水质监测点中，IV类和V类水质监测点占86.2%；全国2833处浅层地下水监测井中，IV类和V类水质监测点占76.1%。

《2019中国生态环境状况公报》显示：2019年，全国10168个国家级地下水水质监测点中，IV类和V类水质监测点占85.7%；全国2830处浅层地下水监测井中，IV类和V类水质监测点占76.2%。

IV类和V类占比之高，说明中国地下水正在迈进全面污染的门槛。

 ## 105. 为什么说华北平原竟成世界最大地下水"漏斗区"？

华北地区人口1.68亿，但平均水资源总量只有全国的4%。

20世纪70年代，华北地区地下水水位还很高。地下水位离地面只有几米，农民用扁担就可以把水提上来。

到了80年代，当地农民抽地下水灌溉粮食以后，情况急转直下，地下水水位以每年0.5到1米的速度下降。

到了2009年，环保部监测了全国地下水降落漏斗240个，发现华北平原东部深层承压地下水水位降落漏斗面积已达7万多平方公里，部分城市地下水水位累计下降达30—50米，局部地区累计水位下降超过100米。

近十年来，华北地区的地下水开采有增无减。地下水开采量由每年200亿立方米左右增加到2017年的363亿立方米。大量开采地下水，造成了地表水衰减，每年华北地区超采55亿立方米左右，其中京津冀地区超采34.7亿立方米。据水利部估算，目前华北地区地下水超采累计亏空1800亿立方米左右，超采的面积达到了18万平方公里。

这个数据告诉人们：华北地区已成为世界最大的地下水"漏斗区"。

有些地方的地下水位下降幅度已到令人吃惊的地步。华北一些城乡集中供水的水井已经打到500米深，开采到了数百万年前地质历史时期形成的地下水。这些水像化石资源一样，很难更新、循环迟缓。有的已经取到了深层的存压水、高氟水，这对人的健康产生了影响，对生态环境造成了破坏。在华北地区的一些地方，有河皆干、有水皆污，地面沉降、海水入侵等生态环境问题非常突出。如果我们再任其发展下去，对华北地区造成的危害将是不可逆转的，甚至可能是灾难性的。

随着南水北调工程的实施，京津冀地区的地下水水位有了小幅回升。但京津冀地区水资源仅占全国的1%，却承载全国8%的人口和经济总量的11%。这么少的水资源，要养活这么多的人口，水资源安全形势十分严峻，地下水的治理任重道远。

106. 为什么说京津冀是中国地面沉降的重灾区？

地面沉降是较为普遍的地质灾害，具有形成缓慢、持续时间长、影响范围广、成因机制复杂和防治难度大等特点。

目前世界上已有150多个国家和地区发生地面沉降，包括美国、日本、墨西哥、荷兰和意大利等。地面沉降已经成为一个全球性的地质环境问题。

自20世纪60年代以来，随着地下水开采量的不断增加，地面沉降已在我国20多个地区发生。而京津冀则是我国地面沉降速率最快、影响面积最大的地区。京津冀包括北京、天津和河北三省市，总面积约21.8万平方公里，目前已发生地面沉降的面积达到7万平方公里。

近几十年来，北京市地面沉降不断加剧，目前已经形成了东郊八里庄——大郊亭、东北郊来广营、昌平沙河——八仙庄、大兴榆垡——礼贤和顺义平各庄5个沉降区。特别是1999年—2007年连续9年干旱期间，大量开采地下水，进一步加剧了地面沉降的发展。最新的遥感监测显示，2003年—2011年间，北京局部地区每年下沉超过10厘米。

天津是中国北方地面沉降最严重的城市之一，40余年的持续沉降不仅对市政基础设施和建筑物造成了破坏，而且加剧了其他自然灾害。经历了30多年控沉治理，天津地面沉降得到有效遏制，2012年—2015年，天津市年平均地面沉降量由10厘米下降为2.6厘米。整体上呈现"北增南减"的格局，北部武清区、北辰区等沉降速率增加，南部地区沉降均有减缓。

河北省自20世纪50年代中期南部平原开始沉降，目前已形成沧州、衡水、邯郸等10个沉降中心，其中沧州是河北省沉降最严重的地区。沧州大部分地区每年下降1厘米—3厘米，有些地区则在以每年5厘米甚至更快的速度下沉。

整体来看，京津冀地面沉降呈不断加重且连成一片的趋势。

我国研究人员认为，地下水超采是造成京津冀地面沉降的元凶。有的研究人员计算出在北京市目前的地下水位和地面沉降关系条件下，地下水位每下降1米，对应的地面沉降将达到1.01厘米。

此外，京津冀地区开采地热、油气等资源，也成为诱发地面沉降的驱动因素。另外，随着京津冀地区城市化水平的不断提高，城市空间拥挤、交通堵塞、环境恶化、资源匮乏等问题愈演愈烈，地表的工程活动和城市地下空间开发也造成地面沉降程度的加剧。

随着南水北调来水逐渐成为重要供水水源，以及北京市在再生水利用、节约用水方面的努力，北京市的地面沉降情况有可能得到改善。但是，地面沉降对于地下水的变化具有一定的滞后性，且压缩形变很难恢复。所以，北京市地面沉降仍将是未来相当长一段时间内需要重点防控的重大地质环境问题。

107. 为什么说全球地下水正在枯竭?

在全球干旱和半干旱地区，几乎所有主要蓄水层中的地下水正在快速枯竭。美国加州大学尔湾分校的研究人员发现，从2003到2013的10年间，全球37个最大的地下蓄水层有21个已经过了其可持续性临界点，它们正被不断耗空。

2000年—2009年期间，全球地下水枯竭的速率是每年约113立方公里；与1960年—2000年的地下水消耗量相比，全球地下水枯竭的速率可能增加了一倍多。研究发现，印度、美国、伊朗、沙特阿拉伯和中国的地下水枯竭显得格外突出，尤其是这几个国家在2000年—2009年期间地下水枯竭率最高。在这10年里，阿拉伯半岛地区、利比亚、埃及、马里、莫桑比克和蒙古国已经抽取的地下水中至少30%是属于不可再生的深层地下水。

中东，蓄水层也被消耗殆尽。数百万年前通过降雨储存在沙特阿拉伯及邻近国家地下蓄水层中的"矿物水"被抽出的速度快于得到补充的速度。

水危机已开始在印度各地蔓延，包括首都新德里在内的几乎所有大城市的地下水资源都在迅速减少。印度有大约6亿人面临严重的水资源压力。目前每年有近20万人因得不到充足的安全饮用水而死亡。到2030年，印度40%的人口可能会缺乏饮用水。印度中央水资源委员会2019年11月公布的报告显示，印度国内近22%的地下水资源因过度开发而临近枯竭。

GRACE卫星的测量结果表明，中国东北平原的地下水位每年下降幅度为6厘米到7厘米。

前几年，美国地球物理学联合会发布研究报告称，未来几十年内，人类消费可能导致印度、欧洲南部和美国部分地区的地下水枯竭。该研究针对全球地下水资源的计算机模型显示，印度恒河流域上游地区，西班牙南部和意大利的地下蓄水层将在2040年—2060年间被消耗殆尽。而在美国，加利福尼亚州中部和南部的地下蓄水层可能会在2030年后干涸，得克萨斯州、俄克拉荷马州和新墨西哥州赖以生存的地下蓄水层将在2050年—2070年达到开采上限。此外这一研究还发现，在接下来的30多年里，全球范围内多达18亿人口所居住地区的地下水将被完全或几近耗尽，原因在于当地民众抽取过量地下水用于生活饮用和农业灌溉。

 ## 108. 为什么说水短缺是一场全球性危机？

开普敦是南非第二大城市，在持续三年的干旱之后，政府原本宣布将于2018年5月11日施行"零水日"。届时，这座城市超过100万户家庭的水龙头将被"关闭"，居民排队领水、限量供应。然而，通过大幅削减市政用水，同时紧急调配农业用水，这场水资源"零日"危机最终侥幸得以避免。开普敦虽然成功延缓了水资源"零日"危机的到来，但这座城市的供水系统其实已经几近崩溃。

开普敦正面临一个悲剧命运：这座南非港口城市可能成为现代世界第一个饮用水枯竭的重要城市。开普敦掀起了全世界水危机的"冰山一角"，拉响了全球水资源短缺的警报。

1977年召开的联合国水事会议向全世界发出严重警告：水不久将成为一个深刻的社会危机，石油危机之后的下一个危机便是水。

1994年，联合国前秘书长加利预测："本世纪，水将比石油更重要。"

1995年，时任世界银行副行长萨拉杰丁留下了一句名言："下一个世纪的战争将是关于水的。"

地球上的水97%是咸水（海水），仅有3%淡水可供人类使用，其中这微弱的淡水资源绝大部分是冰盖和冰川，占68.7%，是无法被人类利用的，所以可供人类使用的水也就只来自30.1%的地下水、0.3%地表水和0.9%其他方面的水。

2019年8月28日举行的可持续发展世界首脑会议全体会议将水危机列为未来10年人类面临的最严重的挑战之一。大会发表的材料说，全世界目前有11亿人未能喝上安全的饮用水，24亿人缺乏充足的用水卫生设施。联合国预计，到2025年，全世界淡水需求量将增加40%。

世界资源研究所与荷兰和瑞士的大学及研究机构进行合作，对全球189个国家的水资源情况、干旱及洪水风险进行了评估。经研究发现，目前，全球1/4的人口面临水资源短缺问题，17个国家正面临着"极度缺水"的压力，并且这一情况正随着气候变化导致的干旱频发而不断加剧。世界资源研究所的研究人员得出结论认为，如今在人口超过300万的城市中，有33个（总人口超过2.55亿）面临水资源极度紧张的局面。到2030年，水资源极度紧张的城市预计将增至45个，波及近4.7亿人口。该研究所的数据显示，全球水资源短缺问题最严重国家多分布于中东和北非地区，其中卡塔尔最为严重，以色列和黎巴嫩分列二、三名。而除了中东和北非地区，还有一个亚洲国家被列为"极度缺水"国家，就是拥有约13亿人口的印度。该研究所将印度列为第13位"极度缺水"国家。据悉，印度本是一个水资源较为丰富的国家，但近年来，受干旱、水污染加重及保护水资源不力等因素影响，各地出现水荒、水危机的频率越来越高。

联合国发表的《2018年世界水资源发展报告》显示，目前全球有近一半人口，约36亿人居住在每年至少缺水时长达1个月的地区，其中亚洲约占3/4。

而到2050年，这个数字可能会增至57亿人。目前人类每年消耗4600立方公里的水资源，有七成用于耕作，两成用于工业，一成当为家用。报告称，由于人口增长、经济发展和消费模式变化等因素，全球用水需求量在过去100年内增加了6倍，并且该数值仍以每年1%的速度持续增长。

 ## 109. 中国是个贫水国家吗？

是的。按照国际标准，人均水资源低于3000立方米为轻度缺水，低于2000立方米为中度缺水，低于1000立方米为重度缺水，低于500立方米为极度缺水。照此，目前中国有16个省区重度缺水，6个省区极度缺水；全国600多个城市中有400多个属于"严重缺水"和"缺水"城市。京津冀人均水资源仅286立方米，为全国人均的1/8，世界人均的1/32，远低于国际公认的人均500立方米的"极度缺水"标准。

资料显示，世界水资源总量最多的国家为巴西，其次为俄罗斯、加拿大、美国、印度尼西亚，中国水资源总量位居全球第6位，但人均淡水资源占有量仅为世界人均水平的1/4，仍被联合国列为13个贫水国家之一。

据预测，2030年中国人口将达到16亿，届时中国将成为严重缺水国家。预计2030年，人均水资源拥有量1750立方米，用水总量7000亿立方米—8000亿立方米，要求供水能力比现在增长1300亿立方米—2300亿立方米。

 ## 110. 如何建设节水型社会？

中国是人口大国，缺水问题特别严重，进行节水革命刻不容缓。建设节水型社会是解决干旱缺水问题最根本、最有效的战略举措。

1. 提升全社会节水意识

建设节水型社会必须从节水意识抓起，让全国人民都知道全国水资源匮乏的实际，通过各种媒体大力宣传国情和水情，讲透节约用水的重要性和紧迫性，增强公民节水的使命感、责任感。加强节水知识普及、技术推广和政策解读。积极开展节水型社区、节水型学校、节水型工业园区、节水型企业、节水型机关等载体建设。建设推广一批节水示范项目，在各行业各领域实施一批节水示范工程，培育一批节水典型，在全社会形成惜水爱水护水的良好氛围。

2. 建立完善节水型社会的制度体系

一要严格落实水资源消耗总量和强度双控制度，强化节水约束性指标管理，有序推进区域流域水量分配，健全完善规划和建设项目水资源论证制度。

二要健全节水标准体系，建立覆盖全社会主要工业产品、高耗水行业、农业生产等用水定额体系。

三要加大节水监管力度，完善省、市、县重点监控用水单位名录，按国家要求建立水资源督察和责任追究制度。

四要激活节水内生动力，探索建立财政补助、金融扶持、税收优惠等激励政策，完善科学合理的水价形成机制，推动水价改革，发挥水价的经济杠杆作用，推广合同节水管理模式，加大节水科技推广力度，扩大海水利用规模，积极培育节水产业。

3. 重视水资源的保护和管理

搞好水资源的保护和管理是进行节水革命的重要一环，为此，要打破现在多龙治水的局面，改变部门地区分隔管理的现状，要强化水源的开发保护、监督和管理。水资源管理部门要制定国内河流、水库和地下水的开采办法，落实保护措施，研究和出台用水规定、节水政策和节水法规。

4. 加强节水技术的研究和开发

节水革命一定要狠抓研究和技术创新。近年来，德国经过研究使棉纺厂用水节省80%。在居民用水方面美国水务局对7.4万居民安装节水型水池。澳大利亚和瑞典专门研究厕所用水，降低用水分别达到80%和84%。此外中水、雨水也在世界许多地方得到推广和使用。在农田用水方面，用滴灌、机灌代替漫灌水，提高利用率，减少淡水用量，提高农作物产量。这些例子充分说明节水方面有很多可以创新的地方，节水的研究可以大有作为。

5. 抓好重点行业节水型社会建设

一是抓好农业节水。促进农业结构调整；做好大中型灌区续建配套与节水改造；加快高效节水工程建设；搞好北方井灌区改造；因地制宜发展牧区节水灌溉；发展旱作农业；发展林果和养殖业节水；做好村镇集中供水和农村生活节水。

二是抓好工业节水。促进工业结构调整和发展方式转变；推动节水型企业建设；推进工业园区节水；推广节水工艺技术和设备。

三是抓好城镇生活节水。加快城镇供水管网节水改造；推广中水利用；加强公共用水管理；推广节水器具。

四是抓好非常规水源利用。搞好再生水利用、雨水积蓄利用、海水与微咸水利用和矿井水利用。

 # 111. 何为酸沉降？

酸沉降是指大气中的酸性物质以降水的形式或者在气流作用下迁移到地面的过程。

酸沉降包括湿沉降和干沉降。

湿沉降通常包括酸雨、酸雪、酸雾、酸露、酸冰雹等。

干沉降是指大气中的酸性物质在气流的作用下直接迁移到地面的过程。

 # 112. 酸雨形成的主要原因是什么？

酸雨是指PH值小于5.6的雨雪或其他形式的降水。

煤与石油是造成酸雨的"罪魁祸首"。它们的燃烧和使用会释放出叫作"二氧化硫"的酸性物质以及氮氧化物。当这些有害气体上升到空中，与水蒸气相遇，就会形成酸化的水滴。水滴降落到地面，便成了酸雨。酸雨主要是人为地向大气中排放大量酸性物质所造成的。酸雨多为硫酸雨，少为硝酸雨。

 # 113. 酸雨为什么被称为"空中杀手"？

酸雨是随着大工业的兴起降临人间的。现在世界上很多地区降水的含酸量，要比100多年前未受污染的雨水含酸量高出几十、几百甚至几千倍。曾测得加拿大南部降落的酸雨比西红柿汁还酸，美国弗吉尼亚州惠林地区酸雨的酸度甚至远远超过了醋酸。酸雨，被人们称作"空中杀手"，是目前人类遇到的全球性区域灾难之一。

1. 酸雨可导致土壤酸化和贫瘠化

在酸雨的作用下，土壤中的营养元素钾、钠、钙、镁会流失出来，并随着雨水被淋溶掉，造成土壤中营养元素的不足，从而改变土壤结构，导致土壤贫瘠化。此外，酸雨能使土壤中的铝从稳定态中释放出来，使活性铝增加。土壤中活性铝的增加能严重地抑制林木的生长。酸雨还可抑制某些土壤微生物的繁殖，降低酶活性，土壤中的固氮菌、细菌和放线菌均会明显受到酸雨的抑制，导致农作物减产。

2. 酸雨可导致地面水体特别是湖泊酸化

酸雨的酸度比普通雨水高，可使江河湖泊中的水酸度增高。目前全球有1.8万个湖泊呈酸性。据估计，瑞典有4000平方公里被酸化的湖泊。加拿大则有大约1.4万平方公里的湖泊被严重酸化。美国环保局估算在纽约阿迪诺山脉70%的生态脆弱湖泊都面临着被周期性酸化的危机。调查显示，即使是远离人类社会发展区域的湖水也被氧和硫的沉积物酸化。

3. 酸雨对生物特别是水体生物构成生存威胁

全球一些酸性严重的湖泊，鱼类正在减少，有的水体所有的鱼已死光而成为死湖。由于湖水严重酸化，加拿大有大小4000个湖泊生命绝迹，变成死亡之湖。挪威南部有1500个湖泊PH值小于4.3，其中70%没有鱼类。

4. 酸雨可对农作物和森林植物产生危害

酸雨还可使农作物大幅度减产，特别是小麦，在酸雨影响下，可减产13%—34%。大豆、蔬菜也容易受酸雨危害，导致蛋白质含量和产量下降。根据国内对105种木本植物影响的模拟实验，当降水PH值小于3.0时，可对植物叶片造成直接的损害，使叶片失绿变黄并开始脱落。叶片与酸雨接触的时间越长，受到的损害越严重。野外调查表明，在降水PH值小于4.5的地区，马尾松林、华山松和冷杉林等出现大量黄叶并脱落，森林成片地衰亡。

5. 酸雨对建筑物产生腐蚀作用

酸雨能使非金属建筑材料（混凝土、砂浆和灰砂砖）表面硬化水泥溶解，出现空洞和裂缝，导致强度降低，从而损坏建筑物。建筑材料变脏，变黑，影响城市市容质量和城市景观，被人们称之为"黑壳"效应。由于酸雨的腐蚀使建筑文物面目皆非现象在世界各地随处可见。

6. 酸雨对人体健康造成危害

一些地方受酸雨的影响，地下水中的铝、铜、锌、铅等金属含量已超出正常值的几十倍，人类在饮用这种水后，会在不知不觉中受到毒害。含酸的空气也会使多种呼吸道疾病增加。酸雨可使儿童免疫功能下降，慢性咽炎、支气管哮喘发病率增加，同时可使老人眼部、呼吸道患病率增加。而且长期生活在酸雨区还会导致动脉硬化、心梗等疾病概率增加。

 ## 114. 世界酸雨的分布情况如何？

目前，世界上已形成了三大严重的酸雨区。

一是以德、法、英等国家为中心，涉及大半个欧洲的北欧酸雨区。欧洲北部的斯堪的纳维亚半岛是最早发现酸雨，并引起注意的地区。在20世纪70年代，西北欧的降水PH值曾降至4.0，并向海洋和东欧方面不断扩展。据欧洲大气化学监测网近20年连续监测的结果表明，欧洲雨水的酸度增加了10%，瑞典、丹麦、波兰、德国等国的酸雨PH值多为4.0—4.5。欧洲30%的林区因酸雨的影响而退化。

二是50年代后期形成的包括美国和加拿大在内的北美酸雨区。早在20世纪50年代美国就出现了酸雨，美国国家地表水调查数据显示，酸雨造成了75%的湖泊和河流酸化。加拿大政府估计，加拿大43%的土地（主要在东部）对酸雨高度敏感，有14000个湖泊是酸性的。

近几十年来，全世界的酸雨污染范围日益扩大。原只发生在北美和欧洲工业发达国家的酸雨，逐渐向一些发展中国家扩展，如印度、东南亚、中国等，同时酸雨的酸度也在逐渐增加。中国覆盖四川、贵州、广东、广西、湖南、湖北、江西、浙江、江苏和山东等省市部分地区，面积达200多万平方公里的酸雨区是世界三大酸雨区之一。中国酸雨区面积扩大之快、降水酸化率之高，在世界上是罕见的。目前中国酸雨污染程度比欧洲和北美要严重。

 ## 115. 中国酸雨的分布情况如何？

酸雨在全球正呈蔓延之势，中国是继欧洲、北美之后世界第三大重酸雨区。

中国于1979年首次发现酸雨，20世纪80年代，中国的酸雨主要发生在以重庆、贵阳和柳州为代表的川贵两广地区，酸雨区面积为170万平方公里。到90年代中期，酸雨已发展到长江以南、青藏高原以东及四川盆地的广大地区，酸雨面积扩大了100多万平方公里。1998年，全国一半以上的城市，其中70%以上的南方城市及北方城市中的西安、铜川、图们和青岛都下了酸雨。酸雨在中国已呈燎原之势，覆盖面积已占国土面积的30%以上。中国还出现了大片的PH值小于4.5的重酸雨区。

中国酸雨主要是硫酸型，中国三大酸雨区分别为：

1. 西南酸雨区：是仅次于华中酸雨区的降水污染严重区域。

2. 华中酸雨区：它已成为全国酸雨污染范围最大，中心强度最高的酸雨污染区。

3. 华东沿海酸雨区：它的污染强度低于华中、西南酸雨区。

根据环保部发布的数据，2015年中国化学氨氮、二氧化硫排放量比2010年下降12.9%和18.5%，中国酸雨面积回到了20世纪90年代的水平。中国气象局气候变化中心发布《中国气候变化蓝皮书（2019）》指出："1992年—2018年，中国酸雨总体呈减弱、减少趋势；2018年，全国平均降水PH值为5.90，全国平均酸雨和强酸雨频率均为1992年以来的最低值。"

 ## 116. 如何防治酸雨？

治理酸雨的关键是减少硫的排放，目前世界上减少二氧化硫排放量的主要措施有：

1. 使用原煤脱硫技术，除去燃煤中大约40%—60%的无机硫。

2. 优先使用低硫燃料，如含硫较低的低硫煤和天然气等。

3. 改进燃煤技术，减少燃煤过程中二氧化硫和氮氧化物的排放量。例如，液态化燃煤技术是受到各国欢迎的新技术之一。它主要是利用加进石灰石和白云石，与二氧化硫发生反应，生成硫酸钙随灰渣排出。

4. 对煤燃烧后形成的烟气在排放到大气中之前进行烟气脱硫。

在防治酸雨中社会和公民应采取的措施：

1. 用煤气或天然气代替烧煤。

2. 处处节约用电（因为大部分的电厂是燃煤发的电）。

3. 少开车，改乘坐公共交通工具出行（减少车辆就可以减少汽车尾气排放）。

4. 购买包装简单的商品（因为生产豪华包装要消耗不少电能，而对消费者来说包装并没有任何实用价值）。

5. 支持废物回收再生（废物再生可以大量节省电能和少烧煤炭）。

6. 开发新能源，如太阳能、风能、地热能等。

117. 为什么说自来水加氯消毒是危险的做法?

在饮用水中加氯消毒起源于19世纪90年代末，到1920年在美国被广泛接受，后来被传到了世界各地。氯，作为一种有效的杀菌消毒手段，被世界上超过80%的水厂使用着。市政自来水中必须保持一定量的余氯，以确保饮用水的微生物指标安全。

美国医学博士约瑟夫·普莱斯在20世纪60年代末写了一本《冠状动脉血栓症、胆固醇、氯》的书，他认为引起动脉硬化的根本原因是氯，氯是造成动脉硬化及与之相关的诸如心力衰竭和大部分常见猝发形式的基本原因。

这个结论是建立在用含氯饮用水喂鸡的试验上，结果表明：喝过加了氯的蒸馏水的鸡，95%在几个月内就出现了动脉硬化。这位博士指出，要经过10—20年的时间人体才会出现明显症状。

氯是否也同癌症相联系呢？

在氯化过程中，氯同天然有机物、腐殖质相结合形成潜在的致癌物三卤甲烷。

三卤甲烷包括氯仿、溴仿、四氯化碳、二氯甲烷之类的致癌物。这些强烈的化学污染物能引发我们体内产生过多的自由基，自由基会损害细胞。过多的自由基能够损坏动脉壁原本规则光滑的肌肉细胞，最后发生突变。

CCTV2曾报道，美国最新的一项研究指出：饮用余氯消毒的自来水或在泳池里游泳，患膀胱癌的风险分别增加35%与57%。欧美的研究证实，长期饮用余氯超标的自来水，容易导致心脏病、冠状动脉粥样硬化、贫血、膀胱癌、肝癌、直肠癌、高血压和过敏的症状。

美国国家环保局从理论上规定了饮用水中三卤甲烷的总量限值。法定允许最高量是100ppb。但一项研究显示，自1974年以来，美国的饮用水供给系统中已检出有机和无机的污染物超过2100种。在2100种污染物中，有190种污染物被确认对健康有不利影响，具有致癌、致畸、致突变作用，或有毒性。

美国生物化学家赫伯特·施瓦茨博士认为："氯太危险了，它应该被禁止使用。将氯加入水中就像启动一个定时炸弹。癌症、心脏病、早衰，这些精神上和肉体上的伤害都是氯处理过的水造成的，它使我们在未老时就出现衰老的迹象，如动脉硬化。我相信，如果是现在氯第一次被提出用于饮用水处理，它就会被食品和药物管理委员会禁止。"

一些地方尝试用多种消毒剂取代氯或作为附加消毒剂，这是一种降低氯投加量的方法，但是，这些取代物如二氧化氯、氯化溴、氯胺等，也和氯一样危险，我们只是将一种有害化学物质取代另外一种。

现在，有的地方的自来水正开始使用曝气、活性炭过滤、紫外线和臭氧技术，作为化学消毒剂的安全替代物，但是这样做的城市毕竟还很少。

118. 饮用水硬度与心脏病有何关联？

硬度是指水中钙和镁的总量或碳酸钙的量。碳酸钙越多，水越硬；碳酸钙越少，水越软。

再了解一个名词：总溶解性固体（TDS）。总溶解性固体是指溶解于水中的各种离子、分子、化合物的总量，它是用来度量饮用水中所有矿物质的指标。总溶解性固体不仅包括钙和镁（硬度因素），也包括锌、铜、铬、硒等。

一般水的硬度越高，其总溶解性固体也越高。

前些年，英国研究人员分析了253城镇，发现软水地区心血管死亡数比硬水地区高10%—15%。研究人员还将两个城镇做了比较：两个城镇原来都饮用硬度为444毫克/升的水，其心脏病死亡率相同；后来一个镇把他们的水软化到100毫克/升，几年后心血管的发病率猛然上升。

美国研究人员前几年比较了1400多名威斯康星州的男性农民，一部分农民长期喝自己农场硬度较高的井水，一部分农民长期喝硬度较软的水，结果发现喝软水的农民患心脏病的数量远远高于喝硬水的农民。美国研究人员还研究了25岁—74岁、分布于35个不同地区的4200个成年人，结果依旧是硬水地区心脏病死亡率低于软水地区。

研究人员提出，硬水中的钙、镁能够降低心脏受冲击的危险，水的硬度越高，总溶解性固体越高，心脏发作率越低。美国科学院认为，理想的饮用水能够使心血管死亡率减少15%。

美国著名的水专家马丁·福克斯博士提出，最理想的饮用水为：硬度170毫克/升左右、总溶解性固体300毫克/升左右、PH偏碱性（对于井水和市政给水在7.0以上）。

 ## 119. 饮用水过滤主要有那几种类型？

通常，饮用水的最主要问题是氯、有机化合物、三氯甲烷（包括氯仿、溴仿、四氯化碳、二氯甲烷等致癌物）、铅、砷、汞等。最理想的过滤器就是能有效地减少这些主要的污染物，并保留水中对人体健康有益的钙、镁等物质。

饮用水过滤装置基本上可分为4类：

1. 颗粒活性炭过滤器

颗粒活性炭过滤器是目前销售最广的装置，它足以消除水中的异味和氯，但是几乎不能有效去除水中全部的有毒有害化学物质和其他污染物。

2. 特殊混合介质（活性炭加其他介质）过滤器

特殊混合介质过滤器是利用几种过滤介质，在一定的压力下通过一定厚度的粒状或非粒材料，从而有效的除去悬浮杂质使水澄清的过程。特殊混合介质过滤器是专门设计用于处理较宽范围内的问题。消费者在购买这种过滤器之前，一定要多看看，多比较一下每种产品的检测数据。

3. 反渗透过滤器

反渗透又称逆渗透，一种以压力差为推动力，从溶液中分离出溶剂的膜分离操作。反渗透膜能截留水中的各种无机离子、胶体物质和大分子溶质，从而取得净制的水。反渗透技术通常用于海水、苦咸水的淡水；水的软化处理；废水处理以及食品、医药工业、化学工业的提纯、浓缩、分离等方面。

4. 蒸馏

蒸馏是一种热力学的分离工艺，它利用混合液体各组分沸点不同，使低沸点组分蒸发，再冷凝以分离整个组分的单元操作过程，是蒸发和冷凝两种单元操作的联合。

需要特别指出的是，蒸馏和反渗透这两种类型会去除掉水中的必要矿物质（钙、镁），非常可惜。

 # 120. 全球土壤流失的状况如何？

土壤是我们大部分食物生产的基础，高达95%的食物来自土地。健康的土壤可以培育出健康的作物，从而滋养人类和动物。

然而，在过去的50年里，我们丢失了全球25%的表层土壤。20%的农业用地遭到盐碱化、荒漠化和水土流失的侵蚀，以及城市发展和道路延伸的侵占。全球每年大约有750亿吨土壤流失。联合国环境规划署《前瞻研究简报》指出，每年，相当于希腊或马拉维国土面积大小的肥沃表土流失。

联合国环境规划署土壤及景观专家表示：全球1/4的地表面积已经退化，农业种植区土壤的流失速度比它的生成速度快10—40倍，严重威胁人类的粮食安全。

悉尼大学研究发现，中国土壤的流失速度比自然补充速度高57倍，欧洲高17倍，美国高10倍，澳大利亚只有5倍。

自从欧洲人踏上美洲大陆后，美国的表层土壤已经减少了大约1/3，土壤流失速度为每年每公顷7.2吨。仅仅100年间，美国中西部产粮区的土壤已经损失了近1/3，土壤的侵蚀速度是再生速度的30倍。20世纪80年代初，美国每年流失27亿吨的表层土壤，相当于120万公顷土地上表层土壤的总量。以世界平均粮食产量计算，这些土壤可以生产630万吨粮食，如以世界平均消耗水平计，足够养活2100万人口。

在世界上易受干旱困扰的地方，水蚀和风蚀造成的土壤流失和退化现象极为广泛，这样的土地大约有9亿公顷，比世界谷物地面积还大许多。这些受损土地的2/3在非洲和亚洲。

在非洲，只有8%的土壤适合农业生产，当地粮食安全受到严峻挑战。

121. 全球土地退化状况如何？

土地退化是指土地受自然力或人类不合理开发利用导致土地质量下降、生产力衰退的过程。全球土地退化是一个广泛而严重的问题，这一现象正以多种形式在地球陆地的所有地区发生，且没有任何减缓的迹象。

根据联合国防止荒漠化公约的资料，全球有70%的干地（不包括极端干旱的沙漠及冰封地区的土地）已面临不同程度和类型的退化，总面积达3600万平方公里，比非洲的总面积还要大，占全球陆地面积的1/4。

就地区分布来看，地处热带亚热带地区的亚洲和非洲，土壤退化尤为突出。亚洲严重退化的土地达到110万平方公里，非洲严重退化的土地达到120万平方公里。根据康乃尔大学2006年的报告，全球土壤流失的速度比形成的速度快10倍—40倍，每年破坏的耕地有如韩国的面积，逾9万平方公里。

联合国环境规划署的一份报告显示，全球一些地方在不可持续地使用土地，如果持续下去，至2050年全球将有8.49亿公顷的土地退化，接近巴西的面积。报告指出，为了供养全球日益增多的人口，许多土地正在变成农田，从1961年—2007年，农田总面积扩展了11%，与之相应的是草原、草地和森林的减少。这种情况导致环境退化、生物多样性大量丧失，由此而受到影响的土地约占全球土地总面积的23%。

土地退化面临的具体挑战包括：

（1）地球上大约20%的植被已高度退化，要么正在经历高速率的退化。

（2）全球每年有1200万公顷的土地因退化而丧失。

（3）世界上40%的退化土地位于贫困率最高的地区，而这些地区绝大多数仍是农村地区。

（4）到2050年，土地退化和气候变化的结合预计将使全球农作物产量平均下降10%，某些地区的降幅将高达50%。

（5）全球超过13亿依靠土地为生的人，生活在退化的农业用地上。

（6）到2050年，由于土地退化和气候变化，预计将有5000万—7亿人口迁移。

（7）由于土地退化，全球农业生产总值的潜在损失高达5%—10%，每年损失约4900亿美元的收入。

（8）通过可持续的土地管理和恢复，避免土地退化，每年可产生高达1.4万亿美元的经济效益。

 122. 全球制止土地退化有哪些政策障碍？

土地退化通常是局部的，这个问题并未能像气候变化那样引起全球的关注。全球范围内，制止土地退化面临5种系统性的政策障碍：

1. 不同的人对土地退化的看法大相径庭。

2. 关于衡量土地退化的标准化方法，几乎没有达成一致意见。

3. 消费者与决策者通常远离土地，许多人难以直观地感受到土地退化的影响。

4. 土地退化是由多种相互作用的力量驱动的，包括自然、文化、人口、经济、教育、技术和政治因素，这些因素随着时间在地方和全球范围内相互作用。

5. 体制能力和动力阻碍了必要的行动。

123. 在全球范围内如何从宏观上治理土地退化？

1. 认识到土地产生的效益是全球层面的。
2. 制定清晰、可量化、具有法律约束力和高远的目标。
3. 常规性地收集并评估关于土地现状的信息。
4. 基于当地背景与需求，推动各地的行动。
5. 构建所有相关的知识资源。
6. 全面考虑土地退化和恢复的所有成本与效益。
7. 降低人类对土地的需求。
8. 鼓励负责任的贸易与消费。
9. 加强和利用针对环境问题的司法与机构行动。
10. 重新评估"生活的更好"代表的含义。

124. 为什么说土壤污染是"隐形杀手"？

　　土壤污染具有明显的隐蔽性、滞后性、积累性和不可逆性。与大气和水污染相比，土壤的重金属无法降解，与土壤分离难度非常大，修复十分困难，土壤一旦被污染，通过自净能力完全复原周期长达千年。

　　1. 土壤污染具有隐蔽性和滞后性。大气污染和水污染一般都比较直观，通过感官就能察觉，而土壤污染往往要通过土壤样品分析、农作物检测，甚至人畜健康的影响研究才能确定。土壤污染从产生到发现危害通常时间较长。

　　2. 土壤污染具有累积性。与大气和水体相比污染物更难在土壤中迁移、扩散和稀释，因此污染物容易在土壤中不断累积。

　　3. 土壤污染具有不均匀性。由于土壤性质差异较大，而且污染物在土壤中迁移慢，导致土壤中污染物分布不均匀，空间变异性较大。

4. 土壤污染具有难可逆性。由于重金属难以降解，导致重金属对土壤的污染基本上是一个不可完全逆转的过程。另外土壤中的许多有机污染物也需要较长的时间才能降解。

 125. 中国土壤污染的现状如何？

中国土壤污染总体形势相当严峻，全国至少有1300—1600万公顷耕地受到农药污染，约占全国耕地的10%以上，污水灌溉污染耕地216.7万公顷，固体废弃物存占地和毁田13.3万公顷。

长三角地区，至少10%的土壤基本丧失生产力。南京郊区有30%的土地遭受污染。浙江省17.97%的土壤受到不同程度的污染，普遍存在镉、汞、铅、砷等重金属污染。

华南地区，部分城市有50%的耕地遭受镉、砷、汞等有毒重金属和石油类有机物污染，有近40%的农田菜地土壤重金属污染超标，其中10%属严重超标。

东北地区，存在着严重的铅、汞、镉、砷、铬污染，主要分布在黑龙江、吉林、辽宁的污水灌区、旧工业区及城市郊区。

西部地区，主要污染物是重金属汞、镉、砷、铜、铅、铬、锌、镍等。其中云南、四川、甘肃白银市污染较严重。云南地区37个县单个元素超标率在30%以上。

目前，有关全国土壤污染的权威数据，应该是2014年4月原环境保护部和原国土资源部发布的《全国土壤污染状况调查公报》。

根据国务院决定，2005年4月—2013年12月，原环境保护部会同原国土资源部开展了首次全国土壤污染状况调查。调查的范围是除香港、澳门特别行政区和台湾地区以外的陆地国土，调查点位覆盖全部耕地，部分林地、草地、未利用地和建设用地，实际调查面积约630万平方公里。调查采用统一的方法、标准，基本掌握了全国土壤环境总体状况。

调查结果显示，全国土壤环境状况总体不容乐观，部分地区土壤污染较重，耕地土壤环境质量堪忧，工矿业废弃地土壤环境问题突出。全国土壤总的点位超标率为16.1%，其中轻微、轻度、中度和重度污染点位比例分别为11.2%、2.3%、1.5%和1.1%。从土地利用类型看，耕地、林地、草地土壤点位超标率分别为19.4%、10.0%、10.4%。从污染类型看，以无机型为主，有机型次之，复合型污染比重较小，无机污染物超标点位数占全部超标点位的82.8%。从污染物超标情况看，镉、汞、砷、铜、铅、铬、锌、镍8种无机污染物点位超标率分别为7.0%、1.6%、2.7%、2.1%、1.5%、1.1%、0.9%、4.8%；六六六、滴滴涕、多环芳烃3类有机污染物点位超标率分别为0.5%、1.9%、1.4%。

其中耕地土壤点位超标率高达19.4%，这是一个令人吃惊的数字，这意味着中国有近1/5的耕地受到污染。

 126. 中国耕地污染源主要有哪些？

1. 农业面源

农业面源污染主要来自对化肥、农药和农膜的不科学使用和粗放管理导致化学添加物在耕地系统中残留与溢出。农业面源污染是耕地最大的污染源。

2. 规模化养殖

中国养殖规模庞大。大多数养殖场缺乏对畜禽粪便、下脚料进行集中处理的配套设施，污染物被随意堆放，导致"饲养一栏猪、污染一片田、弄臭半个村"的现象。畜禽粪便中的重金属、抗生素散发至耕地、水体中，成为农村内源性污染的主流。数据显示：我国农业面源污染中化学需氧量（COD）的90%以上来自畜禽粪污。

3. 农村生活垃圾

农村生活垃圾主要包括：一次性塑料袋、塑料瓶、泡沫、农用地膜、废旧电器、废旧电池、灯管、灯泡、金属、玻璃、织物、废弃农药瓶、纸类、废家具、废旧医疗用品、包装废弃物等等。一些农村的河塘、路埂、坝头、桥下成了天然垃圾场。以前山清水秀、鸟语花香的农村，正被垃圾涂污得满目疮痍，严重破坏了耕地的品质。

4. 工矿业非法排放

在工矿业非法排污中，许多废液（废气）中含有重金属及剧毒化物（例如氰化物、有机苯、无机酸、放射性物质等），这些废液（废气）对耕地而言是难以逆转的生态破坏。原环境保护部2006年—2010年开展的全国土地调查显示：工矿业非法排放的污染物进入江河水体后，通过灌溉进入耕地系统，导致我国耕地土壤遭受重金属污染的面积近2000万公顷，占全国耕地面积的1/6，尤以铅、汞、镉、铬等重金属污染为甚。

5. 城市污染下乡

城市污染下乡主要指城市的工业废水、生活污水没有经过处理或者处理不达标就排放至江河水体中或者在洪水作用下外溢至农村、转移至耕地及其环境中。每年数亿吨城市工业废水、生活污水以污灌方式或洪水漫溢进入耕地及其生态系统，对农村耕地系统造成巨大的破坏。

此外，城市污染下乡还包括城市工业废料、城市生活垃圾、固体废弃物等对耕地的侵蚀。

 127. 中国土壤镉污染的状况如何？

2005年4月至2013年12月，全国组织了首次土壤污染状况调查，2014年4月发布的《全国土壤污染状况调查公报》显示，全国土壤总的点位超标率为16.1%，其中耕地土壤点位超标率高达19.4%，而镉点位超标率竟达到了7%，位于八大超标金属元素之首，是点位超标率最高的污染物，表明大量的镉已进入土壤。

2010年，中国水稻研究所与原农业部稻米及制品质量监督检验测试中心发布的《我国稻米质量安全现状及发展对策研究》称，我国1/5的耕地受到重金属污染，其中镉污染的耕地涉及11个省25个地区。

在湖南、江西等长江以南地带，这一问题更加突出。南方省份土壤中重金属本来底值就偏高，加之多年来经济结构偏重于重化工业，大量工业"三废"排放加剧了土壤重金属污染形成。比如，上海蚂蚁浜地区污染土壤镉的平均含量达21.48毫克/千克，广州郊区老污灌区土壤镉的含量高达228.0毫克/千克。

我国农田土壤的镉污染多数是由于工业废水污灌造成的。据统计，我国工业每年大约排放300亿—400亿吨未经处理的污水，引用工业废水污灌农田的面积占污灌总面积的45%。早在20世纪90年代初，中国污灌农田的镉含量就达到了2.5—23.0毫克/千克，重污染区表层土壤的镉含量高出底层土壤几十甚至1000多倍。

在大田作物中，镉是我国农产品主要的重金属污染物。中国污灌区生产的大米镉含量严重超标，例如，成都东郊污灌区生产的大米中镉含量高达1.65毫克/千克，超过世界卫生组织/联合国粮农组织标准约7倍。2000年原农业部环境监测系统检测了我国14个省会城市共2110个样品，检测数据显示，蔬菜中镉等重金属含量超标率高达23.5%；南京郊区18个检测点的青菜叶检测表明，镉含量全部超过食品卫生标准，最多超过17倍。南京农业大学潘根兴教授研究团队于2007年对全国6个地区（华东、东北、华中、西南、华南、华北）县级以上市场随机采购的170个大米样品检测后，发现约有10%左右的市售大米存在重金属镉含量超标问题。广西某矿区生产的稻米中镉浓度严重超标，当地居民因长期食用"镉米"已经出现了"骨痛病"的症状，严重威胁当地居民的身体健康。

以上研究结果表明，中国土壤受镉污染的程度已相当严重，土壤镉污染造成水稻、蔬菜等农产品的质量下降、产量降低，并且严重威胁到居民的身心健康，影响到中国农业的可持续发展。

128. 如何修复被镉污染的土壤？

对金属镉污染的土壤，可采取以下措施进行修复。

物理方法：

控制土壤的Eh及土壤的水分状况，使土壤作物形成一个较稳定的滞水期，可以减少镉进入植株内的含量。与传统灌溉模式相比，持续淹水条件下，土壤可交换态镉降低，一些作物可明显减少镉含量。如油菜在淹水条件下，植株内的镉含量最低，油菜的生长发育最好。持续淹水条件下，水稻糙米中镉含量降低37.9%。田间持水量为55%—85%时，玉米地上部镉含量随着土壤水分的增加而降低。

化学方法：

施用钝化剂，主要通过改变土壤的PH及土壤镉吸附特性，从而改变土壤镉的生物有效性。化学钝化一般可分为无机和有机钝化两大类，常用的无机钝化剂有石灰、石灰石、黏土矿物、沸石、磷酸盐等。有机钝化剂主要包括生物炭（树木、农作物废弃物、植物组织或动物骨骼等生物质）、生物固体、畜禽粪便等有机废弃物。

生物方法：

日本研究人员在受到镉污染的土壤中栽种植物蔓田芥，能够减少土壤中镉的含量。利用这种方法可以使大范围受到镉轻度污染的土壤得到净化。

蔓田芥又称叶芽南芥，属十字花科多年生草本植物。这种植物在日本分布很广，原产于我国吉林省长白山地区，分布在山地等阳光充足的地方。研究小组在室外利用厚度为15厘米、每公斤含镉47毫克的土壤来栽种这种植物。一年后，土壤里的含镉量减少到每千克2.6毫克。土壤被利用5次以后，土壤中的镉含量只有原来的1/5。而且，收获以后的叶芽南芥在干燥并经400—500摄氏度高温燃烧后，其中所含的镉不会挥发，可以回收起来再利用。利用叶芽南芥对受到轻度污染的农田和水池等进行净化，所需成本较低。

遏蓝菜属十字花科植物，为麦田主要杂草之一。一些研究表明，种植14个月的遏蓝菜可将污染土壤中21.7%的镉去除。但遏蓝菜生物量较小、生长较为缓慢且机械收割困难，导致其镉修复的应用受到一定程度的限制。

龙葵其镉富集系数可高达2.68，且地面上部镉累积量高于根部。相比遏蓝菜，龙葵的生长迅速，生物量大，正常环境下可达1米高，因而龙葵修复镉污染土壤的前景较好。

鼠耳芥对镉也有超累积作用。尽管鼠耳芥生物量不大，但其生长周期短，因而应用鼠耳芥修复农田土壤镉具有一定的可行性。

一些研究发展，一种叫东南景天的植物，能够大量吸收镉。1公斤东南景天最多可含镉100毫克，是其他植物含量的160倍，种一次东南景天吸收的镉相当于种26次玉米。每年10月份种植，次年2月初收割，留下几厘米的茎，再长一季，7、8月份枯死。收割的东南景天焚烧或填埋。连续种3年—5年，土壤就可得到修复。

近年来研究发现，印度芥菜对较强的耐镉性，且生物量较大，其吸收的总镉量远高于东南景天。

油菜是中国主要农作物之一，其中芥菜型油菜和印度芥菜是同属同种植物，并且它们还有较强耐瘠薄的能力。镉耐性油菜品种也有吸镉的作用。

129. 为什么说土壤污染正在威胁粮食安全？

如果我们对人类的食物追根溯源，就会发现无论是蔬菜、水果、粮食，还是肉类和奶制品，几乎所有的食物都产自土壤、产自孕育生命的"大地母亲"。

随着中国经济发展和人口增加，中国土壤污染总体上呈加剧趋势，而土壤污染最直接的后果是损害我国粮食生产。土壤污染一方面损害植物代谢从而减少作物产量，另一方面导致作物无法被安全食用。

过去30年来，中国的土壤重金属含量大幅增加。中国的一些地区，受重金属污染的土壤仍然用于种植粮食。土壤是重金属入侵粮食的主要途径，全国受重金属污染的耕地约有1.5亿亩。其中镉污染的耕地涉及11个省25个地区。据统计，我国每年有1200万吨粮食受土壤重金属污染，造成损失每年超过200亿元，这些粮食每年可养活4000多万人。

2008年4月，南京农业大学研究小组从江西、湖南、广东等省农贸市场随机取样63份，实验结果是，60%以上大米镉含量超标。针对于此，研究人员称："市场上的大米将近30%铅超标，1/10镉超标，这是非常严重的，已经给我国粮食安全带来隐患，这种情况必须改变。"

几年前，广州市的一项抽检结果显示44.44%的大米存在镉含量超标，引起社会广泛关注。

除了镉以外，铅和砷的污染也十分严重，如湖南郴州砷污染区的土壤含砷量平均63.9毫克/千克（国家食品卫生标准0.24毫克/千克）。

另外，大量肥料和杀虫剂的使用，也加速了土壤污染。由于农药、化肥和工业污染，我国粮食每年减产100亿公斤。土壤污染成为我国粮食产量下降的原因之一，而它的严重性同时在增强。

不管是土壤重金属污染还是面源污染，所带来的危害不断通过农产品影响人们健康，加上以往土壤污染数据不透明及环境污染问题多发，还在社会上产生了一定的恐慌心理。土壤污染问题正逐步动摇我国粮食安全根基，必须引起全社会的高度重视。

130. 为什么说中国的土壤盐渍化问题突出？

土壤盐渍化包括土壤盐化和土壤碱化两个方面。

中国盐渍化土壤面积之大，分布之广，世界少见。全国盐渍化土壤面积约为100万平方公里，占国土面积的1/10多。

除湖南、湖北、江西、云南、贵州、四川外，其他省区市都有分布。全国盐渍化土壤分为8大区域：西藏高寒漠境盐渍区、青新极端干旱漠境盐渍区、甘蒙新干旱漠境盐渍区、黄河中上游半干旱—半荒漠盐渍区、内蒙古高原干旱—半荒漠草原盐渍区、黄淮海半湿润—半干旱耕作草甸盐渍区、东北半湿润—半干旱草原草甸盐渍区、滨海湿润—半湿润海水浸渍盐渍区。

　　盐渍化土壤对人类活动造成的危害主要体现在使农作物减产或绝收，影响植被生长并间接造成生态环境恶化。土壤盐渍化程度高时，一般植物很难成活，土地成了不毛之地。盐渍化还对工程设施造成腐蚀损坏。对内蒙河套平原进行统计，许多灌区每年因土壤盐渍化死于苗期的农作物占播种面积的10%—20%，有的甚至高达30%以上；黄淮海平原轻度、中度盐渍土就造成农作物减产10%—50%，重度则颗粒无收。而山东省140.06万公顷盐渍化土地中的81.56万公顷耕地，每年因盐渍化造成的经济损失就达15—20亿元。据相关部门统计，甘肃河西走廊地区因土地盐渍化损失的粮食每年超过1亿公斤。

　　土壤的盐渍化现象是当今世界严重的生态问题，成为制约社会经济发展的重要因素之一。而随着气候变暖的日趋加剧，干旱区的旱情会进一步加重，土壤蒸发会增大，盐渍化会更加明显。在沿海地区，由于海平面上升、海水倒灌更加重了那里的盐渍化。因此，在气候变化的大背景下，中国土地将面临更加严峻的挑战。

131. 造成土壤盐渍化的原因是什么？

一、自然因素

1. 气候

气候中最主要的因素是蒸发和降水，蒸发与降水之比与土壤积盐有极密切的关系。如干燥气候是发生土壤盐渍化的主要外界因子。而土壤冻结加剧了土壤盐渍化进程。

2. 地形与地貌

盐渍土的分布与地形有很大关系，地形的高低起伏直接影响到地表、地下径流运动，也影响土体中的盐分移动。盐渍土主要分布在缓斜低平地、洼地边缘和洼地，尤其是水盐汇集的内流封闭盆地、出流滞缓的半封闭河谷盆地和冲积平原、泛滥平原及河流三角洲。

3. 水文和水文地质

水作为溶剂是盐的载体，与土壤盐渍化有着极其密切的关系。地表径流首先是通过河水泛滥淹没地面，使河水中盐分残留于土中；其次是河水通过渗漏补给地下水，抬高地下水位，促进土壤盐渍化。浅层地下径流支配着土体中盐分的运移，决定着土壤现代盐渍化的强度与盐分组成。

4. 生物积盐过程

如盐生植物海蓬子、骆驼刺、盐穗木、盐爪爪、盐琐琐、胡杨、柽柳、剪刀股、碱蓬等，有含盐量可达10%—45%，通过强大的根系从土壤深处吸收大量的水分和盐分，并以残落物的形式留存地面，植物残核被分解而形成的钙盐和钠盐返回土壤中，对土壤的盐演化起到推波助澜的作用。

自然环境影响下的土壤盐渍化过程可分为现代积盐过程和碱化过程。土壤现代积盐过程又分为地下水作用下的积盐过程、地面积水和地下水双重作用下的积盐过程、地面径流作用下的积盐过程和海水浸渍下的积盐过程。

二、人为因素

由于人类不合理的农业措施而发生的盐渍化称为次生盐渍化。次生盐渍化大多与灌溉不当有关。不良的灌溉，如灌溉水质不好、灌溉水量过大等，可导致地下水位上升，引起土壤盐渍化。如20世纪50年代末，黄淮海平原发展自流灌溉，在重灌轻排、只灌不排、渠道长期输水又无防渗措施、大小漫灌、平原蓄水、扩大种稻面积的情况下，致使地面和地下径流排泄不畅，地下水普遍上升，土壤发生大面积的次生盐渍化。

土壤次生碱化也有两种可能，其一是盐土改良过程中由于措施不当而转化为碱化土；其次是用低矿化碱性水灌溉引起的次生碱化。

132. 如何改良盐渍化土壤？

中国盐渍土分布地区，自然条件千差万别，盐渍化成因、过程和特性多种多样，盐渍土类型繁多。同时，各地开发利用历史不同，情况不一。因此，改良盐渍化土壤必须因时、因地制宜。

1. 搞好农田水利工程

其中，关键是排水措施，即要建立一个配套完善畅通无阻的排水系统。排水的作用：一是排水排盐；二是控制地下水位；三是调节土壤和地下水的水盐动态。

2. 平整土地

农田中的盐斑，主要是由地面不平整引起的，平整土地就能消除盐斑。土地平整工作量小，利用冬闲季节农民单独都可进行。

3. 培肥抑盐改土

"牛瘦生癣、地薄生碱"说明了耕层熟化与土壤盐渍化的关系。在有灌溉排水的基础上，可大量施用农家肥料，实行绿肥间、套作的种植制度，加强地面覆盖，培肥熟化表土，提高土壤肥力，抑制土壤返盐。土壤熟化程度直接影响到地表返盐的速度和强度。土壤熟化程度高，地表返盐程度轻，或不返盐；否则相反。

4. 植树造林

营造农田防护林有利于改善农田小气候，降低风速，减少蒸发，增加空气湿度。同时，林木还起到了生物排水的作用。林带内的地下水位常年都低于林外，抑盐效果十分显著。

5. 适应种植及合理耕作

选育向日葵、碱谷、糜子、黍子、大麦、高粱、甜菜、棉花、胡麻等耐盐性较强的作物，一般都可获得较好的收成。

6. 添加化学改良剂

改良碱化土壤的化学改良剂大致可分为两类：一类是含钙物质，如石膏、磷石膏、亚硫酸钙；另一类是酸性物质，如黑矾、风化煤、糠醛渣等。石膏和磷石膏是国内应用最广泛的碱化土壤化学改良剂，同时也可用来防止因低矿化碱性水灌溉引起的土壤次生碱化。

133. 中国大陆人均耕地多少亩？

自然资源部公布的2016年度全国土地变更调查数据显示，截至2016年底，全国耕地面积20.24亿亩。而截至2019年末，中国大陆总人口为140005万人（不包括港澳台）。折算下来人均耕地1.44亩。

在全国耕地中，有1.49亿亩位于东北、西北地区的林区、草原以及河流湖泊最高洪水位控制线范围内和25度以上陡坡，这些耕地相当部分需要根据国家退耕还林、还草、还湿和耕地休养生息的总体安排作逐步调整；有相当数量耕地受到中、重度污染，大多不宜耕种；还有一定数量的耕地因开矿塌陷造成地表土层破坏，因地下水超采，已影响正常耕种。调查显示，真正能够有效耕种的"基本农田"为15.6亿亩，人均可用耕地仅有1.11亩。

全世界人均耕地5.5亩。中国人均耕地约为世界人均耕地的1/4。

在统计的182个国家中，中国人均耕地排名第123位。

在中国部分省市，人均耕地面积甚至已经低于联合国粮农组织确定的0.8亩警戒线，这已经到了养活不了人的水平。

中国仅剩下的有限耕地，仍在持续缩减中，每年大概减少五六百万亩。

134. 中国进口粮食每年每人折合多少公斤？

截至2019年末，中国大陆总人口为140005万人。

2015年以来，中国粮食进口量一直维持在1亿吨以上。

2017年，中国累计进口大豆0.9553亿吨，进口稻米0.0403亿吨，进口小麦0.0442亿吨，合计进口粮食总量达到1.3062亿吨，每人折合93公斤。

2018年，中国累计进口谷物及谷物粉0.20469亿吨，进口大豆0.88031亿吨，合计进口粮食总量达到1.085亿吨，每人折合77公斤。

2019年，中国累计进口谷物和谷物粉0.17851亿吨，进口大豆0.88511亿吨，合计进口粮食总量达到1.06092亿吨，每人折合76公斤。

2020年，中国粮食产量缺口仍在1亿吨以上。

这表明中国既不是农业生产大国，也不是农业生产强国，中国已成为全球最大粮食进口国。

135. 全球食物浪费有多严重？

食物浪费问题已日趋成为一个国际热点问题。

联合国粮农组织2013年发布的报告指出，全世界每年浪费的食物高达13亿吨，约占全球粮食生产总量的1/3。这些粮食足以养活20亿人口。欧洲和北美平均每人每年浪费粮食95—115公斤，撒哈拉以南非洲、南亚和东南亚平均每人每年浪费粮食6—11公斤。在发展中国家40%的粮食流失出现在收获后和加工环节；在工业化国家40%的粮食流失发生在零售和消费环节。

全世界每年浪费的粮食总价值约为1万亿美元。每年浪费的粮食消耗了21%的淡水、19%的化肥、18%的农田、21%的垃圾填埋量。粮食损失和浪费每年占人为温室气体排放的8%。每年浪费的粮食，在欧洲足以养活2亿人，在拉丁美洲和非洲足以养活3亿人。

2015年，中国科学院地理科学与资源研究所相关研究显示，中国餐饮食物浪费量约为1700—1800万吨/年，相当于3000—5000万人一年口粮。食物浪费发生在生产、加工、运输、储存、消费等各个环节。

食物浪费对食品的安全造成潜在威胁。从长远看，中国目前的资源、环境和生态状况无法支撑这种挥霍式的食物浪费现象。

在世界各地粮食分配存在着巨大的不平衡，一边是粮食的严重浪费，一边是粮食的严重短缺。世界上每7个人中仍有1人在挨饿，每6秒就有一名儿童因饥饿死亡。2018年，全球仍有超过8.2亿人营养不良。不是因为我们没有生产足够的粮食，而是因为我们的粮食系统出现了问题。尽管粮食供应充足，但世界70亿人口中有超过一半的人的健康受到消费不足或消费过度的影响。

我们需要建立可持续粮食系统，有效地减少食物浪费，缓解全球人口及其食物需求增长带来的资源环境压力，进一步保障全球生态稳定和安全。

136. 转基因大豆为什么会在中国泛滥？

大豆原产于中国，在中国已经有5000多年栽培历史。20世纪下半叶，中国大豆完全自给自足，是世界最大的大豆生产国。

直到90年代，中国仍然是大豆净出口国。在80年代末和90年代初期，大豆出口超过100万吨，完全不需要进口。可是，近20多年却有了巨大的变化，现在中国的大豆基本全部依赖进口，中国成为全球最大的大豆进口国。

中国曾经是美国、阿根廷、巴西在世界大豆出口市场的竞争对手，如今却成为它们最大的客户。

中国大豆从世界最大的生产国，变成世界最大的购买客户，如此戏剧性的变化到底是怎么发生的？

2001年12月，中国满怀希望加入世贸组织，在农产品贸易领域做出诸多让步，规定必须接受美国赋予的转基因物种专利权，特别是大豆进口配额制度被废止，关税降至3%，中国必须进口美国及其指定国家生产的转基因大豆。中国大豆市场的放开，使外资企业不断涌入国内，跨国巨头开始染指中国大豆业。

2004年发生的大豆危机是中国大豆市场发生重大变化的一个转折点。

2003年8月，美国农业部说因天气原因大豆库存要减少。于是华尔街的国际金融炒家就开始大量建仓，大豆期货价格从2003年8月份的540美分，涨到2004年4月的1060美分，创下了近30年的新高。这种涨幅相当于中国境内价格从每吨2300元人民币涨至4400元。和炒股票追涨的心里一样，中国的油脂油料企业赶紧去美国买大豆。因为美国宣布，他们大豆不会增产。当时国际金融炒家散布谣言：马上要涨到5000元一吨！

中国企业"成功地"按照4300元一吨的价格抢购了800万吨大豆。美国农业部立刻调高了大豆库存，华尔街的对冲基金反手做空大豆期货，大豆价格开始狂跌。中国采购团前脚刚走，国际大豆价格紧跟着就腰斩了，从4400元一吨又跌回了2200多元一吨。国内大豆加工行业由原先的赢利变为亏损。

此次采购给中国民营大豆压榨企业造成重创，一船大豆便损失上亿元。

中国大豆加工行业几乎全军覆没，中小型大豆加工企业和本土榨油企业不堪承受负荷，纷纷宣布破产，侥幸逃过一劫的也是经营困难。

这就是2004年惨烈的大豆危机。

危机过后，国内大豆加工企业由盈利变为全行业破产，70%的企业退出市场。国际四大粮商趁势低价大肆收购国内大豆加工企业，逐步控制了中国大豆85%的实际加工能力。中国大豆产业链全面落入四大跨国粮商ADM、邦吉、嘉吉和路易达孚的手中，大豆产业定价权沦丧。

有数据显示，美国大豆漂洋过海来到中国，比中国本土大豆还便宜10%，出油率却高出1—2个百分点。于是，中国农民种植大豆的积极性下降，国内大豆的种植面积出现跳崖式下跌。中国大豆种植面积历史最高年份1.91亿亩，2015年骤减至不足1亿亩。

中国大豆的需求量每年大概在1.1亿吨左右，而中国大豆产量每年仅1600万吨左右，85%的大豆需要进口。从2003年起，中国已经连续16年进口转基因大豆，从曾经的大豆出口国逐步沦为世界上最大的大豆进口国。

2010年中国进口大豆达到5234万吨，2015年8350万吨，2016年8460万吨，2017年9553万吨，2018年8803万吨，2019年8851万吨。目前，中国每年的大豆进口量达到全球总进口量的1/3。

而美国是向中国出口大豆最多的国家。美国大豆种植的历史非常晚。美国第一次种植大豆还是在1765年，当时东印度公司一名水手从中国带去大豆种子，直到20世纪20年代，大豆在美国还是一种鲜为人知的饲料作物。而今，中国绝大部分的大豆是从美国进口而来。

除美国外，巴西、阿根廷等国也是中国大豆进口的重要来源。

美国大豆转基因比例高达90%，巴西占到了75%，阿根廷则基本上全部都是转基因大豆。可以说，国际市场所流通的大豆都是转基因大豆。而这些国家向中国出口的大豆几乎全部是转基因大豆！

那么，很多人可能会问：我们中国不进口，自己种还不行吗？

很不幸，真的不行！

我们知道大豆只能一年一熟，中国大豆平均亩产只有120公斤左右。如果要完全自给自足，中国需要拿出将近9.2亿亩良田来种植大豆！

而中国目前耕地面积只有20.24亿亩，其中有效耕种的"基本农田"仅15.6亿亩。也就是说，要拿出超过一半的可耕地来种大豆，中国才能在大豆上自给自足。

这显然是不可能的！因为，我们还要吃面、吃米饭，还要养猪、养牛、养鸡……

所以，进口转基因大豆成为中国无可奈何的选择。

137. 为什么说中国正在丧失种子的控制权？

近年来，人们逐渐察觉到：中国的粮食种子、蔬菜种子、种猪种禽的高端控制权，都已落入了外国人的手里。

资料显示，当前中国50%以上的生猪、蛋肉鸡、奶牛良种，90%以上的高端蔬菜花卉品种依赖进口，这是一个非常危险的现象。

自古以来，农民种粮种菜都是年年留种，现在不是了，而是年年去种子公司购买。从种子公司购买的种子只能够种一季，是不能够留种的。以前粮食和蔬菜的自留种多达上千个品种，而现在仅剩下区区几十个品种。老祖宗留下来的老品种几近绝迹。这都是推广种植转基因食品造成的恶果。不仅在中国，在世界的各个地方，许多老种子正在安静地消失。

目前，中国水稻种子99%采用的是种子公司生产的"绝育种"。这种"绝育种"，种出的粮食无法选种，农民第二年被迫再次买种。并且，中国有些地方甚至用上了争议极大的转基因种子。

"洋品种"依仗其在品质、产量、抗病性等方面的优势，可以漫天要价。如山东寿光的菜农们不得不接受"一克种子一克金"的现实，如某些外国产的番茄种子、茄子种子和甜椒种子等，每克售价100元上下，而甜椒品种"蔓迪"更是开出了每克种子180元的天价。国外公司每年仅在寿光及其周边地区通过销售其高档蔬菜种子就拿走6亿元人民币。

而目前农产品种子的专利权也是由少数西方公司所垄断。六家生物科技公司，即安万特、陶氏化学、杜邦、三井物产、孟山都、先正达，拥有全球稻米、小麦、玉米、大豆和高粱专利权的69%，这些作物占全球粮食供应的75%。

需要注意的是，目前在我国登记注册的外商投资农作物种业公司已有76家，其中包括26家独资公司、42家合资公司、8家中外合作经营公司。这些名义上只能占合资公司49%股份的公司，却实际上掌握着种子公司的核心技术与专利。跨国种业公司在我国的扩张，主要采取收购、兼并国内种子公司，以及通过与国内顶级育种实验室"合作"的方式，掠夺我国种子科研资源。

在转基因种子市场上，孟山都公司宛然已经成为一个耀眼的垄断巨头，在玉米、大豆、棉花等多种重要作物的转基因种子市场上，占据70%—100%的份额。全世界超过90%的转基因种子，都使用它的专利。孟山都的种子价格十分昂贵，是普通种子的5倍。如果用上孟山都的种子，以后每年都要向它购买。如果农民自己留存种子，三代之后，产量就会下降，一代不如一代，甚至不如原来的普通种子。同时，购买种子的农户还要书面承诺每年收获后，不私自留存种子用于来年播种。孟山都商业模式的核心是专利，其每天的研发开支达300万美元。它拥有600多项生物技术专利，超过全球任何生物技术公司。它在卖种子的同时，还以"技术费用"的形式另外收取20%—30%的专利费。如果你要买孟山都的种子，就必须同时买它的草甘膦除草剂——农达。孟山都公司及约200家关联公司控制了高达93%的美国市场份额，进而控制南北美洲大豆生产国。例如在阿根廷种植的99%以上都是孟山都公司控制专利的转基因大豆，农民不仅要付种子专利费，而且农药、管理、定价和出口权均由孟山都公司确定。

种子是一个隐藏的大危机，这是一个关乎国家粮食安全的大问题。有人说，谁控制了种子，就控制了粮食，控制了粮食，就控制了全世界。中国是个拥有14亿人口的农业大国，如果国外种子公司停止了供种，我们是连粮食种子的备胎都没有，后果不可想象。

 ## 138. 东北黑土地为何堪忧？

东北黑土区位于中国大陆的东北部，包括辽宁省、黑龙江省、吉林省及内蒙古自治区部分地区，总土地面积103万平方公里，是我国重要的商品粮生产基地，占全国粮食总产量的1/5。由于长期以来不合理的开发利用，致使该区水土流失广泛发生，已成为我国五大水力侵蚀区之一。

解放初期，东北地区黑土层厚度平均在80到100厘米，而现已探测到的水土流失严重地区黑土层已经消失，而大部分地区的黑土层厚度已经减少到20厘米—30厘米。能够达到40厘米厚度的已经是优质土壤，不过，能够达到这一厚度的土地面积，只占到了很少的一部分。

自然形成1厘米厚的黑土需要200年—400年，黑土地的形成经过了万年之久，而不到百年的开发利用，却使黑土区平均每年流失0.3厘米—1.0厘米厚的表土。黑土区每年流失的黑土达到1亿立方米，有的地方甚至已露出黄土母质，基本丧失了生产能力。流失的氮、磷、钾元素折合成标准化肥400万吨—500万吨。

土壤有机质也以每年1/1000的速度递减。在20世纪初叶，其土壤含有的有机成分有9%，而在70年代下降到5%，到了80年代仅剩下2%，现在只能靠化肥和农药维持运作，土地板结和盐碱化现象严重。

严重的水土流失正使肥沃的东北黑土地变得又"薄"又"黄"，专家警告说，如果再不抓紧防治，"黑土地"也许将成为书本上的一个历史名词。

人们过去用"插根筷子就能发芽"来形容东北黑土地的肥沃，而如今这块曾经肥得流油的黑土地变得又"瘦"又"硬"，沉重的警钟已经在我们耳边不断响起！

近十几年来，东北各地把治理水土流失作为可持续发展的重要措施，加大综合治理，产生了较大的生态效益、经济效益和社会效益，泥沙流失量减少80%以上，东北黑土区局部地区有所好转，但整体恶化趋势仍十分严重。

139. 土壤的固碳能力有多厉害？

科学家发现，全球土壤里约含有3万亿吨的碳。这大约是我们目前释放到大气中碳量的315倍。土壤固碳的能力十分惊人。

土壤与植被，谁的固碳能力大？土壤中的碳量大于所有植被中的含量。这些植被包括茂密的热带雨林、广阔的草原、所有的农作物，以及地球表面的每一种植物群。

土壤与空气，谁的固碳能力大？土壤中碳量也大于空气中的含量。

土壤中的碳含量超出植被和空气中的碳含量两倍多。

因此，土壤中所储存的碳量发生微小变化，也会对地球大气产生很大的影响。

土壤之所以是减缓气候变化战略的基本组成部分，原因之一就是因为它代表着长期的碳储存。

碳在土壤里可以保存数百年，甚至数千年以上。当碳被包裹在土里，与土壤矿物相结合，即使是最狡猾的微生物也难以轻易地分解它。而无法快速降解的碳是不会作为温室气体返回大气的。土壤在减缓气候变化方面发挥着重要作用，土壤是世界上最大的碳汇，可以通过固碳和减少温室气体排放来帮助减缓气候变化。

碳封存的好处不只是限于缓解气候变化，储存大量碳的土壤会很健康、肥沃、柔软。它具有适应性，适合耕种。碳让土壤变得像海绵，它能保持大量的水分和营养。

但在世界各地，由于人类的活动，土壤正在经历前所未有的退化，在过去的200年里，土壤向大气中释放的碳是我们现在向大气中释放碳的速度的12倍，令人震惊。

 ## 140. 集约化农业有哪些弊端？

集约化农业是指在较大规模土地上施用大量化肥、杀虫剂，运用农业科技技术进行单一作物种植，机械化操作的集约生产方式。集约化农业因为其投入少、成本低、产量高，受到了发展中国家越来越多人们的青睐，被人们视为有效解决粮食短缺的可靠途径。但集约化农业不是生态友好农业，存在着许多弊端。

集约化农业倾向于种植少数高产农作物，这些作物都是通过杂交育种或基因工程得到的。比如在华北地区，农民在大片土地上单一种植小麦和玉米，单一种植使生产操作极为方便，便于机械化播种、浇灌、灭虫和收割，但这种模式造成了植物多样性的消失。如果我们每年收获的玉米不再来自数以千计的传统品种，而只是非常少数的几个品种，玉米的抗风险能力将变得非常低。每一个品种都载有一套精心选拔的基因，虽然能得到最高的产量，但植物多样性却严重丧失。根据联合国粮农组织报告，在20世纪，大约75%的农作物多样性消失了。如果中国农业长期实行大规模集约化经营，那么，中国农业所依赖的作物多样性很快就会消亡。当农作物多样性消失的时候，它们的基因就不再被人们所利用。如果出现新的虫害、疾病或者环境条件发生了变化（如气温上升），原先的基因不复存在，而现在培植的作物不适应未来的环境条件，我们必然失去应变能力，可能会使社会面临巨大的农作物损失。

集约化单一种植，使一些传粉昆虫由于食物缺少而大量减少，蜜蜂就是受害者之一。传粉昆虫的减少对于自然界来说是个致命的问题，鸟类、土地生物也大量减少。昆虫在自然生态中发挥重要作用，它们帮助细菌和其他生物分解有机质，有助于生成土壤。昆虫物种的多样性，对于植物授粉、动物尸体分解以及土壤处理都扮演着重要的角色，它们是生态食物链中必不可少的一个环节。尤其是那些与多种动物生存密切相关的基本昆虫物种，它们的数量减少甚至灭绝，将直接影响自然生态系统和人类生活。世界1/3的农作物依靠野生昆虫授粉，如果生态系统中没有这些野生昆虫授粉，全球农业将造成巨额损失。

大规模集约化种植，使杀虫剂的数量大量增加。杀虫剂不仅消灭害虫，也会杀死益虫、真菌以及害虫的天敌。农田土壤中有害化学品的残留日益增加，最终会危害人类健康。由于农药、化肥和工业导致的土壤污染，我国粮食每年因此减产100亿公斤。

大规模集约化种植，使化肥的数量大量增加，肥料中过量的氮会在土壤中参与化学反应，形成酸，造成土壤酸化。化肥的超量使用，造成土壤有机质含量下降、土壤板结，导致农产品品质下降。

大规模集约化种植，使土壤很容易遭受侵蚀。单一种植的行为，使土地在一年的某段时间里直接暴露于雨、风和重力的作用下。当富含营养物质的顶层土壤遭受侵蚀后，土壤的耕作价值和生态价值都会大幅缩水。

大规模集约化种植，加剧了气候变化，因为所使用的化肥和农药的生产需要大量的能源；使用过量的氮肥释放出氧化亚氮；塑料、地膜的大量使用破坏了自然生态系统；高强度的人为活动加大了对土壤的破坏，减少了土壤的碳储存，增加了温室气体的排放。

大规模集约化种植，使农业产品价格不断走低，迫使大量农民放弃耕作，离开土地，从而导致千百年来长久累积的传统农业知识和经验失去传承。

总之，集约化农业以土地的高强度利用和农用化学品的大量投入为主要特征，高强度和高频度的人为活动对土壤生态系统带来了强烈干扰和巨大压力，导致土壤养分失衡、土壤板结、土壤酸化、有害物质积累、微生物种群和功能多样性衰退等，严重影响土壤生态系统的稳定性及其功能的发挥，是不可持续的农业模式。

 ## 141. 小规模多样化有机农业有什么好处？

小规模多样化有机农业是指在较小规模土地上，科学搭配使用有机肥，避免使用农药、化肥、塑料和薄膜，运用农业传统技术，以一家一户为生产经营单位进行多样化种植的生产方式。

小规模多样化有机农业是几千年来中国农民代代相传的农业生产方式。与集约化生产方式相比，有许多独到的好处。

1. 有利于生产安全优质的果蔬粮食

小规模多样有机农业不使用化肥、农药和塑料、薄膜，生产的农产品水分含量较低，重金属、硝酸盐及亚硝酸盐含量也较低，并保有较高的营养浓度，含有丰富的铁、镁、维生素C和抗氧化物质，含有比较均衡的人体必需的氨基酸，能够保留食物的原始味道，保持产品的天然成分，有力保障人体健康，增加社会福祉。

2. 有利于培植富有生命力的土壤

小规模多样化有机农业施肥以人畜粪便、沼肥绿肥、土杂肥、草木灰、残秸败叶等为主，并且非一次集中施肥，而是按需所施，多次勤施。另外实施作物轮作和间作。

这样的管理技术，避免了化肥和农药中的重金属对土壤的污染，缩短了土壤暴露于侵蚀力的时间，减少了养分损失，为土壤中的微生物提供了优良的生存环境，培植了肥沃的活性土壤，提高了土壤肥力。

3. 有利于保护地下和地表水免受污染

在许多农区，地下水受合成肥料和农药污染是一大问题。

小规模多样化有机农业通过土壤的高有机质含量和持久的土壤覆盖来提高土壤的渗透率和持水量，减少了灌溉需水量，还可通过有机农林复合体系创建适当的小气候，来降低地表水和地下水的消耗和由此引发的土壤盐渍化，增加土壤的持水量，降低水的蒸发。有机农业通过禁止使用农药和肥料，来保护干旱地区水源免受农药和氮、磷渗滤的污染，从而减少地下水和地表水的污染。

4. 有利于维护生物多样性

小规模多样化有机农业种植的是祖祖辈辈传承的品种，而不是精心挑选的单一基因改造品种。一个农户种很多农作物，不同作物在地里长得高高低低，看似很落后，实则非常科学，不同作物不会同时发生病虫害，植物多样性造成生态的巧妙平衡和稳定。单一性种植是农业的大忌，单一性种植虽然能够得到高产量，但植物多样性却严重丧失，使农业生产变得非常脆弱。有机农业保护种子和作物的多样性，从而增加作物对病虫害的抵抗能力。

小规模农业对环境友好，尊重原生植物和野生动物。有机农田保持无化学投入物的天然环境，为野生动物、微生物、野生植物提供了有利的生境。

5. 有利于构建健康的农业生态服务体系

小规模多样化有机农业对自然资源的影响呈现出良性循环的状态。它产生的生态服务包括土壤的稳定和改良、废物循环利用、碳截留、自然生境的形成、生物化学的良性循环等。它降低了农业在环境方面隐藏的自然资源退化成本。小规模多样化有机农业使空气、土壤和水污染降至最低，优化了植物、动物和人类相互依赖的健康关系，是一种长期可持续发展的农业生态服务体系。

6. 有利于减缓和应对气候变化

小规模多样化有机农业应对气候变化主要体现在三个方面：

一方面，小规模有机农业不使用化肥和塑料，在化肥和塑料的生产环节减少了排放，在土壤中也极大地减少了排放。

一方面，小规模多样化有机农业通过在土壤中积累有机质，避免对土壤的高强度破坏，以及鼓励农林复合生产等途径，使养分流失远远低于集约化农业。优质土壤和健康的植物体能够有效地截留大气中更多的二氧化碳。

另一方面，由于小规模多样化有机农业充分利用系统内部的投入物质，从而也减少了运输外部投入物质所需的燃料。与集约化农业相比，采用有机农业方式可以减少单位农田面积30%—70%的能源消耗。

有机农业是减少温室气体的有效途径。国际有机农业研究者们正在通过研究和推广服务来促进有机农业，帮助农民适应气候变化。联合国的相关机构也将有机农业作为减少温室气体排放，减缓气候变化的一个可取策略。

现在越来越多的人对于有机农业的健康原则的理解已经从狭义的人体健康，发展到了广义的健康，即包括土壤、生态系统和人类在内的整个体系的健康。

 142. 为什么说全球不断上升的气温将最终导致农业作物的崩溃？

在过去十多年间，许多国家的作物生态学家一直关注气温与农作物之间的关系。他们经过长期研究，得出了令人不安的结论：因全球变暖导致的气温上升，将使农作物减产甚至绝收，使养活全球不断增长人口的任务愈发艰巨。

世界顶尖级水稻研究所——菲律宾国际水稻研究所的研究项目表明，在34℃时，几乎100%的稻花都可以结籽，但是到了40℃时，就只有不多几个稻花结粒，使农田几乎绝收。菲律宾国际水稻研究所对1979年—2003年试验田的产量数据分析后，证实了作物生态学家归纳出的一条经验公式：气温每上升1℃，小麦、稻谷和玉米的单产就会下降10%。美国斯坦福大学的研究人员在分析了未来气候条件下的水稻生产活动后发现，到2100年，全球水稻作物的产量将减少40%。

前些年，美国研究人员也从总结经验的角度开展了气温对玉米和大豆产量影响的数据分析。分析的结论是：高温对这些农作物产量的影响更为严重。从1982年—1998年美国618个县玉米产量和444个县的大豆产量数据中发现，气温每上升1℃，产量则下降17%。

植物生命周期中，最为脆弱的阶段是授粉期。玉米特别不耐高温，当温度过高时，花丝会很快枯萎，无法正常完成授粉。

此外，温度还能影响农作物的光合作用。美国俄亥俄州立大学的瓦利和他的同事们指出，随着气温升高，作物的光合作用效率也随之增强，直到气温升至20℃。随后，它会处于稳定状态，直到气温达到35℃。如果气温再行升高，光合作用效率则开始下降，当气温升高到40℃时，光合作用就完全停止。

世界农业是在近1万年相当稳定的气候环境中发展起来的，这种稳定的气候条件已使当今农业的生产力趋于最大值，但是全球变暖将使农业逐渐与气候系统失调。一旦全球升温幅度达到2℃，全世界每一个国家都面临粮食危机，现在的粮食出口大国，到那时也不可能有多余的粮食出口。

另外，随着全球变暖，虫害也将加剧，世界上任何角落的农民都将难以抵御其危害。

正如加拿大专栏作家、英国伦敦大学博士格温·戴尔所言："如果全球气温骤然上升3—5℃，那么全部农业系统将在一夜之间崩溃，特别是人工培育的植物几乎经不起幅度如此巨大的气温变化。"

 ## 143. 怎样培植健康的土壤？

1. 谨慎使用农药或不使用农药，最大限度地减少对农药的依赖。

2. 农作物施肥尽量多地使用生物基肥料和其他有机材料，尽量少地使用化肥。

3. 小规模多样化农业比大规模集约化农业更利于土壤的健康。

4. 增加地被植物、植被、覆盖物和堆肥来提升土壤中的有机质。

5. 在受管理的景观区通过种植植被保护土壤免受风化和盐化的影响。

6. 实行少（免）耕法，并保留作物残留物。

7. 牧区实施控制时间的、有计划性的轮牧。

8. 致力于实现全年100％地被植物覆盖。

9. 促进陆地和土壤生物多样性的繁荣。保护土壤的微生物生态，包括真菌。

10. 将家庭生活垃圾中的菜根、菜叶、果皮、果壳、茶根、不能食用的粮食和水果等，进行专门分类和回收，建立"可堆肥垃圾"类别，可为园林树木施肥，降低运输和处置成本，减少新的污染。

 ## 144. 在植树造林中有哪些错误的做法？

1. 砍掉天然林，种上人工林。

2. 用外来植物替代本土植物。

3. 喜欢种植单一树种。单一树种种起来方便，成本也低，但会加剧病虫害传播，尤其会降低林地的水源涵养功能，导致土壤干涸、退化，增加人工林的死亡率，给当地生态系统带来负面影响。

4. 城乡绿化中，很多城市选择绿化树种的第一原则是美观，而不是树种本身是否适合本地种植。

5. 在缺水的"三北"地区种植生长速度快、水分消耗大的欧洲品种的杨树，使得本就干旱的地区更缺水。

6. 把喜温的南方树种迁移到北方寒冷地区种植。

7. 未加严格审核，随意引进外来树种。

8. 未考虑物种迁徙需要，忽视贯通性森林生态廊道的植造。

145. 全球森林消失的速度有多快？

在史前时代，地球上的森林覆盖大约60亿公顷，也就是陆地面积的40%。

今天人类已经毁坏了全球近一半的原始森林，而多数森林破坏都是在近50年间发生的。

2020年5月22日，联合国粮农组织发布了《2020年世界森林状况》。报告指出：从1990年到现在，估计有4.2亿公顷森林消失，转变为其他用地。

2020年9月15日，联合国粮农组织又发表报告称，2020年全球森林面积占土地总面积的比例已经从2000年的31.9%降至31.2%，现在全球森林面积约为41亿公顷，这意味着20年间全球森林面积净减少了近1亿公顷。

从2000年—2020年这20年间，全球森林消失的面积相当于6个多山东省的面积。

全球森林退化和消失的原因有很多，包括农业扩张、采矿、人工林建造、基础设施建设、森林火灾等。但是造成全球森林破坏的主要原因是大规模的工业采伐。

据世界资源研究所对现有原始森林的风险评估，工业采伐已成为原始森林最大的威胁，影响着70%以上的濒危森林。生长了千年的原始森林被加工成我们踩在脚下的地板、华丽的家具、学习办公用的纸张、毫不起眼的手纸，乃至随手而弃的筷子。

经济高速发展和人口膨胀正以前所未有的速度摧毁着森林的生态系统。全球森林正面临着空前严峻的危机，全球植物的吸碳能力由此大大减弱。而与此同时，碳排放不断增加，气候持续变暖。

146. 为什么说中国绿化成绩位居全球第一？

1979年，第五届全国人大常委会第六次会议决定每年3月12日为中国的植树节。40多年来，中国森林面积和森林蓄积面积分别增长了一倍左右，对全球植被总量的贡献比居世界首位。

2019年12月9日召开的全国森林资源管理工作会议透露，中国森林覆盖率已由20世纪70年代初的12.7%提高到2018年底的22.96%，森林面积达到2.2亿公顷，森林蓄积175.6亿立方米，面积和蓄积连续30多年保持"双增长"，成为全球森林资源增长最多的国家。

2020年中国的森林覆盖率达到了23.3%。

2018年，美国国家航空航天局公布的一份研究报告显示，2000年—2017年，地球新增的绿叶面积（植物叶片总面积）相当于多出一块亚马孙雨林。中国的绿叶净增长面积居全球首位，达135.1万平方公里，几乎相当于俄罗斯、美国和加拿大绿叶净增长面积的总和，占据了全球绿叶净增长面积的1/4，其贡献42%来自植树造林。

联合国粮农组织2020年7月21日发布的2020年《全球森林资源评估》报告称，1990年至今，全球森林面积持续缩减，净损失达1.78亿公顷，但得益于部分国家有力的保护措施，森林面积缩小的速度明显放缓。报告充分肯定中国在森林保护和植树造林方面对全球的贡献，指出，近十年中国森林面积年均净增加量全球第一，且远超其他国家。报告说，2010年—2020年亚洲地区森林净增加面积最多，而且主要集中于东亚地区，这得益于中国年净增约194万公顷森林。

中国的植树造林拉高了全球的绿化成绩单，功不可没。

147. 森林砍伐会带来疾病传播吗？

是的。人畜共患疾病在动物和人类之间传播，如今它们占据了人类新兴传染病的绝大部分。尽管造成这一趋势的原因众多，但联合国环境规划署发布的《前沿报告》指出，土地用途的改变是导致新兴人畜共患疾病暴发的主要驱动力。

为了给农业和基础设施腾出空间，越来越多的人在砍伐森林，导致人类感染新型病原体的风险增大。热带雨林等生物多样性热点地区尤其如此。热带雨林的破坏与拉沙热和疟疾等人畜共患疾病的暴发息息相关。当野生动物被赶出森林时，疾病更容易传染给家畜或人类。

野生灵长类动物是众所周知的疾病携带者，森林栖息地的持续消失意味着野生灵长类动物和人类越来越多地共享相同的空间，争夺相同的食物。当人们为了获取资源而冒险进入森林地区，当动物冒险离开它们的栖息地袭击庄稼时，动物传染给人类的概率就会增加。研究人员推测，农业对森林的不断入侵，以及由此导致的人类在这些地区的活动，可能会导致更多的传染病从动物蔓延到世界各地的人类。

在受干扰地区种群兴旺的某些动物，例如人工林中的老鼠或森林砍伐区的蚊子，可能会成为新型疾病的媒介。当它们所处的生态系统失衡时，就会出现问题。关于人畜共患疾病，我们还知之甚少，但是我们目前已经确认的是，维护森林等生态系统的健康有助于最大限度地降低我们暴露于新型人畜共患疾病的风险。

148. 为什么说中国草原整体退化的局面没有得到根本扭转？

中国是草原资源大国，拥有各类天然草原面积近60亿亩，占国土面积的41.7%，是全国面积最大的陆地生态系统。

由于长期的不合理利用，加之气候变化的影响，中国草原从20世纪60年代开始退化，70年代草原退化率（即退化面积占可利用草原面积的比例）为15%，80年代中期达到30%以上，90年代末期上升到90%。1999年，国家环境保护总局在其发表的《1998年中国环境状况公报》中指出，我国草地总面积90%以上都处于不同程度的退化之中。直到发布的《2004年中国环境状况公报》，依旧认为2003年90%的天然草原在不同程度地退化，其中严重退化草原占草原总面积的45%，而且认为全国退化草原的面积每年以200万公顷的速度扩张。草原退化的速度令人吃惊。

从总体上看，中国已退化的草原普遍存在着不同程度的沙化、石漠化、盐渍化等现象。其呈现的特点是：退化面积大，退化趋势难以遏制，沙化与盐碱化程度深，生物多样性锐减，土壤养分流失加剧等。

近年来，国家实施了一系列的生态保护工程和政策，草原生态整体恶化的趋势得到一定遏制，全国草原生态出现了改善的势头。但是，草原整体退化的局面还没有得到根本扭转，草原生态质量仍相对较差，局部地区形势仍然严峻，草原生态系统依然脆弱，草原破碎化现象仍然严重。

尤其值得关注的是，草原面积和质量下降趋势仍在延续。20世纪80年代第一次全国草原资源统一普查面积为4.1亿公顷，数据一直沿用至今。但据中国科学院资源环境遥感调查发现，植被郁闭度大于5%的草原面积已从1988年的3.01亿公顷下降到2008年的2.97亿公顷，净减少455万公顷（下降1.5%），其中1988年—2000年草原面积净减少329万公顷（下降1.1%）；进入21世纪以来，下降趋势虽有减缓（2000年—2008年草原面积净减少126万公顷，下降0.4%），但下降总趋势并未根本扭转。

另外，中国草原面积广袤，不同地区水热状况、植被组成、土壤类型有着较大差别。草原退化区域性特征复杂，对草原的有效治理提出了更高要求。同时面临着治理成本高、技术手段缺乏等难题。

此外，超载过牧仍是威胁草原资源和生态保护成果的关键，草原超载区减畜的任务依然艰巨，减畜的难度不断增大。更令人担忧的是，未来草原资源仍将面临退化的威胁。

149. 中国草原退化的原因是什么？

导致草原退化的原因有自然的因素，如气候变化、长期干旱、风蚀、水蚀、火灾、沙尘暴等，但主要的是人为因素。

1. 不当的草原功能定位和不合理的管理方式

一是只求索取不思保护，认为草原是取之不尽、用之不竭的自然资源，长期过度利用，致使草原生态功能难以保持。二是对草原的管理应对措施不当，在管理中不是顺应自然，而总是试图"控制管理"，如在草原上大量开垦种粮或不适当地扩大种草；一味地追求载畜量；过于狭小的草地围栏和分户承包；不分青红皂白地强求牧民搬迁定居、违背牧区顺应自然的生产生活方式等等。

2. 过度放牧

过度放牧，使牧草的正常生长受到抑制和破坏，使植物丧失繁殖能力，生草土被踏紧，土壤营养减低，优良牧草衰退，生产力下降，同时损害了生物多样性及对大气和气候的调节能力。另外，超载过牧使优良牧草得不到繁衍生息，相反为毒杂草蔓延与病虫鼠危害提供了营养和空间，从而导致草原植被功能退化。

新中国成立以来曾有一段时间，家畜由2900多万头（只）发展到9000多万头（只），猛增3倍，过牧现象严重。因草原权属不清、饲养管理粗放、经营方式落后等因素的存在，进一步加重草原的压力。

3. 开垦

过去60多年，为增加粮食产量，草原开垦曾一波未平一波又起，累计开垦草原1930万公顷，占全国草原面积的4.8%。全国耕地面积中，有18.2%来自草原开垦。随着草原开垦的扩张，使不少草原牧区变成农牧交错区，草原面积缩小。如内蒙古草原从1958年—1973年开垦草原1400多万亩，被开垦的草原一般都是丰美的天然牧场。开垦后一般三年左右，由于风蚀和土壤肥力下降，最后撂荒。由于撂荒地缺乏植被保护，很快就变成了沙化地和沙源地。

4. 矿藏开采、工业开发、城镇建设、道路建设等征占用行为

进入21世纪以来，随着工业化、城镇化加快，在草原区不断开采煤炭、石油、天然气等资源，城镇与道路挤占草原，直接造成草原资源和生态健康的严重破坏。1988年—2000年间，以工业化开发为主的建设占用草原面积约为8.58万公顷，而2000年—2008年间增加到14.06万公顷。草原地区工业开发在给当地带来经济增长的同时，也带来了工业污染、草原破坏、草原退化、地下水位下降、局地气候条件改变等生态健康问题。

5. 鼠害、虫害

由于草原生态环境发生变化，导致生态系统的食物链缩短，食物网趋于简单化。草原上害虫的天敌，如鹰、雕、蛇、刺猬、蜻蜓、螳螂、瓢虫都急剧减少。相反，鼠害、虫害大量繁衍，泛滥成灾。如内蒙古自治区草原鼠害面积4700万公顷，蝗虫成灾面积常年达66万公顷，严重地区虫口密度每平方米存200头以上，牧草全部被啃光。大规模鼠虫害的发生严重破坏草原植被，加剧草原的退化。

6. 乱砍、乱伐

（1）砍伐野生植物。牧区绝大部分地区居民主要依靠天然植物作燃料、盖房、围库伦、修棚圈等也需要相当数量的天然植物，甚至拧绳子也要用艾友草和马蔺，因此草原植被遭到严重破坏。据：鄂尔多斯市统计，每年砍伐沙蒿、沙柳10亿斤以上。

（2）挖药材。据：鄂尔多斯市统计，每年收购甘草30多万斤，麻黄20多万斤，30年来，该盟因挖药材破坏草原也有几十万亩。

（3）打草、楼草。呼伦贝尔草原连年打草，既不留草带，又不轮休，结果导致打草场退化。据调查，未打草地段羊草高40厘米上下，盖度60%，一平方米内284株，产量占草群总重量的60%。多年连续打草地段羊草高30厘米，盖度20%，一平方米内仅有82株，在草群中的重量下降为12%。

7. 不完善的农业系统与供需错位

在中国，"垦草殖谷"的农业传统延续数千年，谷物即粮食生产几乎成为农业系统的代名词。新中国成立之后，农业有过几次重大变化，但以粮为纲的耕地农业系统及其结构并无根本性转变。长期以来，由于长期侧重农业生产关系、土地权属的变革，而忽视对农业系统及其结构的调控，加之重农轻牧、重粮轻草等传统思想的长期引导，使农业供给侧与需求侧严重错位。草原的退化，究其根源，与耕地农业畸形发展而草地农业系统未能建立不无关系。

 150. 禁牧有哪两种不同的声音？

否定禁牧的声音：

围封禁牧的草原，起初有点恢复，但禁牧几年后，草场就老化了，优良的牧草被劣质草取代。这是为什么？

草场是需要动物啃食的，千万年来草原和草原上的动物形成协同进化，草如果没有被动物啃食，反而会造成草原生态退化。

牛羊啃草时候唾液留在上面，起到一种保护牧草的作用，类似伤口上药的作用，而禁牧后机器收割牧草，牧草没有牛羊唾液的保护草场容易滋生病虫，退化。

一些草原就正是因为禁牧，草场才退化，因为好多草没有牲畜啃食慢慢就变成了枯草没了生机。比如白茨就需要牲畜啃食它才能每年出新枝，活得更好；相反没有了牲畜的啃食，就会变成枯草慢慢死去。

如，阿拉善的草大多是多年生灌木，雨水少就只发几片芽，不会枯死，牲口也吃不着，雨水多了就抽枝长叶，牲口能吃，吃完还长，如果牲口不吃，来年再在头年出的枝上长芽，就需要更多水分，因为草棵大了，如果碰上旱年，很容易整棵枯死，放到整片草原看就是退化了。

牛羊马与草原的关系，就像鱼与水一样，是生物链上互相依存的一对生物体。有水才能有鱼，有鱼水才能更有活力，使其不成为死水，充满生机。牛羊马的粪便是花草的优质肥料，也是土壤的重要营养物质，牛马羊的移动也会传播种子。全面禁牧在一定程度上造成了生物多样性的丧失。

另外，围栏也是很大的问题，阻挡了种子的传播，动物长期只能走一条路，使草地不能恢复，一些野生动物还死在铁丝网围栏上。

游牧文化在高原传承和持续了上千年，世代在草原上生活的牧民们，他们最有话语权，否定逐水草而居的游牧生活习俗，是不利于草原生态的。

草原生态的恶化是"两条腿动物"造成的，而非四条腿动物造成的。草原退化的罪魁祸首不是牛羊马，而是人！新中国成立前牛羊马群不比现在少，每家每户都靠放牧为生，这样下来草原也没变成沙滩。

禁牧不如禁人，矿藏开采、工业开发比放牧牛羊破坏大多了，可是我们选择了禁牧，而不是禁矿。实际上，禁矿比禁牧更重要。

超载放牧危害很大，以前朴实的蒙古族人都知道控制牲畜的数量，可如今，牲畜的数量越来越多，导致草场被破坏。应该根据当地草地情况算好合理载畜量，按载畜量放牧就行，这就是保持草畜平衡，也就是可持续发展。

适度放牧，适度禁牧，才是最好的生态保护，适度的放牧会让草原得到更新，干什么也不要走极端，一味地禁牧不是很科学的做法。

赞同禁牧的声音：

1. 禁牧对草原生态持续向好功不可没

20世纪末期，中国草原家畜平均超载36%以上，导致90%以上的草原出现不同程度的退化。为此，国家对部分严重退化、沙化草原和生态脆弱区草原，实行禁牧或休牧等管理措施，收到良好效果。2018年，全国草原家畜超载率降到10.2%，禁牧休牧区草原植被盖度平均增长10个百分点以上、鲜草产量提高50%以上。宁夏回族自治区自2003年开始实施全域禁牧以来，草原综合植被覆盖度提高了18.5个百分点，草原沙化面积减少15%。内蒙古自治区通过对退化草原实施禁牧或休牧措施，草原生态已恢复到接近20世纪80年代水平。

2. 植物种类调节是生态系统走向健康的必经过程

禁牧草原在强大的自然恢复力驱动下，生态系统将朝着对自身最适宜、最稳定的方向发展，表现出植物种类"增加—调整—稳定"的变化特点。

禁牧初期，植物种类逐步增加，这一过程通常会持续5—6年。但如果草原受到偷牧、生物灾害、极端气候等因素影响，这一过程将会延长。比如，宁夏回族自治区连续禁牧16年，植物多样性指数、物种丰富度、均匀度分别较禁牧前分别提高15%、22%、45%，目前仍处于不断向好的变化进程中，与历史较好水平相比尚有很大的恢复空间。

禁牧中期，物种数量增加到一定水平后，其相互作用、生存竞争日益加剧，植物种类及相对多度会出现动态变化，但这是群落内部正常的自我调节。

禁牧持续期，系统大体上恢复到健康状态，植物群落相对稳定。据中科院白永飞研究员对内蒙古锡林郭勒盟禁牧40多年的草原样地，以及中蒙边境1000多公里长期围栏的草原样带研究表明，除单个物种受年度气候影响其相对多度有些变化外，植物种类没有明显变化。人们还可以看到，我国一些交通不便的草原以及长期禁牧的自然保护区，其植被长势、生态状况普遍均比其他草原好得多。因此，对禁牧草原植物种类的阶段性变化不必多虑，这不仅不是退化，恰恰是生态系统正在走向健康、稳定的正常现象和必经过程。

3. 禁牧草原生态变化应从多维度衡量

草原生态系统是由相互影响的各类生物（植物、动物、微生物）及其生存的外界环境构成的整体，因此，植物种类不是衡量生态状况的唯一标准，必须综合考虑生态系统组成的各个要素。

应该看到，实施禁牧措施的草原生物量不断增加，野生动物生存环境持续改善、种群数量快速增长，土壤腐殖质增加，微生物群落改善，固碳、保水、防风固沙能力明显增强，草原生态的整体水平得到提升。

还应看到，禁牧措施的实施，促进草原畜牧业转型升级，推动草原文化、草原旅游等多功能开发，拓宽了农牧民就业增收渠道，这将更有利于巩固草原生态恢复成果。

4. 摒弃草原不放牧太可惜的旧观念

对草原禁牧的争议说到底还是受草原不放牧利用太浪费的传统观念影响。

应全方位看待草原用途。草原不仅有放牧利用的功能，还有重要的生态、社会、文化等功能。绿水青山就是金山银山，只有重视草原资源的多用途开发，才能提升草原地区的发展质量。

应树立大生态理念。部分草原禁牧后，灌丛、半灌丛有所增加，对此，一些人担心草原会变成林地，草原面积缩小。但从山水林田湖草生命共同体的视角看，这正是生命共同体朝着生态健康方向发展的表现，人们应该乐于看到这种变化。

 151. 我们应怎样更好地保护草原？

1. 提高全民草原生态保护意识

应把草原生态保护教育纳入国民教育体系和干部教育培训体系，强化草原资源国情宣传，普及相关法规和科学知识等，引导全社会像重视生命一样重视草原，激发全民爱草、护草、重草的情感，形成自觉保护草原的良好社会氛围。

2. 落实退化草原修复措施

科学编制草原保护修复规划，明确草原功能分区，针对不同区域，不同退化程度的草原，制定保护修复和治理措施。坚持自然恢复与人工修复相结合，采取围封禁牧、适度禁牧、补播改良、鼠虫病害和毒害草治理、人工种草等措施，促进草原休养生息，加快恢复退化草原植被，提升草原生态功能。

3. 制定生态红线管理制度

草原地区当前最突出的问题是经济发展与生态保护的矛盾日趋激烈。开垦种地、工业开发、基础建设、矿藏开采等占用大量草原，对草原生态构成最大威胁。对此，应大力推进重点生态功能区以及生态环境敏感区、脆弱区等区域草原生态红线的划定，研究制订草原生态红线划定标准及技术规范，制定生态红线管理制度。严守草原生态保护红线，建设草原生态保护红线监管平台。严禁在生态保护红线内的草原上从事不符合主体功能定位的各类开发活动。加快开展草原调查，彻底摸清全国及省、市、县草原的基本现状，为划定生态红线、实施草原总量管理提供准确的本底资料。

4. 加强草原监督管理

加大草原执法监督力度，依法查处非法开垦、占用草原和乱采滥挖草原野生植物等行为。建立草原保护权责的新机制，通过训诫、封禁、处罚、追刑等法律约束形成威慑，落实草原保护责任制。

推进草原自然资源资产负债表编制，落实领导干部自然资源资产离任审计制度。建立完善草原保护修复目标评价考核制度，将草原保护修复相关约束性指标纳入领导干部自然资源资产离任审计。落实党政领导干部生态环境损害责任追究制度，对不作为、乱作为造成草原严重破坏的领导干部，实行终身追究制。

进一步完善草原生态环境损害赔偿制度，对违法破坏草原的单位和个人，既要依法追究其法律责任，还要追究其草原生态损害的赔偿责任，大幅提高违法成本。

5. 完善草原保护政策

加快建立有利于草原保护和植被修复的政策导向，形成促进绿色发展的长效机制。完善草原生态补偿政策，着力构建与草原生态保护成效挂钩的机制。创建国家草原生态文明试验区。大力推进以草原生态保护为重点的国家公园建设。重视草原监测体系建设，不断完善草原资源环境承载能力监测预警机制。

6. 健全草原法律法规和监管力量

美国1820年即颁布了第一部草原法律，目前至少有27部与草原相关的专业法律；中国《草原法》颁布的时间是1985年，目前仅有5部相关专业法律。现行《草原法》已不能完全适应生态保护的新需要，修订和完善《草原法》势在必行。

全国仅有36%的市和22%的县建立草原监理机构，县级以上草原执法人员仅7000余人，平均每人监管面积达85.7万亩，实在是力不从心。加强监管队伍的建设已刻不容缓。

7. 强化科技投入和科技支撑

加强相关支撑理论技术研究，加大投入，补齐草原保护研究短板。草原科技投入低、科技支撑能力薄弱是制约中国草原资源和生态保护的重要瓶颈。应亟须加大对草原研究的科技投入：一是通过科技计划（专项、基金等）对符合条件的草原科研活动进行支持。二是通过专项资金对以草原生态产业为主线构建现代产业技术体系进行支持。三是通过基本运行经费等对草原科研院所改善科研基础条件、开展自主研究等进行支持。四是通过专项转移支付、科技成果转化资金等，提升区域科技创新能力。

同时，应加强草原科技创新基地建设，面向草原资源与生态保护领域布局国家重点实验室，组建草原生态保护国家技术创新中心。此外，要加快草原科学研究队伍建设，通过重大科研项目培养和提升草原科技领军人才，聚焦草原资源和生态保护的科技需求，尽快启动实施国家草原科技创新重大专项（工程），重点开展基础前沿研究、关键技术创制和各区域草原的生态保护关键技术集成与示范。

发挥草种产业在草原生态建设中的关键作用，培育草种生产企业的育种能力，逐步形成育种研发和育、繁、推一体化的能力，建立种子认定体系和标签制度，努力提高中国草种产业的商业化水平。

152. 为什么说荒漠化是一个全球问题？

荒漠化是指气候变异和人类活动等因素造成的旱地土地退化。

如今土地荒漠化已成为世界性灾难，全球约35%的陆地面积正在遭受荒漠化威胁，已经荒漠化的面积达3600多万平方公里，占全球陆地面积的1/4。

由于干旱和荒漠化，全球每年仍在失去12万平方公里的土地，这些土地每年能生产2000万吨粮食。

目前耕地的损失率估计是历史上的30倍—35倍。15亿人类赖以生存的土地正在受到干扰和威胁，尤其是干旱地区的土壤威胁更为严重。

在非洲各地，容易荒漠化或受荒漠化影响的旱地占该区域的43%。预计到2025年非洲将丧失2/3的可耕地，目前的土地退化导致撒哈拉以南非洲农业国内总产值年均丧失3%以上。如果土地退化以目前的速度继续下去，预计到2050年非洲一半以上的耕地无法使用。

拉美和加勒比地区近1/4的土地出现了荒漠化，1.4亿居民的生产和生活受到荒漠化的威胁。

亚洲土地荒漠化现象也很严重，受沙化影响的土地约有1400万平方公里，其中中亚地区尤为严重。蒙古国在短短的几十年间，近一半的国土面积已经不同程度荒漠化，而且荒漠化还在以每年13%—18%的速度增长。

非洲、拉丁美洲和亚洲的损失比北美和欧洲高2倍—6倍。

在未来的岁月里，随着气候变化的加剧，全球范围内的干旱更加频繁和严重，很可能使荒漠化进一步恶化。

荒漠化已成为一个全球性问题，对全世界的生态安全、社会经济稳定和可持续发展正产生越来越大的影响。

 153. 造成内蒙古沙漠化的主要原因是什么？

今天的内蒙古有着众多的沙地和沙漠，连片的草原已经不太多见了。沙漠化有继续扩大的迹象。内蒙古的沙漠化，原因有很多，但主要有三点：

1. 集中放牧

以内蒙古锡林郭勒盟辖区为例，新中国建立之后，人口翻了3.5倍，牲畜数量翻了11倍，其实早就超出草原能够承载的数量。从20世纪90年代开始，为了保护草原生态，国家出台了禁牧令，禁止了牧民逐水草放牧。

这虽然保住了所剩不多的空余草原，却把那些可以用于放牧的草原给毁了。动物年复一年地吃同一片草原上的牧草，已经到了吃草除根的地步，加速了沙漠化的趋势。

2. 土地开垦

从20世纪末开始，人们在呼伦贝尔草原上开辟了大量耕地，试图通过农业种植的方式改善草原的生产力，改良当地的经济结构。这个运动的初衷是好的，但是在执行过程中明显高估了草原的农业承载能力。

呼伦贝尔为代表的内蒙古东部草原，位于半湿润草甸草原，看上去比中西部的半干旱乃至干旱草原要适合做耕地。但当地的地下土质主要是沙土，和南方湿润的烂泥地根本无法相比。用来种粮食，很快就会被榨干养分和地下水，从第三年开始就可能连种子都收不回来了。而由于供应植物生长的营养物质不足，退耕之后这里也长不出草，沙漠就很快入侵了。

3. 矿业开采

矿业开发对草原的两件原罪分别是地表植被破坏和断水。在开挖地下矿产的过程中，人类免不了要挖开表面的土层和植被。

曾被央媒重点曝光过的内蒙古霍林河露天煤业公司，就在霍林郭勒用几十年时间挖掉了86平方公里的草原，相当于一座中型城市。如果这些矿坑只是简单回填而没有进行生态修复治理的话，指望草株自然生长到原来的水平几乎是不可能的，因为矿底本身就是巨大的污染源。

另一方面，由于矿产开发需要大量的水冲洗矿壁和产品，草原上的河流往往会被无节制地用到断流。昔日滋养呼伦贝尔的7条大河，如今已时断时续。草原离开了水，必然会快速枯竭。

 154. 为什么说中国荒漠化和沙化治理出现向好趋势？

沙漠是指沙质荒漠的简称，只分布于干旱和极干旱地区的荒漠领域。中国八大沙漠分别是：塔克拉玛干沙漠、古尔班通古特沙漠、巴丹吉林沙漠、腾格里沙漠、乌兰布和沙漠、库布齐沙漠、柴达木盆地沙漠、库姆塔格沙漠。

沙地分布于半湿润、半干旱地区，受自然及人为因素综合影响，形成的类似沙漠的地貌类型。中国四大沙地分别是：科尔沁沙地、毛乌素沙地、浑善达克沙地、呼伦贝尔沙地。

为加大沙区生态保护和治理力度，中国加快推进退耕还林、三北防护林、京津风沙源治理、石漠化综合治理等一系列荒漠生态系统保护和修复重大工程，扎实开展固沙治沙。尤其是近几年来，全国防沙治沙力度不断加大，实行最严格的保护制度，全面落实荒漠生态保护红线。

监测结果显示，自2004年以来，中国荒漠化和沙化土地面积连续三个监测期保持"双减少"，荒漠化土地面积由20世纪末的年均扩展1.04万平方公里转变为目前的年均缩减2424平方公里，沙化土地面积由20世纪末的年均扩展3436平方公里转变为目前的年均缩减1980平方公里。与2009年相比，目前全国沙化土地面积净减少9902平方公里。

中国防沙治沙成绩出现向好趋势，但仍面临不少困难。总体上看，全国仍缺林少绿、生态脆弱，荒漠化土地达261.16万平方公里，占国土面积1/4；沙化土地172.12万平方公里，占国土面积近1/5。中国的荒漠化和沙化治理任重道远。

 ## 155. 电子垃圾有哪些危害？

电子垃圾也称电子废弃物，是指被废弃不再使用的电器或电子设备，主要包括电冰箱、空调、洗衣机、电视机、电脑、打印机、手机、灯具、电动牙刷以及其他医疗、科研电器等。

电子垃圾含有大量有毒化学物质。例如，冰箱和空调器中的冷冻剂会直接破坏大气臭氧层。一台电脑有700多个元件，其中有一半元件含有汞、砷、铬等有毒化学物质；电视机、电冰箱、手机等电子产品也都含有铅、铬、汞等重金属；智能手机部件中还潜藏多种有毒有害物质，如铅、镉、铬、汞、砷、铍、锑、镍、聚氯乙烯、溴化阻燃剂等重金属和有毒有害物质；激光打印机和复印机中含有碳粉等。再比如，一节1号电池可以污染一平方米土地；

一个纽扣电池能够污染60万升水；一只节能灯的含汞量渗入地下水层，将污染上百吨水。

电子废弃物被填埋或者焚烧时，其中的重金属渗入土壤，进入河流和地下水，会造成当地土壤和地下水的污染，直接或间接地对当地的居民及其他的生物造成损伤。有机物经过焚烧，释放出大量的有害气体，如剧毒的二噁英、呋喃、多氯联苯类等致癌物质，对自然环境和人体造成危害。铅会破坏人的神经、血液系统以及肾脏，影响幼儿大脑的发育。铬化合物（特别是六价铬）会破坏人体的DNA，引致哮喘等疾病。

电子垃圾的处置不当，与甲状腺功能改变、肺功能下降、儿童生长缓慢、精神健康结果消极、认知发育受损、细胞毒性和基因毒性之间存在一定联系。

被称为"全球最大电子垃圾村"的广东贵屿是个典型的例子。从1990年开始，电子垃圾拆解就成为全镇的支柱产业，年产值近10亿元，占全镇工业总产值的90%以上，有超过80%的家庭直接参与了电子垃圾分解，一个家庭作坊的年收入可达到百万元。低人力成本、并不规范的原始而直接的处理方式、对大量"洋垃圾"来而不拒共同造就了贵屿镇的经济繁荣，也带来了严重污染。地下水早在90年代中期就无法饮用，肾结石成为最常见的疾病，80%以上的中小学生患有呼吸道疾病。绿色和平组织联合中山大学对贵屿产业规模、生态和劳务关系进行的大型调查指出，包括铅、镉、汞、六价铬、聚氯乙烯塑料、溴化阻燃剂在内的六项有害物质已经渗入到当地的土壤和地下水中。

 ## 156. 电子垃圾还有使用价值吗？

有。电子垃圾中含有大量高价值的稀有材料，包括金、白金、钴、钕、铟、铝和锡等。发掘出这些原材料被称为"都市挖矿"。比如，黄金在自然中的含量约为0.5克/吨，也就是说，人们找块土地挖出1吨的泥土，有可能在其中发现0.5克黄金，在一吨金矿中可以找到约5—6克黄金。而一吨的废旧手机主板里面可以提炼200克左右的黄金、2000克左右的银、100克左右的钯、100

千克左右的这个铜。

一份清华大学和悉尼麦考瑞大学的联合报告跟踪了中国8家电子垃圾处理厂，在计算了收集、人工、能耗、材料、设备、用地等成本后得出结论——从电子垃圾中提取原材料，比从金属矿石中直接发掘要便宜13倍；从中提取金、铜等金属的生意可以变得相当赚钱。

157. 为什么说中国目前的电子垃圾回收处理造成了二次污染？

中国一直有修旧利废的优良传统。电器电子产品废弃后，它还具有材料价值，仍然作为一种商品进行交易。从20世纪90年代开始，在利益的驱动下，中国自发形成了废弃电器电子产品的回收大军，并构成了多种渠道的回收网络。主要包括传统的物资回收企业回收、个体回收、家电销售商"以旧换新"回收、搬家公司回收、售后服务站或维修站回收等回收渠道。

在国外，电子产品的拆解是专业性很强、技术含量很高的工作。而在中国，绝大部分的电子垃圾是由小作坊处理，而正规的再生企业却"无米下锅"。

目前，在很多地方都存在着电子垃圾的拆解场和集散地，而且大多数都在用"19世纪的技术来处理21世纪的废物"。处理手段极为原始，只能通过焚烧、破碎、倾倒、浓酸提取贵重金属、废液直接排放等方法处理。一些人仅靠一把锤子和一个酸池即能在电子垃圾中不断"淘金"。许多人为了从废旧电脑芯片中提取金，经常使用"王水"，在这个过程中会导致大量酸性气体挥发，而大部分经"王水"处理过的废料被直接倒入河里、渗入地下。对于电脑主机、显示器和键盘等物品的塑料部分则被送到熔化炉熔化，此操作过程充满了溴化阻燃物，有可能产生二噁英。

在这种非专业的拆解和加工过程中，不仅部分宝贵资源未得到充分回收，而且产生了大量二次垃圾和污染物。这些二次垃圾和污染物常与生活垃圾混合后填埋或焚烧，进而对水、土壤和空气产生严重危害。

158. 国外电子垃圾回收有哪些好做法？

英国：电子垃圾直接置换现金

由英国政府支持的一项电子垃圾回收计划推出，超过50家公司与政府签订合作，以通过返还现金的方式鼓励消费者将家中闲置的电子产品进行回收。这50多家公司包括戴尔、百安居、三星、天空以及零售商Argos和Homebase。这些企业将翻新旧产品以及进行转售。

德国：回收电子垃圾十分便利

早在2002年，欧盟就出台了《废旧电子电气设备指令》，也就是家喻户晓的WEEE指令。2012年，欧盟对WEEE指令进行了重新修订，作为欧盟成员国，德国对该指令做了相应转换，在国内颁布新的《电子电气设备法》，于2015年10月正式实施。新的《电子电气设备法》明显提高了消费者处置废旧电器电子设备的便利性。德国回收电子垃圾主要有以下几条渠道。第一种渠道是德国市政处理部门开设的大型回收站。只要电子垃圾在规定的数量和大小范围内，居民可带上居住证明，在回收站开放时间把垃圾运到大型回收站即可。回收不只针对个人，不论是家庭还是商家，都可以直接运送垃圾到回收站。第二条渠道是由环保公司提供的回收点。一般针对企业和商家。第三条渠道是销售电子产品的商店。例如Saturn。Saturn类似国内的苏宁电器大卖场，但他们在销售的同时也负责回收旧电器和旧电池。只要不是太多或者太大的电子器件，都可以进行回收。另外，德国普通家庭处理电子垃圾一般会在邮政网站上下载一个专门回收电子产品的普通邮寄包裹单，填好各项信息之后将手机包好，然后拿到邮局寄掉。这种方式也是免费的，但必须是体积小的手机之类的物品。

西班牙：电子垃圾回收强化责任制

西班牙政府颁布了一项旨在规范废弃电器和电子设备回收的法令。该法令增强了回收力度，细化了回收要求，并提出建立一个有效的电子垃圾回收数据平台，以增强对废旧电子垃圾的监督与管控。法令要求所有主要经营家电设备和电子产品的商店，若店面达400平方米，必须专设一个回收站，向公众提供废旧电子产品回收服务。对于长度25厘米以下的旧电器，无论消费者是否购买新产品，商店必须无条件同意收购。法令同时还加强了对网上购买电子设备的回收管理，要求网络电商提供与实体店一样的旧电器回收服务，并向第一次在网上购买电子产品的顾客询问是否有同类废旧家电需要丢弃，承诺提供上门回收服务。西班牙的这项新法令突破性地将监督管理权下放到各个自治区，打破此前全国性的笼统的管理模式，授权各个自治区根据各地实际情况将回收要求和监督落到实处。

日本：电子垃圾是"稀有金属矿"

在日本，被回收的旧手机越来越多地被当作一种"都市稀有金属矿"来开采。据日本媒体报道，数码相机和DVD的微型马达主要使用钕，MD播放机等的电子基板使用钯，液晶显示器含铟。如果能有效回收和利用这些废旧电子产品中的稀有金属，无疑等于在都市中找到了"稀有金属矿"。日本是世界上稀有金属消费量最大的国家，其消费量占世界稀有金属消费总量的约25%。然而，日本的稀有金属供应绝大部分依赖海外进口。日本经济产业省从2007年开始实施有关计划，回收利用相关产品、强化资源外交、增加国家储备以及开发替代资源一起被列为保证稀有金属稳定供应的4大支柱。在众多电子垃圾中，废旧手机是最好的"都市稀有金属矿"之一，它体积虽小，却含有铟、钯、钴和锂等十余种稀有金属。日本每年回收数百万部手机。回收的手机被送到工厂低温焚烧后，其所含的资源能够被提取再利用。

美国纽约市：禁止丢弃电子垃圾

该市规定，禁止民众随意处理电子垃圾产品，民众不可将废弃的家用电子产品投进垃圾桶或摆放到路边。民众可登录相关网站，查询市清洁局定期在各区回收电子产品的时间，将电子产品带至指定回收点。

159. 为什么说建立电子垃圾回收体系势在必行?

全世界各地的众多消费者渴望拥有新的电子产品，生产公司为了迎合消费欲望而加快推陈出新的速度，每一代电子产品使用周期变短，人均拥有的电子产品更多，废弃的电子产品像潮水一样源源不断地涌来。电子垃圾已成为各国累积最快的垃圾类别。2018年全球电子垃圾已经达到了4850万吨，如果保持现有的生产率和回收率，到了2050年，电子垃圾的年产量将超过1.2亿吨。

根据商务部统计数据，截至2015年底，中国废弃电器电子产品处理企业达到109家。然而，很多正规的电子废弃物处理企业因无法回收到可维持企业正常产能的电子垃圾，得不到良性发展。而另一方面，游商游贩遍地开花，粗放的作坊式电子垃圾处理市场野蛮生长。由于游商游贩具有流动性和不稳定性等特点，采用重点打击游商游贩等手段将会带来较大的监管成本和人员需求，而效果可能并不理想。

我国电子垃圾回收市场仍然面临以下主要问题：法律不完善、责任主体不明确，未建立有效健全的回收管理体系及制度，管理制度可操作性不强；回收网络尚未形成，正规化回收渠道不畅通，游商游贩回收的现象难以得到有效遏制；公众的电子废弃物回收意识较薄弱，对公众的回收引导、配套设施建设和经济激励不足导致公众更愿意选择游商游贩而非正规企业；虽然一些互联网回收平台逐步建立，但目前仍缺乏相应的行业规范和适当的政策引导，尚未形成规模化效应，电子废弃物回收的稳定性以及去向等方面仍需进一步加强。

解决以上问题，当务之急是构建行业规范，搞好顶层设计，形成完整的再生利用产业链。把整个的链条通过制度性的设计，更科学化管理起来，动员政府主管部门、生产企业、销售企业、回收处理企业、环保组织、消费者等各方力量，共同参与治理，才是电子垃圾资源化回收的未来出路。因此，尽快完善电子垃圾回收体系势在必行。

160. 回收处理电子垃圾政府部门应做些什么？

1. 制定具有针对性的法律、行业规范和环境标准，提高行业门槛。明确生产者、销售商、回收处理商、消费者和政府之间的责任。

2. 可参照欧盟的做法，建立完善"生产者责任延伸"管理模式，生产者需对销售产品的整个生命周期承担责任。

3. 再生资源回收行业是利润低而社会和环境效益高的公益性行业，因此对回收企业需给予政策和资金扶持；从政策上鼓励和支持公益环保机构建立和运营在线回收平台，探索建立"互联网+回收"、逆向物流回收、公益回收等创新模式；鼓励家电龙头企业利用其原有的销售渠道建立完整的WEEE回收体系；加大宣传和引导力度，借助大型的社交网络平台，利用QQ、微信公众号等社交工具，精心制作回收资讯、环保信息；鼓励消费者通过正规渠道回收报废的电器电子产品，让电子垃圾流向正规的拆解渠道；取缔非法收购电子垃圾活动。

4. 建立市场准入机制，实施电子垃圾处理企业资质认证制度，保证有能力、有资质的企业进入废旧电子产品拆解市场；对电子垃圾处理企业和科研单位给予政策和资金扶持，推动电子垃圾处理企业向规模化、产业化发展；扶助电子垃圾处理企业进行技术升级，实现规模化无污染拆解。

5. 坚决取缔用落后工艺提取贵金属的小作坊和污染严重的企业，彻底清理整顿进口废旧电器的非法市场。

161. 回收处理电子垃圾消费者应做些什么？

1. 购买符合国家环保要求的电子产品。

2. 将废弃电子产品交给专门的回收公司或公益环保机构建立运营的在线回收平台。

3. 不要将废弃电子产品卖给小商小贩。

4. 不要将废弃电子产品投放进一般垃圾箱。

5. 不要将废弃电子产品随意丢弃。

162. 什么是有害垃圾？

有害垃圾指对人体健康或者自然环境造成直接或者潜在危害的生活废弃物。主要包括：废电池（镉镍电池、氧化汞电池、铅酸电池、纽扣电池等）、废灯管（荧光灯管、日光灯管、卤素灯等）、废含汞温度计、废含汞血压计、废药品及其包装物、医用手套、防护服、口罩、废油漆、化学溶剂及其包装物、废杀虫剂、灭鼠药、消毒剂及其包装物，废染发剂、指甲油、洗甲水、X光片等感光胶片、相片底片等。

163. 有害垃圾有什么危害？

有害垃圾的危害不容小觑。就废弃灯管来说，现行工艺制作的节能灯中大都含有化学元素汞，一只普通节能灯约含有0.5毫克汞，如果1毫克汞渗入地下，就会造成360吨的水污染。汞也会以蒸气的形式进入大气，一旦空气中的汞含量超标，会对人体造成危害，长期接触过量汞可造成中毒。

杀虫剂会通过呼吸道或皮肤对人体进行一定的伤害，对人体的神经系统具有明显的毒性，长期接触（即使是低剂量）也会引起颅神经麻痹、感觉异常、头晕、头痛等神经症状。而属于有机磷类、有机氯类和氨基甲酸酯类的杀虫成分，对人畜毒性更大。

油漆中含有甲醛及各种化学制品对人体是不利的。油漆颜料中含有铅、镉、铁等重金属，这些重金属会危害神经系统、血液系统、肾脏系统、生殖系统等等。油漆中的苯对皮肤、眼睛和上呼吸道有刺激作用，长期吸入苯能导致再生障碍性贫血、白血病等血液病。

医疗废物所含有的微生物的危害性是普通生活废物的几十、几百甚至上千倍，如处理不当，会成为医院感染和社会环境公害源，甚至可成为疾病流行的源头。暴露在外未处理的医疗垃圾对大气、地下水、地表水、土壤等均有污染作用。

就过期药品而言，大多数药品过期后容易分解、蒸发，散发出有毒气体，造成室内环境污染，严重时还会对人体呼吸道产生危害。过期药品若是作为生活垃圾处理，会造成空气、土壤和水源环境的污染。我们常说的水体抗生素超标、更多耐药菌的出现也与过期药品的不当处理有关。

 ## 164. 当前中国有害垃圾管理存在的突出问题是什么？

1. 中国针对医疗废弃物、工业危险废物，已经建立起了较为严格的回收处置制度，但对于废电池、废灯管、废温度计、废杀虫剂、废油漆等日常生活中产生的有害垃圾危害性却认识不足，这类有害垃圾大多流向不明。

2. 有害垃圾与其他各类垃圾混杂一起。居民家里使用的电池、灯管、废机油、失效药品等有害垃圾与其他垃圾混在一起被扔进垃圾桶。后端人工二次分拣的极少，大多被抛弃。这些垃圾在处理过程中会造成很大的环境污染。

3. 2017年3月30日，国家颁发的《生活垃圾分类制度实施方案》对有害垃圾的品种、投放暂存、收运处置做出规定，但缺乏相应的惩罚措施和约束机制，全国大部分地方普遍存在的问题是未配置专门的"有害垃圾箱"。

4. 有害垃圾分类收集的难点是收集活动密度低、物流成本高、二次分拣利润低。由于缺乏集中统一的规格类型，废弃物组分复杂，分类收集难以形成规模效应，平均成本高，单靠自生能力不足以覆盖收集成本。在政府财政支持力度不足的情况下，有害垃圾分类收集难以为继。

5. 分类运输的难点是市政环卫部门缺乏监督考核和激励机制。即便市民按要求在家里把垃圾分类了，也把垃圾放在不同颜色的垃圾桶里了，可是在运输过程中，垃圾还是混在一起。由于法律不健全，市政环卫部门在垃圾运输的过程中缺乏对分类后的垃圾进行分类运输，没有将有害垃圾与再生资源分开，由于缺乏对混装运输的约束性制度，运输车辆的配置就很难落实分类要求。再者，分类运输涉及前一个环节即分类收集和后一个环节分类处置，前后两个环节如果无法协同，分类运输也难有作为。

6. 生活垃圾治理成本费用机制缺乏，生活垃圾处理收费制度不完善、收费主体不统一、征收标准过低，收费的强制性和规范性不够强，未能体现"污染者付费"原则。

7. 资金匮乏，财政投入未能覆盖垃圾全生命周期，基础建设相对滞后。城市公共财政对垃圾分类未能给予高度支持，仅停留于"清运"层次，未及真正的无害化处理，遑论分类。很多城市依然普遍存在资金不足的问题。由于垃圾处理作为城市公用事业，其经费来源主要是政府拨款，政府几乎担负所有的费用，造成政府财政压力巨大。由于资金投入不足，垃圾收运处理设施建设相对滞后，许多城市尤其是中小城镇普遍存在设施老化、数量不足的问题。

8. 资源化、产业化水平低下，再生资源回收企业经营能力羸弱，盈利水平低，产业链残缺，市场发育不健全。垃圾分类之后，再生资源缺少出路，通过市场机制带动回收产业效果不显著。

9. 居民垃圾分类认知度不高。多数市民分类意识不强，对垃圾分类知识了解不够全面深入，存在事不关己高高挂起的心态。垃圾治理的共识基础薄弱，居民和市政环卫部门之间缺乏信任，没有合作，两者陷入囚徒困境，互相抱怨。

 165. 为什么说地球上的鱼类正在大面积消失？

鱼类藏在水下，很少有人给予关注。在全球范围内，鱼类正在静悄悄地大面积消失。它们的灭亡，无声又无息。

根据2019年6月发表在《美国国家科学院院刊》上的一项研究表明，如果全球气候变暖趋势继续按照目前的速度发展，到21世纪末，世界上的海洋可能会失去大约1/6的鱼类和其他海洋生物。

英国科学家指出，随着全球变暖加剧，海水的温度不断升高导致海水中氧气含量减少，包括鳕鱼等大型鱼类的生存将更加艰难，甚至出现灭绝危机。

2019年2月发表在《科学》期刊上的一项研究成果，海洋变暖导致全球可持续渔获量下降了4%。来自美国新泽西州罗格斯大学的科学家们利用全球渔业数据和海洋温度图，分析了1930年—2010年间气温上升引发的可持续渔获量变化特征。科学家们最终震惊的发现，全球变暖已严重影响了全球鱼类资源，在过去的80年里，中日沿海数渔获量下降了15%—35%。

根据世界资源研究所的调查，全世界的淡水鱼类正不断减少，世界上超过20%的淡水鱼种已经绝迹或处于濒危状态。

在中国纵横交错的各大水系中，长江是受威胁内陆鱼类最多的一个。

长江的鱼类是最丰富的。中国已知内陆鱼类共1443种，仅长江就有405种，占中国内陆鱼类的28.1%。但长江有灭绝风险的鱼类也是最多的，尤其是长江上游，共有286种内陆鱼，其中79种是受威胁物种。长江中下游共有220种内陆鱼，其中28种是受威胁物种。这个占比，远高于其他水系。目前，长江渔业资源已经告急，长江水生生物资源持续衰退，物种濒危程度加剧。白鲟、长江鲥鱼等物种已多年未见，中华鲟、江豚等处于极度濒危状态，"四大家鱼"早期资源量比20世纪50年代减少了97%以上。

洞庭湖鱼类自20世纪80年代以来持续衰退，近年来衰退趋势更加明显，2010年—2014年，32种鱼类从南洞庭湖消失。

鳞白鱼和异龙鲤是云南异龙湖特有的鱼种，1981年异龙湖全湖干涸20余天，这两种鱼完全丧失栖息生境而灭绝。

茶卡高原鳅分布于青海省乌兰县流入茶卡盐湖的一条支流，该河于20世纪就已干涸，至今无捕获记录，被认为灭绝。

人类给鱼类带来了灭顶之灾：中国内陆鱼类受威胁55.8%由于栖息地退化或丧失，54%归咎于酷渔滥捕，25.1%源于河流筑坝，16.7%是因为引进外来种。

 ## 166. 长江白鲟为什么会灭绝？

2019年9月17日，世界自然保护联盟专家在浙江杭州一个学术会议上报告称，经专家组评估，中国特有物种、国家一级重点保护动物长江白鲟灭绝。

这是继白鱀豚和长江鲥鱼被研究人员宣布功能性灭绝之后的又一坏消息。

白鲟是距今一亿五千万年前中生代白垩纪残存下来的极少数远古鱼类之一，分布极为狭窄，全世界只有中国才有，也被称作"长江白鲟"。主要集中分布在长江流域一带，被誉为"长江中的活化石"，极具学术研究价值，属中国一级保护野生动物。白鲟又称"象鱼"。四川渔民有"千斤腊子万斤象"之说。"象"指的是长江白鲟，据说它可以长到上万斤。白鲟体形硕大，成鱼可长达七八米，体重可达700多公斤，游速迅疾，被称为"水中老虎""中国淡水鱼之王"，它也是世界十种最大的淡水鱼之一，是淡水鱼家族中的第一号"巨人"，其寿命一般在30年左右。

长江白鲟灭绝原因是多方面的，其灭绝过程是长期累积的结果。

作为处在长江食物链顶层的旗舰物种，它的数量原本就不多，更容易受到人类活动的影响，比如采砂船、码头等都加速它们的灭亡。但白鲟灭绝最主要的原因则是育肥场和产卵场之间的通道切断。白鲟是典型的肉食类鱼，以其他鱼类为生，食物包括鱼类、虾蟹等。如果长江上游饵料不够，可以迁徙到下游去觅食。但是现在环境的改变，尤其是长江上一些大坝建成后，将下游的路截断，食物减少。

长江各段水电站的建设将长江分割成为数段，上下游的白鲟不能够互通，将原本种群数量较小的它们分割得更小。

白鲟本是大型食肉动物，活动范围减小意味着它可供选择的捕食区域减小，无法得到充足的食物。而相互分割的小的区域对于白鲟之间的繁殖也造成了一障碍。

由于生态环境恶化，白鲟分布区逐渐缩小，数量逐年减少，个体越来越小。

作为曾经的水产资源，在很长一段时间了，长江白鲟一直被过度捕捞食用。然而白鲟的性成熟时间将近7到8年，人工饲养一直不成功，因此也未能留下细胞、受精卵、组织等结构。

在过去粗放的经济发展模式下，长江付出沉重的环境代价。涸泽而渔、"电毒炸""绝户网"等非法作业方式竭泽而渔，最终形成"资源越捕越少，生态越捕越糟，渔民越捕越穷"的恶性循环，长江生物完整性指数已经到了最差的等级。

古人云：数罟不入洿池，鱼鳖不可胜食。但因过度捕捞，长江已陷"无鱼"境地。

白鲟、中华鲟等，处于河流生态系统中食物链顶端。顶级物种的锐减甚至消失，是长江生态危机的一个缩影，说明强化长江流域系统性保护已迫在眉睫。

167. 两栖动物大量消失的罪魁祸首是什么？

20世纪70年代，科学家发现两栖类动物正经历着全球性的种群下降和物种灭绝，下降速度之快、受胁物种之广，居各陆栖脊椎动物类群之首。有的学者更是把两栖动物的快速下降当作地球史上第六次物种大灭绝的标志性事件。

但是，很长时间以来，科学家们找不到导致两栖动物快速下降的原因。

直到20世纪90年代末，澳大利亚詹姆斯·库克大学的研究人员，才从采自于澳大利亚东南部山区、哥斯达黎加中南部山区和巴拿马西部福图纳森林保护区内的大量死亡和患病蛙类的皮肤表面鉴定和分离出一种致命性真菌——壶菌，为人们重新打开了一扇探寻两栖动物下降之谜的窗户。

自此，南美、北美、中美、欧洲、非洲和亚洲先后发现和报道了这一两栖类疾病，并被推测可能和两栖类下降关系密切。2013年，比利时根特大学的研究人员又从火蝾螈在欧洲西北部正经历快速下降的种群上发现了壶菌的姊妹种。

经过不断的后续研究，科学家推测虽然壶菌具有不同毒性的单倍型，但这两种壶菌可能均起源于亚洲，并随着人类活动在全球快速传播，其主要致死机制是壶菌可导致病蛙皮肤的电解液交换功能下降到正常水平的50%以下，同时病蛙体内血钾和血钠浓度大大下降，钠钾代谢失衡会进一步影响血管扩张和收缩，使血流减缓和血液循环发生严重障碍，最终导致蛙类心脏骤停。

蛙作为一种古老的两栖动物，在地球上已经生活了1.9亿年。然而如今，全球各地的蛙类在壶菌的侵袭上，正在越来越多的消失。

之前研究人员推测，蛙壶菌很可能导致了至少200种蛙的灭绝。但这个数量远远不止于此，最近发表在《科学》期刊的新报告指出，受到蛙壶菌的影响，有500多种两栖动物的种群数量显著下降，其中有90个物种已经灭绝。

随着航空业的兴起和人们前往世界各地旅行的脚步，这种细菌也跟着传播到世界各地，两栖动物正面临着生死存亡的危机。

 ## 168. 全球有多少爬行类动物面临灭绝危险？

爬行动物一般身上有鳞或甲，用肺呼吸，体温不恒定，卵生或卵胎生，在陆上繁殖，如蛇、蜥蜴、龟、鳖等。

爬行动物第一次出现在地球上的时间在3亿年前。爬行动物经历过许多极端艰难的环境条件，因此很容易被认为可以适应不断变化的全球环境。其实，许多爬行动物对环境变化特别敏感。

2013年2月，一份刊登在英国出版的《生物保护》上的报告称，世界上1/5的爬行动物物种面临灭绝危险，因为耕种和伐木的影响，它们的栖息地正在减少。报告由伦敦动物学会、世界自然保护联盟物种生存保护委员会编制。

200多名专家评估了1500种随机选择的蛇、蜥蜴、鳄鱼、乌龟和其他爬行动物后发现，19%的物种受到威胁，其中超过10%的物种被列为极度濒危，41%濒临灭绝，几乎一半属于脆弱。其中，淡水类爬行动物面临特别的生存危险，有1/3的物种被认为濒临灭绝。

169. 为什么说哺乳动物将面临越来越快的灭绝速度？

当今生活在地球上的哺乳动物，60%是我们所饲养的家畜，主要以猪、牛、羊为主；36%是人类；只有4%是野生哺乳动物。而150年前的情况与今天大不相同。

人类在生存过程中，已经猎杀了数以亿计哺乳动物。自上个冰河世纪以来，已经有超过300个物种灭绝，包括猛犸象、长毛犀牛和袋狼。

自18世纪中叶第一次工业革命以来，因人类活动导致哺乳动物灭绝的现象日益突出。印尼巴厘虎、澳洲袋狼、直隶猕猴、高鼻羚羊、台湾云豹等许多动物物种永远消失了。

如果我们生活在普通的地质时代，一生几乎看不到一个物种的消亡。因为哺乳动物消失的平均值很低，每一千年才有一种。但我们生活的时代显然已不是普通的地质时代。今天的时代，生物灭绝的速度，是背景灭绝率的几百甚至几千倍。

2011年8月，生物学家在英国皇家学会出版的科学杂志上提出警告：当今已经发现并仍然存活的5339种哺乳动物中有1／4濒临灭绝。

如濒临灭绝的十种最强大哺乳动物数量：马来亚虎仅存250只、印度支那虎350只、索拉羚羊750只、孟加拉虎2500只、打巴奴里猩猩800只、蓝鲸10000头、苏门答腊猩猩14613只、印度象20000头、亚洲象不超过50000头、虎3890只。之所以要画蛇添足再列出虎，是因为虎的整个物种中，20世纪初尚有约10万只，而现在根据世界自然基金会的估计，全球仅存3890只。在现代虎的九个亚种中，三个已经灭绝，其余六种都被处于濒危或极危状态。

黑犀牛的数量自1970年—1992年间锐减，大约96%的黑犀牛因大规模偷猎活动而消失。尽管相关种群数量已开始恢复，但当前野外仅存4800只黑犀牛。近年来，在亚洲和非洲的部分国家，犀牛及其亚种陆续消失。2011年，非洲西部黑犀牛正式宣告灭绝，而北部白犀牛仅存一只。黑犀牛等极度濒危物种在未来50年内濒临灭绝的风险很高。亚洲象在21世纪存活的概率不到33%。

巴西大西洋森林是世界上最重要的森林之一，自16世纪欧洲殖民者进入该地区以来，当地的哺乳动物物种已有半数以上遭遇灭绝。

澳大利亚哺乳动物的灭绝率在世界上是最高的。在过去的两百多年间，澳大利亚至少有34种哺乳动物已经灭绝。

印度尼西亚则也是哺乳动物濒临灭绝严重的国家，在其领土上有188个物种面临灭绝。

而全世界1/3以上的海洋哺乳动物也都面临灭绝风险。

哺乳动物将濒临越来越快的灭绝速度，这绝不是危言耸听。来自丹麦奥尔胡斯大学和瑞典哥德堡大学的研究小组进行了一项发人深省的研究，由于物种灭绝发生得太快，进化已经跟不上灭绝的速度了。如果哺乳动物以正常速度多样化，想要恢复到现代人类进化之前的生物多样性的水平还需要500到700万年，即便是保持现有的生物多样性水平也需要300到500万年。

生命的逝去总令人伤悲，一个物种的谢幕更令人心碎！

170. 为什么说未来人类可能听不到鸟鸣？

鸟类是分布范围最广的物种之一，几乎遍及所有生态系统，因此鸟类生存状况是衡量全球生态环境健康的重要指标。全球鸟类生存状况出现危机，鸟类正以惊人的速度从天空中消失，连鸟类学家都感到震惊。

国际鸟类联盟发布的《2018全球鸟类状况报告》称，在全世界已知的约1.1万种鸟类中，40%的鸟类数量正在减少，全球1/8的鸟类——1300多种鸟，面临着灭绝危机，它们的生存状况日益恶化，从热带地区至两极地区，一些鸟类物种的数量呈现可怕的下降趋势。

美国、加拿大研究人员2019年在《科学》网络版上发表报告称，自20世纪70年代以来，飞越北美洲（加拿大和美国）的529种鸟类，比1970年减少了将近30亿只，这个数字相当于该地区所有鸟类的29%。将近60%种类的鸟类数量都在减少，麻雀、云雀和椋鸟减少的比例甚至高达75%，猛禽和水鸟是数量增多的少数鸟类之一。

鸟类的消失现象并非北美独有。2014年欧洲研究人员发表了相似的数据，该项研究时间跨度从1980年—2010年，欧洲鸟类的数量在这段时间内减少了4亿只。欧洲1/3的鸟类目前濒临灭绝。自1980年以来，云雀和斑鸠等过去一些常见鸟类的数量急剧下降，其中斑鸠的数量下降或超过90%。

英国生态学和水文学研究中心的杰里米·托马斯领导的一支科研团队在《科学》杂志上发表的英国野生动物调查报告称，在过去40年中，英国本土的鸟类种类减少了54%。

农田占欧盟陆地面积的45%，欧洲鸟类普查委员会一直在协调整理28个欧洲国家超过160种常见农田鸟类的数据。收集的数据令人担忧：过去30年间，农田鸟类的数量直线下降，下滑了55%，处于开始记录以来的最低点。农田鸟类成为欧洲受威胁最严重的鸟类之一。

非洲大陆的鹰、秃鹫和其他猛禽的数量也逐渐减少，北大西洋海鸥和海鹦的聚居地正在逐渐消失，同时，西半球红腹滨鹬等岸禽数量也急剧减少。

矶鹬、篦鹭和鹳，以及依赖于亚洲黄海潮间带生存的候鸟都处于生存危机之中。

澳大利亚和南美鹦鹉出现食物匮乏。南极洲的一些企鹅物种由于食物缺少，很可能会饿死。

大西洋海雀、非洲灰鹦鹉、北极地区的雪鸮等人们熟悉的鸟类数量也在不断下降。

国际鸟类联盟的科学家发现，几个世纪以来，百分之九十灭绝的鸟类都是岛屿物种，而今天令人不安的趋势是大陆物种开始变得比岛屿物种更容易灭绝。

中国是世界上鸟类多样性最丰富的国家之一。根据2015年原环境保护部和中国科学院发布的《中国生物多样性红色名录》评估报告，在中国现有的1372种鸟类中，列为极危、濒危和易危等级的受威胁鸟类有146种，区域灭绝的3种。中国濒临灭绝的鸟有黑鹳、白鹳、朱鹮、黄腹角雉、黑颈鹤、白鹤、丹顶鹤、赤颈鹤、大天鹅、小天鹅、中华秋沙鸭等。在中国的许多地方，麻雀这种一点都不惹人注目的小鸟已经出现大量消失的现象。20世纪70年代，田野里到处都是动物：青蛙、鱼、蜻蜓和麻雀。而现在，村庄周围的田地里寂静无声。在中国南方和中部的一些地方，麻雀实际上已经消失。现在城市里还能看到麻雀，但在一些农村，它们却踪影全无。中国与欧洲、北美有所不同，在中国，农村的麻雀数量下降得比城市快。

若干年后，我们的子孙后代恐怕再也看不到长击天空的雄鹰，再也听不到鸟儿清脆的鸣唱了。

171. 为什么说昆虫的灭绝将导致自然生态系统的灾难性崩溃？

昆虫是最多样化和数量最多的动物。科学家估计全球昆虫的物种数量约为550万，其中只有仅仅1/5被确定和命名。

2019年2月，发表在英国《生物保存》季刊上的有关昆虫数量的首份全球性科学综述指出：地球上的昆虫正在快速走向灭绝之路，这可能导致"自然生态系统的灾难性崩溃"。这项分析发现，超过40%的昆虫物种在衰落，1/3的昆虫物种则处于濒危状态。昆虫灭绝的速度是哺乳动物、鸟类和爬行动物灭绝速度的8倍。现存最确切的数据显示，全世界昆虫的总质量正以每年2.5%的速度下降，这意味着，它们可能在一个世纪的时间内消失。

参与研究的澳大利亚悉尼大学的弗朗西斯科·桑切斯—巴约说："如果昆虫物种的灭绝无法阻止，这将对地球的生态系统和人类的生存造成灾难性后果。"桑切斯—巴约说，在过去的25到30年中，每年2.5%的消失速度是"令人震惊的"。他说："这非常快，10年后就会灭绝1/4，50年后只剩一半，100年后就全部灭绝了。"桑切斯—巴约说，昆虫的消亡似乎开始于20世纪初，在20世纪五六十年代，昆虫消亡的速度加快，而在过去的20年中，昆虫的消亡达到了"令人恐慌的比例"。

蝴蝶、甲虫、蚂蚁、蜜蜂、蜂、黄蜂、苍蝇、蜻蜓等生物的衰落，所带来的后果远远超过了它们的灭亡。昆虫在生态系统中扮演的重要角色不可或缺。昆虫是生态系统正常运转的得力助手，它是鸟类、鱼类和其他脊椎动物重要的食物来源，是农作物授粉者，害虫控制者，土壤养分回收者。昆虫作为生态圈的重要贡献者，其作用却时常被人类低估。

昆虫作为整个地球上最为庞大的生物类群，它们无论在食物链，还是在生态系统中都占据了主要的地位。对植物来说，虽然昆虫会取食很多植物，甚至对植物造成致命的伤害，但同时昆虫在植物繁殖时还扮演着"媒婆"的角色，为大量开花的植物授粉，这类植物也因此被称为"虫媒植物"。据植物学家统计，在这些异花授粉的植物中，"虫媒植物"要占到85%以上。我们可以想象一下，如果昆虫灭绝，便会有大量的植物因此灭绝，

而60%的鸟类依靠昆虫作为食物来源，昆虫的灭绝直接威胁到食虫鸟类的生存，而这，很可能是一种全球性的现象。昆虫的大规模灭绝，将切断底栖食物链，导致整个生态系统的剧烈动荡，严重威胁到包括人类在内的所有动植物的生存，并最终导致食物链和生态系统的崩溃。

172. 为什么说全世界的蜜蜂正以惊人的速度消失？

从2006年开始，美国国内35个州的养蜂人都不同程度地发现自家蜜蜂飞走以后就没有回来。数百万蜜蜂不但没有留下任何与去向相关的痕迹，而且生死未卜。在一个蜂巢中，只剩下幼虫和蜂后，大量的工蜂不知所踪，甚至连尸体都没留下，正所谓"活不见蜂，死不见尸"。没有工蜂提供食物和照看幼虫，整个蜂巢很快便走向灭亡。科学家把这个现象称为"蜂巢崩坏综合征"。

蜜蜂消失现象像瘟疫一样，逐渐蔓延至全球，五大洲都传出了蜂群大量消失或死亡的消息，而且，情况愈演愈烈。

在英国，各地的养蜂者发现，在没有疾病等明显原因的情况下，大量蜜蜂舍弃"家园"而去。

西班牙有报告称已有数千个蜂群消失。

在瑞士大约一半的蜜蜂消失。

德国每年有40%的蜜蜂蜂群死亡。

短短十年时间，全球有将近30%的蜜蜂消失了，并且蜜蜂数量下降的趋势还在继续。

发表在英国《自然·通讯》杂志的研究显示，自2002年起，英格兰的野

生蜜蜂物种数量平均下降了7%。

美国佛蒙特大学的研究发现，2008年—2013年期间，美国加州、太平洋西北地区及西南地区的农业区中，野生蜜蜂的数量减少了23%。

澳大利亚麦考瑞大学研究显示，2015年—2016年冬季，美国损失了28.1%的蜂群，加拿大失去了16.8%。

据美国农业部公布的统计数据显示，2009年蜂窝减少29%，2008年减少36%，2007年减少32%。

2016年9月30日，美国鱼类及野生动植物管理局宣布夏威夷7个蜜蜂品种进入濒危状态。这是史上首次有蜜蜂进入濒危物种名单。

另外，在2016年世界自然保护联盟发布的濒危物种红色名录中，31个种类的蜜蜂赫然在列：30种熊蜂和1种切叶蜂，其中，极危3种、濒危1种、易危4种、无危18种、数据缺乏5种。

在中国，单从数量上来说，国内蜜蜂整个群体数量是上升的，这得益于人工养殖的家蜂数量在增长。联合国粮农组织给出的数据显示，2014年，中国人工饲养蜂群数量为907万，近几年仍呈上升趋势。不过，国内的野生蜜蜂处于自生自灭状态，物种的多样性在不断减少。

自西方蜜蜂的优良品种如意大利蜂和喀尼阿兰蜂的引进和大量的繁育以来，中华蜜蜂受到了严重威胁，分布区域缩小了75%以上，种群数量减少八成以上。黄河以北地区，只在一些山区保留少量中华蜜蜂，如长白山区、太行山区、燕山山区、吕梁山区、祁连山区等，并处于濒危状态，蜂群数量减少95%以上；新疆、大兴安岭和长江流域的平原地区中华蜜蜂已灭绝，半山区处于濒危状态，大山区如神农架山区、秦岭、大别山区、武夷山区、浙江南部、湖南南部、江西东部、南部山区、南岭、十万大山等地区处于易危和稀有状态，蜂群减少60%以上；只在云南怒江流域、四川西部、西藏还保存自然生存状态。

173. 蜜蜂消失的原因是什么?

造成蜜蜂消失的原因主要有7个:

1. 农药

2019年的前几个月,巴西南部四个州就有约5亿只蜜蜂死亡。科学家从死亡的蜜蜂体内检测出氟虫腈和草甘膦的痕迹。

氟虫腈是一种欧盟严格禁用的杀虫剂,被美国环境保护署列为人类致癌物质。

而草甘膦可能是罪魁祸首。自20世纪70年代推出草甘膦以来,已有近1000万吨草甘膦被喷洒到世界各地。草甘膦作为除草剂的作用机制是破坏植物和微生物中莽草酸代谢过程的重要酶,而动物没有这种代谢途径。

新烟碱类杀虫剂对蜜蜂产生致命威胁。农民通常使用新烟碱类杀虫剂灭除农作物害虫,预防白蚁、保护草地等。目前在欧洲和美国应用最广泛的新烟碱类杀虫剂是"益达胺"。早在20世纪90年代末,法国科学家已经发现,益达胺虽然不会导致蜜蜂死亡,但是会伤害蜜蜂的神经系统,导致蜜蜂迷失方向、无法回巢,最后在寒冷的户外死去。2018年5月,欧盟出台禁令,禁止在部分作物上使用3种新烟碱类杀虫剂。然而,这类杀虫剂在美国和中国允许使用。

2. 空气污染

人们认为空气污染也会影响蜜蜂。蜜蜂借助植物释放的气味分子确定花粉和花蜜的位置。初步研究表明,空气污染物会与气味分子相互作用,产生错乱信号,干扰蜜蜂觅食,影响授粉速度和效率。

3. 气候变化

2013年2月,美国《科学》周刊发表研究报告指出,全球气候变暖,破坏了野生传粉昆虫的生存环境,导致其数量减少,进而对全球农作物构成威胁。温度发生了变化,导致物候发生变化,变化以后就会破坏蜜蜂和植物之间的紧密的物候关系。具体地讲,就是植物开花了但是蜜蜂没有出来,这时候植物就得不到授粉；反过来也是一样，蜜蜂出来了，没有花开，那这时候它没有食物，没有花蜜。

4. 集约化农业

随着农业集约化的不断推进，我们开始成片种植单一作物，可能一大片农田只种植玉米、大豆等一两种作物。这些作物的花期几乎同时开始，同时结束，持续性短，使野生授粉蜜蜂得不到连续而充裕的食物供给。

化学肥料让蜜蜂营养不良。因耕种方式的改变，传统耕作中的覆盖作物，像是车轴草与苜蓿能将氮固定在土壤中，而这两种作物对蜜蜂来说是十分营养的作物。然而在工业化的当代，人们不再使用覆盖作物，而改用大量的化肥来促进食物生长，进而使蜜蜂缺乏覆盖作物来维持生命。

近年来由于农作物品种的改良，流蜜量锐减，如新疆的棉花、青海的油菜以及南方的油菜等，流蜜量很差。

5. 自然资源的过度开发

土地的商业利用侵占了大量蜜蜂的栖息地。城市不断扩张和人类活动范围扩大，迅速地割裂和挤占了蜜蜂的生存空间。例如大片的植物多样性的山林被垦光，植上单一的甚至是无蜜粉源的经济林，致使植物的多样性和生态遭到严重破坏。野生蜂群能够生存的地域日趋减少，到了枯蜜期大量被饿死。

6. 外来物种入侵

如中国，早在1896年就引进了西方蜜蜂，20世纪30年代和60年代又两次大规模引进西方蜜蜂。引进的西方蜜蜂体型较大，它们野蛮地盗取中华蜜蜂的蜂蜜，干扰中华蜜蜂交尾，并带进了病原体，使原来在中国呈优势分布的中华蜜蜂种群数量大大减少，很难找到野生中华蜜蜂群。同样的情况在许多国家也都存在。

一些蜜蜂种群具有寡食性（在近缘科、属的植物花上采食，如苜蓿准蜂）或单食性（在同一种植物或近缘种的花上采食，如矢车菊花地蜂），当外来植物大量入侵，霸占本土植物生存空间后，蜜蜂的食物来源减少，间接导致种群消失。

7. 病原体

由于人们不停地使用农药和化学肥料，也在不自觉的情况下培养了一些超级细菌和害虫。像蜂螨就是蜜蜂的头号敌人，它不但危害蜜蜂的免疫系统，也会传染疾病，让蜜蜂生病甚至死亡。

一种从亚洲传播至全球的蜜蜂体外寄生螨——狄斯瓦螨也扮演着重要角色。一些学者认为，正是该寄生虫导致了欧美野生蜂群的几近灭绝，且目前仍缺乏有效应对措施

美国学者于2007年发现一种名为"以色列急性麻痹病毒"的昆虫病毒是导致蜜蜂种群消失的潜在诱因。

蜜蜂真菌病虽然不如蜂螨那么凶猛，却是西方蜜蜂的第二杀手，每年不少蜂场因患真菌病而减产甚至垮场。蜜蜂的真菌病主要是白垩病及真菌爬蜂病。

另外，一些专家还提出了一些可能的原因：

疑凶一：辐射

一些科学家表示，手机和其他高科技产品的辐射可能是造成蜜蜂大量失踪现象的凶手。有实验表明，当把手机放在蜂巢附近时，蜜蜂就不愿回家。

德国科布伦茨—兰道大学2007年公布的一项研究显示，手机发出的辐射会干扰蜜蜂的导航系统，使其无法回巢。兰道大学的研究人员发现，蜜蜂若靠近电线，行为就会改变。新研究显示，蜂巢附近若有手机，蜜蜂就会拒绝回去。科学家分析说，手机发出的辐射会扰乱蜜蜂的导航系统，使这些恋家的蜜蜂再也找不到回家的路。

一部分科学家发现美国3G手机开始普遍使用和蜜蜂消失的时期重叠了。手机的电磁辐射怀疑是使蜜蜂消失的原因。

疑凶二：转基因作物

《纽约时报》曾发表过一则消息，称美国许多养蜂农场大量蜂群不明原因地消失和死亡，一些专家猜测可能与美国大量种植转基因作物有关。

德国耶拿大学在2001年—2004年期间曾做过一项课题，研究转基因玉米的花粉对蜜蜂的影响，虽然发现转基因玉米花粉中抗虫害毒性成分比普通玉米高得多，但这项研究并没有找到转基因玉米对蜂群减少的直接证据。

174. 蜜蜂对自然界和人类有何重要意义?

蜜蜂以提供高品质食品——蜂蜜、蜂王浆、花粉以及蜂蜡、蜂胶和蜂毒等产品而闻名。

蜜蜂本身也是我们赖以生存的生物多样性的一部分。生物多样性和生态系统服务政府间科学政策平台2019年5月发表的一份报告说:"世界主要宗教对蜜蜂的神圣描述突显了几千年来它们对人类社会的重要意义。"

全球近3/4的粮食作物种类在一定程度上依赖动物授粉以保证产量和质量。联合国粮农组织蜜蜂专家表示,世界上1/3的粮食生产依赖于蜜蜂。

在一只蜜蜂传粉的过程中,它毛茸茸的身体能粘住50万—75万粒花粉,使植物得到充分授精的机会。蜜蜂是一种群居昆虫,一群蜂有5万—10万只之多,一个蜂巢,能完成4000平方米内的果树授粉,一个蜂箱的蜜蜂,一天能为300万朵花授粉,蜜蜂在提高粮食作物产量和质量方面发挥巨大作用。

据统计,在人类所利用的1330多种作物中,有1000多种依靠蜜蜂传授花粉。大量研究证明,蜜蜂授粉可显著提高农作物产量,如油菜授粉可增产10%—47.5%、向日葵增产10%—40%、大豆增产10%—40%、苹果增产5%—30%等等。

蜜蜂授粉可以减少人类使用植物激素,种子和果实的质量和口感普遍会更好,因此也可以保障食品的安全性。

蜜蜂一旦减少或者消失,庄稼可能无法成熟。如果没有蜜蜂授粉,人类将丧失多数粮食、蔬菜、瓜果等赖以生存的物资。苹果、蓝莓、桃子、番茄等瓜果蔬菜几乎绝收,甚至灭亡,人类将再次面临大规模的饥荒。

没有蜜蜂授粉,许多只能依靠蜜蜂授粉的植物也会濒临灭绝。一旦蜜蜂从地球上消失,需要蜜蜂作为媒介的植物都将面临灭绝风险,这些植物又是很多动物的食物,在植物灭绝之后,一大批动物也要跟着灭绝。因为植物的大量减少,地球的氧气也会变得稀薄,到时候海洋生物也无法幸免。由于生物圈各种动植物之间的关系十分微妙，一种动植物的灭绝很容易引发蝴蝶效应。当蜜蜂灭绝之后，大量的动植物都会跟着一起灭绝，到时候地球上很可能会引来一场巨大的生物大灭绝。由此可见，蜜蜂在生物圈中的地位非常重要，甚至比我们人类还要重要得多。

蜜蜂是生态系统中的关键物种。所谓关键物种是指对维护生物多样性及其结构、功能及稳定性起关键作用，一旦消失或削弱，生态系统或生物群落就会发生根本性变化的物种。

蜜蜂的消失并不仅仅是一个噱头——一些食物链中关键环节的断裂，往往会很快地导致整个食物链甚至整个生态链的断裂。

物种是生态系统的基础。尤其像蜜蜂这样位于生物链相对底层的生物，它们是连接植物和动物的桥梁，如果在这一环节出现断裂，在生物链上处于其前后的大批生物都要遭殃。

除天生的传授花粉的本领外，蜜蜂在仿生学方面也功不可没。蜜蜂的蜂巢令建筑学家们大受启发。现在飞机的机身和机翼、人造卫星的外壳等都大量采用蜂窝结构。蜂眼也给了人们不少启迪，科学家根据蜜蜂复眼的结构，研制出了偏光罗盘，用于导航。

 175. 如何保护蜜蜂？

- -

1. 严控农药的生产和使用

近30年来被广泛使用的新烟碱类杀虫剂被视为蜜蜂消失的最大诱因。自新烟碱类杀虫剂面世以来，大量授粉昆虫数量骤减。新烟碱类杀虫剂对蜜蜂等授粉昆虫具有高毒性，已成为使用最广、发展最快的杀虫剂之一。早在2010年，新烟碱类杀虫剂就已占全球杀虫剂市场的26%，且其产量仍在增长。保护蜜蜂，最重要的是禁止在部分作物上使用新烟碱类杀虫剂，禁止对蜜蜂有害的农药如草甘膦、氟虫腈、益达胺、噻虫嗪、噻虫胺、定虫隆进入市场。减少、舍弃农药，让作物自然生长，恢复覆盖作物来提升土壤的肥沃度，除了能让作物得到自然养分，也能让蜜蜂从中获取所需。

2. 发展有机农业

有机农业是传统农业与现代科技的结晶，生产中绝对禁止使用化学物质，避免使用农药，而用生物法、换种法、断桥法等方法来防治作物的病虫害。因此，有机农业生产方式不仅可以解决化肥、农药对土壤造成的污染，还可以防止蜜蜂因化学农药而大量死亡，以及害虫因化学农药而产生抗性的负面影响，增加生物种群的多样化，维持生态系统的稳定性。

3. 持续不断地大幅度减排

控制温度上升，减少空气污染，为蜜蜂提供健康的生存环境。

4. 保护蜜蜂栖息地

在垦山造林时禁止全垦，留出一定的面积给自然植被，以保护植物的多样性。在商品蜜采集区垦伐时，可有针对性地留下蜜粉源植物（如乌桕、枪、荆等）。

5. 种植有益蜜蜂的植物

许多的冬闲田可以种上油菜、紫云英等植物。在道路两边、公园、小区、草地、房前屋后等场所大量种植各种蜜粉源植物，增添植物多样性，避免单一种植。待含花蜜的植物开花后，才能在草地上割草。在阳台、露台和花园种植含有花蜜的花，如金盏花、向日葵等。

6. 鼓励发展养蜂业

设立蜜蜂研究机构，制定拯救蜜蜂的行动计划，加强科学知识普及，对养蜂人进行培训，解决好养蜂后继无人的问题。从当地养蜂人处购买蜂蜜和其他相关产品。提高儿童和青少年对蜜蜂重要性的认识，并表达对养蜂人的支持。

 176. 当今植物灭绝速度比自然灭绝速度快多少倍？

大多数人能说出近几个世纪灭绝的哺乳动物或鸟类的名字，但很少有人能说出一种已灭绝的植物的名字。植物的灭绝悄无声息，但其灭绝速度却令

人惊讶。

2019年6月，英国皇家植物园和斯德哥尔摩大学的科学家在英国《自然·生态学与进化》杂志发表研究报告指出，1753年—2018年间，全球有571种植物物种消失了，人类平均每年导致两种以上植物从地球上消失。研究人员分析了全球33万多种种子植物的种群后认为，自1900年以来，地球上每年大约有3个植物物种灭绝——植物灭绝的速度要比自然灭绝速度快500倍。研究人员认为，这些数字实际上比植物灭绝的真实水平要低。

植物灭绝的地理位置惊人的相似，在所有的植物灭绝事件中，约有一半发生在孤立的岛屿上，那里的物种更容易受人类活动导致的环境变化影响。其中，夏威夷的物种灭绝比世界上其他任何地方都严重，自1900年以来，仅这里就有79个物种灭绝。其他灭绝率特别高的地方包括巴西、澳大利亚、马达加斯加和印度。

法国国家可持续发展研究所的植物学家对非洲逾2.2万个维管植物物种的状况进行了计算机分析，发现有近7000个物种可能面临灭绝风险，占32%。

在占巴西总面积1/5的巴西中西部热带草原地区，研究显示，在该地区的163种树木中将有70%以上的树种灭绝。其中很多植物是该地区特有的稀有品种。

英国生态学和水文学研究中心的科研团队发表报告称，英国本土的野生植物种类减少了28%。

过去50年，中国大约30000多种高等植物中，有4000—5000种濒危或者受威胁，占高等植物总数的15%—20%，高于世界平均水平10%—15%。

 ## 177. 植物灭绝将带来怎样的危害？

植物支撑着地球上所有的生命，它们为我们提供氧气，给我们带来食物，它们构成了整个世界生态系统的支柱。一个植物物种的灭绝，影响到的远不只是这个物种本身。

1. 影响自然界的生态平衡。在自然界中，生物与生物、生物与非生物之间组成了一个整体，它们相互依存、相互制约，保持着一种生态平衡。植物灭绝对所有物种来说都是坏消息。包括人类在内，数以百万计的其他物种的生存都依赖于植物。植物灭绝会导致依赖它们的其他生物的一系列灭绝，例如以植物为食和产卵的昆虫。因此，生物多样性锐减必然会导致生态系统的破坏，给人类带来意想不到的灾难。

2. 影响物种基因遗传。每个植物物种都包含丰富的基因，基因资源的挖掘可以影响一个国家的经济发展，甚至一个民族的兴衰。仅从生物基因的角度看，每失去一个植物物种，就意味着失去了一种独特的基因库，这对人类无疑是一种不可估量的巨大损失。

3. 影响未来的食物来源和工农业资源。生物多样性为我们提供了食物、纤维、木材、药材和多种工业原料，我们的食物全部来源于自然界。生物多样性遭到破坏之后，这一切都无法得到保障，必然影响人们的生活质量。

4. 影响药物来源。当人们生病的时候，依赖自然环境中的物产来帮助恢复健康。许多新兴药物，不断地被科学家从植物中发现和提取，生物多样性的锐减必然会使许多药用植物的来源减少。

178. 为什么说人类是不能在只有驯化物种的地球上生存的？

人们大部分的衣食源于驯化的动植物，因此就有人觉得：生物多样性不再重要，现在我们只需要驯化生物就够了。他们认为，这些生物也正是由于其优良的繁殖力、高产量以及其他些优点，才在人工选择中脱颖而出，可以作为人类赖以生存的基础。

然而，种种迹象都表明：人类是不能在只有驯化物种的地球上生存的。

驯化物种所带来的副作用之一就是，导致其同种动植物基因多样性的下降。等位基因的缺失，降低了物种适应环境变化的能力。

例如，当人们想培育抗干旱、耐盐碱、耐高温的农作物和动物品种时，必须在野生种群中寻找适合的基因。如果生物多样性下降，那么可供选择的基因自然也就减少了。

再例如，给中国带来巨大损失的非洲猪瘟。疫情从2018年8月份开始，在中国辽宁省发现首例，然后迅速扩散到全国，肆意泛滥。它的传染速度很快，得病以后，死亡率是100%。事实上，中国本来就有很多本土猪种，将近90种。但是，这些遗传资源流失得非常快，几年前的资料就显示，已经有4个地方猪种灭绝，31个品种濒危。中国家畜群体中，存在对湿热、干旱、高海拔生境的抗性基因，对威胁畜牧业的多种疫病的易感性也低于欧美品种。从宏观上来说，丰富的动物品种多样性，意味着未来有个更好的保险——在这类重大疫病面前，能够降低风险，在应对上会有更好的弹性。

驯化物种所带来的另一个副作用是，如果环境条件发生了巨大的变化，一些驯化物种难以适应持续升温的环境，甚至引发生物世界的崩溃。

现代化的驯化饲养，使家畜家禽养殖越来越依赖几个所谓优良品种，大量有价值的品种消失。虽然全世界有6000种植物被种植作为食物，但只有其中的20种作物就产出了世界上90%的粮食。单一性种植使农业失去多样性，每一品种都载有一套精心挑选的基因，虽然能提高产量，但抗风险能力变得非常低。一旦全球气温急剧上升，人工培育驯化的植物几乎经不起巨大的气候变化。

仅仅有驯化物种的世界，将使生命网络日益变小、凋敝。

 179. 为什么说人类已经站在了第六次生物大灭绝悬崖边上？

在过去的5.4亿年时间里，地球已经历了由地质或天文事件导致的五次生物大灭绝。

现在，由于人类活动造成的影响，地球第六次物种大灭绝可能已经悄然来临。

20世纪90年代，美国著名古生物学家理查德·利基提出了"第六次大灭绝"的术语。这个概念得到了众多科学家的认可。

《世界自然保护联盟濒危物种红色名录》于1963年开始编制，是全球动植物物种保护现状最全面的名录。世界自然保护联盟隔几年就发布一次。2018年11月14日，《世界自然保护联盟濒危物种红色名录》再一次更新发布。更新后的名录，一共包括了96951个物种，其中26840种濒临灭绝。

据统计，全世界每天有75个物种灭绝，每小时有3个物种灭绝。

世界自然基金会发布的《地球生命力报告2016》，为我们揭开了当前地球生态环境的严峻形势。报告公布的"地球生命力指数"显示，全球范围内野生动物种群降幅堪忧，1970年—2012年期间，全球脊椎动物种群数量整体下降了58%，未来几年将会达到67%。其中陆地物种种群数量整体下降38%，淡水系统监测种群数量整体下降81%，海水种群数量整体下降36%。1970年以来，地球生命力指数一直在下降，年均降幅达到2%，且没有任何放缓的迹象。

联合国2019年5月在巴黎发布《生物多样性和生态系统服务全球评估报告》显示，如今在全世界800万个物种中，有100万个正因人类活动而遭受灭绝威胁，全球物种灭绝的平均速度已经大大高于1000万年前。这份1800页的报告是自2005年联合国千年生态系统评估报告发布以来，对全球自然环境最全面的一次评估，为全球生物多样性保护再次敲响了警钟。该报告由联合国框架下的生物多样性与生态系统服务政府间科学政策平台发布，是50多个国家400余名专家3年的研究成果。

美国生物多样性中心认为："自6500万年前恐龙灭绝以来，目前的物种灭绝是最严重的。虽然物种灭绝是一种自然现象，但'自然'的灭绝速度约为每年1到5个物种。科学家们估计，目前的物种灭绝速度是'自然'灭绝率的1000到1万倍。"自恐龙从地球上消失以来，当前全球野生动物面临的灭绝危险比以往任何时候都要大，当今的一系列保护措施都是失败的。

美国杜克大学的一份报告也宣称，目前物种的灭绝速度是"大自然该有的正常速度"的1000多倍。

关于"第六次物种大灭绝"的研究常常会因为使用假设而遭到批评，反对者们通常会认为，这些研究高估了目前物种灭绝的严重程度。这一回，美国与墨西哥的科学家背着资料稀缺的压力，决定试用最保守的数值来计算，包括科学界所估计的最快的物种自然灭绝速度，和最严苛的物种灭绝标准（按照国际惯例，一个物种在野外50年未见活体，才能被视为灭绝）。综合算下来，20世纪脊椎动物的平均灭绝速度，是自然界灭绝正常速度的114倍。

不管是1000倍，还是114倍，目前的物种灭绝速度在人类历史中是没有先例的，在地球历史中也是极其罕见的。人类社会已经开始加速毁灭其他物种，并开启6500万年以来无可比拟的生物大灭绝时期。

斯坦福大学、普林斯顿大学和伯克利大学的研究人员在《科学—进展》杂志刊登报告指出，目前地球上脊椎动物的灭亡速度，已经超过了地球历史上五次物种大灭绝。

从自然保护生物学的角度来说，自工业革命开始，地球就已经进入了第六次物种大灭绝时期。动物的灭亡和减少正是地球第六次生物大灭绝的前奏，地球上的生命已经处在危险中。

大量生物在第六次物种大灭绝中消失，却很难像前五次那样产生新的物种，地球生态系统远比想象的脆弱，当它损害到一定程度时，就会导致人类赖以生存的体系崩溃。地球历史上曾经发生的五次大规模生物集群灭绝事件，每一次都让人触目惊心。

我们人类会不会消失在这次灭绝之中？众多科学家认为，身处食物链顶端的人类，极有可能在第六次生物大灭绝中消亡。

科学家拉响警报：人类已经站在第六次生物大灭绝的边缘……

180. 生物大灭绝的原因是什么?

日益高涨的灭绝浪潮正席卷全球，是什么原因使一个个古老的物种在我们面前消失？

1. 栖息地的丧失和恶化

自从人类出现以后，特别是工业革命以来，地球人口不断地增加，需要的生活资料越来越多，人类的活动范围越来越大，对自然的干扰越来越多。由于农业化、工业化加速，大批的森林、草原、河流消失了，取而代之的是公路、高楼、农田、厂矿、水库……生物的自然栖息地被人类活动的痕迹割裂得支离破碎。人工世界极具扩张，野性世界急剧缩小，动物生境片段化、岛屿化，极大限制了野生动物扩散、采食、繁殖，对其持续发展带来严重威胁，这是100多年全球最重要的生态事件。

栖息地的丧失和破碎是世界上许多地方生物多样性减少的主要原因。栖息地的破坏会对生物多样性造成双重损害：如果栖息地斑块消失，生活在那里的物种不仅会在当地灭绝，而且邻近地区的物种丰富度也会下降。

自工业化以来，人类已经改变地球75%的土地和66%的海洋生态环境，如今全球1/3以上的土地和3/4的淡水被用于农作物种植和牲畜饲养，人类活动比以往任何时候都更威胁到其他物种。

2. 人类对动物的杀戮

动物灭绝的罪魁祸首是人类。人类是世界上最残忍的动物，也是其他所有动物的公敌。人类站在食物链的顶端，为满足自身的欲望，大量猎杀动物，导致了它们的灭绝。

根据考古发现，200万年前人类祖先以猎杀小型动物为食。自古至今，人类对动物的杀戮从来没有停止，反而越演越烈。

每天，数以亿计的小型哺乳动物、爬行动物、鱼类、鸟类，甚至昆虫和寄生虫，惨遭人类的杀戮。根据联合国粮农组织的统计，全世界每年屠杀的动物约为440亿只，平均每天屠杀的各种动物数量总和约在1.2亿只左右。这些动物包括：牛羊猪等大牲畜，各种家禽、火鸡、狗、以及小动物，如兔子、鸽子、鹌鹑等。地球已经变成了一个巨大的屠宰场。

3. 有毒化学品的侵害

人类使用超过10万种不同的化学元素和化合物，包括铅、汞、镉和持久性有机污染物，并将数百万吨的化学品排放到土壤、淡水、海洋和空气之中。这些化学品会对生物造成以下严重影响：

蛋壳的变薄和一些食鱼鸟类的变形；

鱼类和鸟类的甲状腺功能异常；

鸟类、鳄鱼和哺乳动物的激素水平异常；

鸟类、鱼类、贝类、水獭和水貂的生育功能降低；

雄性的鱼、乌龟、鳄鱼、水獭、水貂、白鲸、北极熊和豹的雄性生殖系统的萎缩和雌性化；

雌性的鱼、腹足类动物、龟、鸟和哺乳动物雌性生殖系统的减退和雄性化；

鸟类和哺乳动物免疫系统的损伤；

哺乳类的出生高死亡率和缺陷率；

鸟类、龟、水獭和鲟鱼性器官的不正常等等。

农药、化肥在农作物中滥用，对昆虫、鸟类等生物产生了极大的负面影响，这是昆虫种类大幅下降的主要原因。生物世界的崩溃与化学品的泛滥密不可分。

4. 全球变暖

物种灭绝风险随着地球温度升高而增加，气候变暖会导致部分动植物物种因种种不适应而发生种群数量减少、迁移及生态退化。全球变暖导致海水升温，很多海洋动物因此无法正常呼吸，温室气体会导致海洋失去大部分的氧气，一些濒危物种难逃灭绝厄运。如果气温上升超过1.5℃，除了亚马孙雨林以外，非洲、亚洲、北美洲和澳大利亚等其他拥有丰富物种的生态系统也可能将大规模崩溃，给生物世界带来灾难性后果。一些研究表明，气候变暖趋势导致许多爬行动物比例失调，如雌性海龟的出生率明显高于雄性，这会进一步引发种群衰退，影响未来的遗传多样性。

国际自然保护联盟对1.7万种鸟类、珊瑚和两栖动物进行的另一项研究得出的结论是，6%—9%的鸟类、11%—15%的两栖动物和6%—9%的珊瑚都极易受到气候变化的影响，而且已经面临灭绝的危险。

美国《科学》杂志刊登的一项研究结果警告说，如果人类不采取必要措施，任由全球气候变暖按目前趋势持续下去，那么到2100年将有1/6的物种面临灭绝风险。

5. 外来物种入侵

随着外来物种的入侵，大自然就不断地上演物种灭绝事件。来自伦敦大学学院研究人员的最新一项研究显示，从公元1500年开始，全世界发生物种灭绝次数为953次，不过其中126次灭绝不能归咎于人类，主要是由于外来物种入侵原因造成的，占到物种灭绝总数量的13%。

威胁最严重的入侵者是一些哺乳类动物，如黑鼠、褐鼠、太平洋鼠和野猫。其中一些动物最初是通过船只输送而入侵，但有些动物，如猫和狐狸，则是人为引入的。

两个世纪前的澳大利亚将猫从欧洲引进了自己的国家，然而没想到却是其他爬行动物灾难的开始。这些野猫对于爬行动物丝毫不会手下留情，据调查，一只猫在一年的时间里就会吃掉225只的爬行动物，在一只猫肚子里面就会有40只蜥蜴。而且这些猫的食物范围很广，并不只是蜥蜴而已，在爬行动物中已经有11种濒临灭绝，而这就是猫咪的杰作。而在澳大利亚的野猫数量就有数百万只，据统计，每年有6.5亿只蜥蜴和蛇以及3.8亿只鸟类葬送猫口。

再如，维多利亚湖是非洲最大的湖泊，是世界上最大的淡水鱼产地之一，盛产200多种不同种类的鱼类。引进的尼罗河鲈鱼后，硬生生将湖内其他活物吃得精光。维多利亚湖生物链崩溃后，数百种当地动植物直接灭绝。

还有许多植物也是人为从国外引入的，例如种植园树种或园林观赏植物，一旦扎根，它们就开始蔓延并威胁到周围的本地植物群。外来植物比本地植物更有可能达到至少80%的最大覆盖率。

181. 什么是生物多样性?

生物多样性是由物种的多样性、遗传的多样性、生态系统的多样性三个方面构成的。

何为物种的多样性?地球上,生活着大小不同、形态各异、难以计数的动物、植物、微生物。同样是动物或植物、微生物,有的具有相同的基因组,个体之间也能相互交配并产生正常的后代,这些具有相同基因组又能交配产生正常后代的生物就是一个物种。地球上的动物、植物、微生物都包含有多种多样的物种,这就叫物种多样性。

何为遗传的多样性?在同一物种中的不同个体,也会出现这样那样的不同。例如,虎就有东北虎、华南虎、马来亚虎等品种。就算同为水稻,也有高矮不同、成熟早晚等多种差别。同种内不同个体的也有差异,同一物种内多种多样的个体是由于多种多样的遗传结构引起的。遗传结构的五花八门就称为遗传多样性。

何为生态系统的多样性?地球上的生物都在特定的环境下生活,在特定环境下生活在一起的生物称为群落。例如,森林、草原、江河、湖泊等特定地区就有特定的生物在那里共同生活,这些在森林里、草原上、湖泊中共同生活的多种生物就是群落,而它们与周围的无机环境如水、日光等连成一个独特的生态系统。由此可知,生态系统也是各不相同的,具有多样性。

各种各样的生态系统,都包括四个基本组成成分,即无机环境、植物(生产者)、动物(消费者)和微生物(分解者)。每个生态系统中共同生活的生物之间依靠食物链(或食物网)相互联系。植物(生产者)通过光合作用从太阳获取能量,开启地球上的能量转换和物质循环。动物都是异养生物,是“消费者”,它们要靠摄取食物获得生命活动所需要的营养物质和能量。微生物中绝大部分是菌类,它们可以将复杂的有机物分解为简单的有机物或无机物,并从中取得自身需要的物质和能量,它们被称为“分解者”,也被称为大自然的"美容师"。假如没有它们，地球上将充满生物的遗骸，生命将无法持续发展。一切种类的植物、动物和微生物在地球上的能量转换和物质循环中都起着重要的作用，它们在维持生态系统平衡中贡献着自己不可或缺的力量。

另外，人类文化（如游牧生活和移动耕作等）的多样性也可被认为是生物多样性的延伸。

生物多样性是地球的本来状态，也是自然的健康状态。

 ## 182. 为什么生物多样性是人类赖以生存的基础？

人类之所以在地球上生存，依赖于两个环境：一是自然界中的氧气、水、温度这些无机环境；第二个是有机环境——生命物质系统，也就是地球上的生物多样性。生物多样性是地球生命经过几十亿年发展进化的结果，是人类赖以生存和持续发展的基石。

生物多样性提供了地球生命的物质基础。生物多样性为人类提供了食物的来源，作为人类基本食物的农作物、家禽和家畜等均源自生物。我们的衣、食、住、行及物质文化生活都与生物多样性密切相关。各种各样的物种为人类提供了丰富的纤维、木材和多种工业原料。

生物多样性还为人类提供了种类齐全的药材。世界上现有药品配方的一半来自野生生物。在一些国家，大多数药物的原料来源于植物和动物，全世界7万多种动植物被用于传统和现代药品。中医使用的植物药材达1万种以上。

生物多样性所提供的服务和经济价值对人类是不可替代的。作物野生亲缘种对世界范围内的作物增产价值不可小觑。众多农作物依赖昆虫、蝙蝠和鸟类授粉，有的科学家测算，这种生态服务价值每年超过2000亿美元。

生物多样性维持着自然界生态系统的平衡。它维系自然界能量合理流动，具有改良土壤、净化环境、涵养水源、调节气候等多方面的重要功能。

生物多样性在大气层成分、地球表面温度、地表沉积层氧化还原电位以及PH值等方面的调控方面发挥着重要作用。例如，地球大气层中的氧气含量为21%，供给我们自由呼吸，这主要应归功于植物的光合作用。在地球早期的历史中，大气中氧气的含量要低很多。据科学家估计，假如断绝了植物的光合作用，那么大气层中的氧气，将会由于氧化反应在数千年内消耗殆尽。

正是这些不起眼的生物无偿管理着地球，无私地为我们人类服务，如果这些服务要由我们自己来完成，就需要付出极大的代价，甚至无法做到。如果没有多样化的物种为人类提供食物和其他服务，那么人类很快就会陷入困境。

许多动物、植物和微生物共同栖身于同一个生存空间之中，构成了共生共栖的生物群落。每一种生物都生活在自己的、特殊的环境当中，并以各种方式利用、影响其所赖以生存的环境。物种通过多种方式相互依存，如果一个物种消失，那么与其相关的生命之网就会被撕破，其他物种就会受到影响。生物多样性是丛林、河流和海洋健康发展的基石，某些物种的消亡可能引起整个系统的失衡，甚至崩溃。

没有任何一个物种对地球来说是多余的，而人不过是无数生物种属的一种——而且还不能说是最适宜生存的种属。这个世界本来是一个生物共同体，人类只不过是生物共同体中的一员。人类只是这个生命系统中的一个组成部分，并且依赖它而生存。一个其他生物无法生存而唯独适合于人类的地球是根本不存在的。

生物的多样性对于人类来说是必不可少的，如果它遭到严重破坏，人类将来也许毁灭。

生物多样性对于人类社会的重要作用是难以估计的。生物多样性还具有重大的社会价值，如艺术价值、美学价值、文化价值、科学价值、旅游价值等。多姿多彩的自然环境与生物也给人类带来美的享受，是艺术创造和科学发明的源泉。

物种多样性对科学技术的发展是不可或缺的，如仿生学的发展离不开丰富而奇异的生物世界。飞机来自人们对鸟类的模仿；船和潜艇来自人们对鱼类和海豚的模仿；火箭升空利用的是水母、墨鱼反冲原理。

大量野生生物的使用价值目前还不清楚。但可以肯定的是，这些野生生物具有巨大的潜在使用价值。任何一种野生生物一旦从地球上消失就无法再生，它的各种潜在使用价值也就不复存在了。

可以说，保护生物多样性就等于保护了人类自身。

 ## 183. 中国应对生物入侵面临哪些突出问题?

生态环境部发布的《2019中国生态环境状况公报》显示，全国已发现660多种外来入侵物种。其中，71种对自然生态系统已造成或具有潜在威胁并被列入《中国外来入侵物种名单》。

近年来，中国外来物种入侵数量呈上升趋势，已成为世界上遭受外来物种入侵危害最严重的国家之一。生物入侵严重危及生物多样性和生态安全，酿成巨大的经济损失，造成了一系列的生态灾难。

中国应对生物入侵的现状不容乐观。

1. 进出口贸易和跨境电商致使管控难度加大

近年来随着进出口贸易增加，国际快递和跨境电商等新业态带来的外来物种入侵风险明显增加，人为携带、国际物流等都成为外来物种入侵的渠道。国际及地区间交流极其频繁，给外来物种入侵以可乘之机，管控难度大大增加。以往大概每10年会有一种外来物种入侵，现在可能两到三年就面临一个新物种入侵。

同时，外来物种入侵来源复杂，涉及众多国家和地区，以及海量的商品和交流，合法途径和不合法途径均有，很难做到源头控制和全部检测、监管。进口商品中的有害生物被海关截获的仅仅是一部分，漏网概率很大。

2. 快速监测和发现技术及机制缺乏

在外来物种入侵应对与管理中，"全清楚"与"早发现"是最重要的。定期开展外来入侵物种普查，有利于及时发现新的外来物种定殖点，进而做到早发现、快反应，但传统外来物种普查方法，需要集合不同学科分类学专家，耗时若干年才能完成一次普查。

3. 应急灭除机制及反应体系不健全

目前有害生物入侵包括检疫性害虫和非检疫性害虫。对于检疫性害虫，海关、植保植检站负有管控责任，海关的制度、人才等比较完整，但植保植检站相对薄弱。

同时，因为有些生物有一定的隐蔽性和潜伏期，载体具有多样性、复杂性，加之贸易、物流及边境一线生态交融，防控难度较大。

4. 相关法规制度不完善

中国尚没有制定一部专门的外来物种管理法规。目前与外来物种防治相关的法律规定主要散见于《海洋环境保护法》《农业法》《渔业法》《进出境动植物检疫法》等法律法规之中，不仅过于分散，不成体系，而且其规定过于原则，针对性和操作性均不强。

因此，我国亟须研究并制定关于预防和控制外来生物入侵的相关法律法规。从入侵生物引入、贸易传输、人员携带、发现鉴定、根除控制、责任追究等各个环节，以法律的形式规范对入侵生物的预警与控制。

5. 缺乏统一协调的管理机构

到目前为止，中国还没有防范外来物种入侵的专门机构，各部门（环保、口岸、质检、农业、林草）之间的行动协调性有待加强。如，当发现一个新的危险性入侵生物时该向哪里报告？哪个部门负责处理？如何迅速做出部署？各方面还存在不少问题。由于相关部门受各自职责所限，在外来物种入侵前的防范及入侵后的应对工作上存在着不同程度的脱节。令人痛心的是，一些本来可以被拒之门外或可以在入侵初期被根治的入侵种，却由于管理体制的问题，最终肆意扩散和猖獗蔓延，而管理部门也错失了一次又一次预防和扼制其生长繁殖的大好时机。

6. 配套机制缺失

长期以来，中国外来物种防治的内容都仅仅集中在对病虫害及疫种的检疫上，对于风险评估制度、跟踪监测制度及综合治理制度都鲜有涉及；对于防治外来物种入侵的目标、程序、手段等也均未涉及。

184. 为什么说11亿人面临听力损失风险?

你知道天天使用的耳机对耳朵的伤害有多大吗?

据世界卫生组织在2015年发布的研究报告显示,全球约有11亿青少年因不安全使用智能手机及配套耳机以及在夜总会、酒吧和体育赛场等噪音很大的娱乐场所接触有损听力的声级,正面临无法逆转的听力损失风险。

世卫组织还对中等收入和高收入国家的研究数据进行了分析,结果显示,在12岁—35岁人群中,近50%的人在使用个人音频设备时,音量大到不安全的程度。

听力安全取决于声音强度或大小以及收听的持续时间和频率。接触巨大声音可能会导致暂时性听力损失或耳鸣。如果音量特大或经常性接触或持续时间过长,可造成耳朵感觉细胞永久损害,导致不可逆转的听力损失。听力一旦受损,就不会失而复得。听力损失可能会对身心健康、教育和就业造成极为严重的后果。

据欧盟公布的一份调查报告显示,戴着耳机听音乐声音超过85分贝,时长超过30分钟,会引起暂时性听力下降。如果每天超过89分贝,听音乐超过60分钟,持续5年就可能造成永久听力丧失。城市生活中噪音无处不在,光是嘈杂的地铁车厢环境,噪音就可以达到近90分贝。在这种环境下再戴上耳机听音乐,无疑是雪上加霜。

早前,央视《每周质量报告》发布《耳机质量调查》,对高校3826名在校大学生进行调查。据报告数据,在校大学生耳机使用率高达99.8%,而已经出现噪音性听力损伤的人数超过1000人,占比接近30%。

青少年可以通过以下措施更好地保护听力:最大限度地减少使用耳机;调低个人音频设备的音量;在嘈杂场所戴上耳塞,使用适配的入耳式或头戴式耳机,最好是降噪耳机;限制从事有噪音活动的时间,让听觉器官不时短暂休息;将个人音频设备使用时间限制在一小时以内;借助智能手机的应用程序，监控安全听力水平；注意听力损失的警示信号，并定期检查听力。

政府也应发挥作用，制定和执行严格的娱乐噪音法律，并通过公共宣传活动，提高对听力损失的风险意识。家长、教师和医生可以向青少年讲解安全听力知识。而娱乐场所管理人员应保持本场馆安全噪音水平，使用音量控制器，并向顾客提供耳塞和"静室"。制造商应设计有安全功能的个人音频设备，并在产品中和包装上展示安全听力信息。

 185. 汞有哪些危害？

水俣湾是日本熊本县的内海，那里的渔场物产丰富，周围有几万人居住。1925年，水俣湾建了一座氮肥厂，其后又建了醋酸厂，1949年后日本氮肥公司开始在那里生产氯乙烯，到1956年年产量超过了6000吨。而这些工厂的废水则统统排进了水俣湾。1956年人们发现奇怪的事情开始在猫身上出现，许多猫步态不稳、抽搐、麻痹，甚至跳海死去，被称为"自杀猫"，或"猫舞蹈症"。接着，开始有人出现怪病，症状表现为轻者口齿不清、步履蹒跚、面部痴呆、手足麻痹、感觉障碍、视觉丧失、震颤、手足变形，重者精神失常，或酣睡，或兴奋，身体弯弓高叫，直至死亡。当地人陷入恐慌，事件被披露后，在日本引起轰动。研究人员经调查后发现，病因是工厂排放的含汞的废水。汞使附近海湾的鱼类和贝类体内形成甲基汞等化合物，经食物链进入动物和人体，造成了神经系统的严重损害。自20世纪50年代第一例水俣病病例出现，约有两万人被诊断出患有这种病。

汞，可能是最具危险性的重金属。全球每年汞排放量高达9000吨，很大一部分来自人类活动，特别是燃煤以及手工和小规模金矿开采活动。仅仅采矿这一项就使70个国家中1500多万工人暴露于汞超标环境中，造成汞中毒，其中包括童工。

其他人为汞污染源包括氯气和塑料的生产，废物焚化，以及实验室、药品、防腐剂、油漆和珠宝中汞的使用。

汞冷却后形成的雾气状的液滴也可以通过空气传播几百公里远。让人们不可思议的是，在偏远的北极冻原竟有大量有毒汞积聚。一些大气中的汞来到北极后，最终沉积到土壤和水域中。北极成为严重的汞污染之地。

甲基汞能够在人们吃的高级捕食动物体内累积。如虾体内汞浓度是海水中汞浓度的105倍，鱼体内的汞是小虾体内汞浓度的数百倍至上千倍。远洋鱼类因为体型较大，位于食物链的上方，如果下层生物体内不断累积汞，大鱼体内的汞含量更高了，人再吃下大鱼，就非常有可能汞中毒。

汞没有安全暴露水平，也无法治愈。它会在人体内产生累积效应，被联合国列为危及人类健康和环境的十大化学品之一。甲基汞会伤害人类的大脑、肝和肾。有毒汞有蓄积作用，在人体内的半衰期为70天，在人脑的半衰期为245天。

186. 如何防止汞的人为排放？

2013年10月，国际社会就具有全球法律约束力的《汞公约》达成一致，中国成为首批签约国。2016年4月，中国批准《关于汞的水俣公约》（简称《水俣公约》）。2017年8月16日，公约在中国等128个缔约方正式生效。

《水俣公约》是世界上首个就高毒性金属汞签署的具有法律约束力的公约，以历史上最严重的汞中毒事件命名。这是近十年来环境与健康领域内订立的一项新的全球性公约，促使政府采取具体措施控制人为汞污染。

尽管各国对汞污染采取了大量措施，但在全球范围内人为汞排放量仍在增长。以下一些行动，可以帮助我们在生活中避免汞的使用和排放：

汞被应用于荧光灯、电池和其他电子设备中，多数产品最终沦为电子废弃物。我们可以选择无汞电池和电灯，同时保证废弃或受损的电子设备得到妥善的回收。

煤炭的燃烧，占全球汞排放总量的21%。我们应逐步摆脱对于化石燃料的依赖，严控燃煤发电站、工业锅炉、金属冶炼厂等大型工业设施的汞排放，转向清洁能源，同时减少家庭能源使用量。

　　汞通常会掺杂在黄金中，黄金加工需要通过高温灼烧将汞蒸发掉，从而获得高纯度的黄金。然而这一操作已成为最大的人为汞排放源，占到全球汞排放总量的38%。我们应限制汞在手工和小规模金矿开采业的使用，避免使用汞从含矿岩石中分离出黄金。我们应选择无汞黄金，避免购买不必要的商品，比如珠宝。

　　我们应停止生产含汞的产品，包括电池、开关和继电器、几种类型的紧凑型荧光灯、含汞的冷阴极荧光灯和外部电极荧光灯以及肥皂和化妆品。

　　我们应逐步淘汰现存汞矿，禁止建立新汞矿，停止汞开采。

　　我们应在众多产品和流程中淘汰汞，比如：氯气和塑料的生产，废物焚化，以及实验室、药品、防腐剂、温度计、油漆中汞的使用。减少含汞生产工艺和生活用品中汞的使用量，如灯泡、电池和牙齿填充物。

 ## 187. 镉有哪些危害？

　　镉是对植物和动物毒性最强的痕量重金属元素之一，位于联合国环境规划署1984年提出的12种具有全球意义的危害物质之首，是联合国粮农组织和世界卫生组织公布的对人体毒性最强的3种重金属（铅、镉、汞）之一。欧盟将镉列为高危害有毒物质和可致癌物质并予以规管。

　　镉在自然界中多以化合态存在，含量很低，不会影响人体健康。人类工农业活动如采矿、冶炼、肥料施用及污水灌溉等，导致世界许多区域出现不同程度的镉污染。

　　环境受到镉污染后，镉可在生物体内富集，通过食物、水和空气进入人体。人体的镉90%来源于日常饮食，进入体内的镉主要通过肾脏经尿排出，但也有相当数量由肝脏经胆汁随粪便排出。镉的排出速度很慢，镉在人体的半衰期长达15年—20年，因而长期食用轻微镉超标的食品会导致人体镉累积并产生慢性毒性，引发如癌症、关节炎、肺气肿、肾小管坏死、痛痛病等疾病。镉对人体中枢神经的破坏力很大，当镉毒进入人体后极难排泄，极易干扰肾功能、生殖功能。镉污染具有周期长、隐蔽性大等特点，镉会取代骨中钙，使骨骼严重软化，骨头寸断。镉会引起胃脏功能失调，使锌镉比降低，而导致高血压症上升。镉的毒性是潜在性的，即使饮用水中镉浓度低至0.1毫克/升，也能在人体组织中积聚，且早期不易觉察。

肝脏和肾脏是体内贮存镉的两大器官，两者所含的镉约占体内镉总量的60%。据估计，40—60岁的正常人，体内含镉总量约30毫克，其中10毫克存于肾，4毫克存于肝，其余分布于肺、胰、甲状腺、睾丸、毛发等处。器官组织中镉的含量，可因地区、环境污染情况的不同而有很大差异，并随年龄的增加而增加。

188. 如何防止镉的人为排放？

20世纪初发现镉以来，镉的产量逐年增加。镉广泛应用于电镀工业、化工业、电子业和核工业等领域。镉是炼锌业的副产品，主要用在电池、染料和塑胶稳定剂，它比其他重金属更容易被农作物所吸附。

镉的排放渠道主要有：大气、水体、土壤。

大气中的镉主要来自工业生产，进入大气的镉主要存在于固体颗粒物中，也有少量的氯化镉能以细微的气溶胶状态在大气中长期悬浮。应严控有色金属的冶炼、煅烧、矿石的烧结、含镉废弃物的处理、包括废钢铁的熔炼、从汽车散热器回收铜、塑料制品的焚化等。

水体中镉主要来自地表径流和工业废水。硫铁矿石制取硫酸和由磷矿石制取磷肥时排出的废水中含镉较高，必须高度重视且慎重地处理废水。严控铅锌矿以及有色金属冶炼、燃烧、塑料制品的焚烧形成的镉颗粒进入水中；严防制作颜料、塑料稳定剂、合成橡胶硫化剂、杀菌剂等排放的镉进入水体。在城市用水过程中，往往由于容器和管道的污染也可使饮用水中镉含量增加。工业废水的排放使近海海水和浮游生物体内的镉含量高于远海，工业区地表水的镉含量高于非工业区。

应严控镉向土壤中的排放。减少农药、化肥和塑料薄膜的使用，避免污水灌溉、污泥施肥、含重金属废弃物的堆积及金属矿山酸性废水的排放。

中国目前国控污染源只笼统公开涉重金属类的企业，没有公开涉镉排放的企业名单、排放量、排放途径等信息。这样的方式不能满足公众对涉镉污染源监督的需求，不能适应我国镉污染问题严峻的现状。环境保护部门应建立全国涉镉排放企业的名单，从国家重点名单到各省各市重点名单，让每一处规模涉镉污染源得到公众的监督，同时公开其排放量、排放途径，便于公众参与监督。食品药品监督管理部门应加强对3类涉镉风险较大食品/粮食（梭子蟹、婴幼儿辅食、镉污染区市售大米小麦）的检测并公开检测结果。市场监督管理部门落实《电子商务法》中电商平台对镉含量超标问题食品承担相应的法律责任。

 ## 189. 铅有哪些危害？

铅属于三大重金属污染物之一，是一种严重危害人体健康的重金属元素，它存在于水、空气、灰尘和土壤之中。联合国粮农组织发布的一份报告曾指出：7勺铅就会污染1公顷的土地和20万立方米的水。

人体中理想的含铅量为零。人体多通过摄取食物、饮用自来水等方式把铅带入体内，进入人体的铅90%储存在骨骼，10%随血液循环流动而分布到全身各组织和器官，影响血红细胞和脑、肾、神经系统功能。铅是"沉默的杀手"，暴露没有"安全水平"，对人体神经功能和行为的影响不可逆转。铅中毒可以得到预防，但相关数据表明，2015年，铅暴露在全球造成近50万人死亡，930万人残疾，发展中国家负担最重。

环境中的铅主要来源于含铅涂料、电子垃圾和废物焚烧、冶炼、采矿、处理铅酸蓄电池、用过的弹药等。

哪些日常用品可能含铅？油漆、陶瓷、玩具、电气和电子设备、管道和管道材料、珠宝、口红、PVC塑料等。

哪些人属于高危人群？

一是儿童。铅污染严重威胁儿童健康，因为他们正处于生长发育阶段，身体对铅的吸收量是成人的四至五倍，特别是婴幼儿吸收铅后，将有超过30%保留在体内，影响生长和智力发育。儿童的大脑和神经系统对铅的毒性作用更为敏感。儿童铅暴露极其导致：智商下降、注意力时间缩短、反社会行为增加、学习成绩下降、高血压、肾功能损害等。儿童铅中毒会对终身健康产生影响，造成学习障碍，贫血和身体协调障碍，视觉、空间和语言技能障碍。

铅中毒仍是威胁全球儿童环境健康的头号杀手。世界卫生组织估计，每年因铅暴露新增约60万智力障碍儿童。除了对儿童造成的明显痛苦，这还将直接转换成低智商的经济成本——每年9000亿美元。

近年来，人们对铅危害的认识不断加深，自含铅汽油被禁用以来，儿童血铅水平有大幅度的下降，与此同时，含铅涂料的使用却越来越成为儿童铅暴露的重要来源。尽管含铅涂料的使用量在逐年减少，但一些含铅的装饰性涂料、防腐涂料，以及涂料老化脱落及重涂所产生的废渣都可能造成铅接触的风险，人们仍然有极大可能广泛接触到铅。目前，全球仍然有许多国家允许销售含铅涂料，并将之用于家庭、学校、商业建筑物以及儿童玩具中。事实上，铅漆会随着时间的推移融入当地环境，儿童极有可能通过灰尘、油漆碎片或污染的土壤吸入或摄入铅。

二是成年人，尤其是孕妇和铅作业工人。孕妇怀孕期间若受到铅污染，对胎儿神经系统的发育非常的不利，严重的会导致流产，引起妊娠疾病，甚至导致胎儿发育畸形和胎儿出生后智力低下。

铅污染防治依然任重道远。

190. 如何防止铅污染?

人类行为导致的铅排放,主要有以下来源:

1. 铅冶炼。大部分铅冶炼企业在熔炼过程中会产生了大量的铅蒸气、铅尘以及二氧化硫。含铅的逸出物对大气造成污染。

2. 废铅蓄电池。铅蓄电池每年的铅消耗量极大,20世纪90年代中期,中国每年的铅电池消耗总量高达20万吨。而生产厂家普遍设备陈旧、工艺落后,在炼铅、化铅过程中,大量的铅尘飘在空气中。除此之外,废铅蓄电池的回收也存在相当多的问题。

3. 颜料、油漆、涂料。日常生活中,人们经常会接触到一些油漆或者涂料之类的东西,而这类东西往往都含有大量的铅化合物。油漆涂料在擦拭及使用损耗过程中很容易掉漆而污染环境,还有可能经消化道进入人体。

4. 其他污染源。如含铅汽油,研究结果表明,大气环境中90%的铅污染来自含铅汽油的燃烧废气。半个多世纪以来,经汽油燃烧排入环境中的铅已有数百万吨,道路两旁的土壤中的铅含量远高于其他地区的土壤中的铅含量。在一些电镀行业中,铅可作为保护膜镀在螺母、螺栓、轴承以及蓄电池部件上,造成污染。

根据铅污染的来源以及特点,可以从以下几个方面开展治理:

1. 调整相关产业,实施清洁生产

淘汰落后的工艺以及生产设备,积极推广和应用先进的无污染铅工艺技术。对研究使用新技术、新工艺设备和消除污染的单位,在政策、资金等方面应给予足够的支持和鼓励。

2. 合理回收含铅废弃物

铅酸电池每年消耗300多万吨铅,生产与回收后每年要再生处理300多万吨铅,再生回收率如为98%,每年就有至少6万吨铅流入三废。回收含铅废弃物,应根据具体的原料对象采取不同的处理方法。

3. 限制铅涂料（油漆、颜料）

无铅涂料已经在很多国家上市销售多年，被证明其适合作为市场替代品，且经济成本很低，很多生产商都已成功生产。但目前只有31.6%（196个国家中的62个）的国家发布了具有法律约束力的限制铅涂料条例。由联合国环境署和世界卫生组织领导的消除含铅涂料全球联盟已为所有政府制定目标，到2020年全面禁止含铅涂料。鼓励涂料企业寻找合适的铅替代品，逐渐淘汰含铅涂料的生产和销售，防止儿童接触含铅涂料并尽量降低含铅涂料职业风险等。

4. 控制流通途径

传播途径包括通过水源、餐具、罐头等方式污染食品，定期检测受威胁区水体中铅含量的水平，严防重金属铅通过正常的流通途径进入食品，此外，定期对市场上的食品随机进行铅含量监测，发现超标食品及时处理。

5. 治疗受害人群

儿童身体中铅含量达到$10\mu g/dL$左右时，将会比同龄儿童智力低9%，定期对受威胁地区儿童进行血铅监测，及时治疗中毒儿童等病人。

6. 栽种可吸收铅的植物

对于已经形成污染的地区应该栽种可以吸收铅的植物，不仅可以供观赏，而且可以净化环境。例如，观赏花卉中波斯菊地上部吸收富集铅的量最大，积累铅的能力最强。

7. 加强铅污染危害的宣传

生活中常见的食品和药品中也含有铅，例如胡萝卜、生菜（莴苣）及欧芹叶中的铅含量较其他蔬菜高，因而我们在饮食等方面也要注意保护自己的健康。

191. 为什么说我们的星球正被塑料垃圾淹没？

塑料曾被称作20世纪最重要的发明之一。在20世纪70年代，塑料还是一种罕见的新奇事物，短短几十年内就在全世界流行开来，如今已成为一种无所不在的全球产品。现在每个人家里至少五成的物品使用塑料为原料做的。

塑料的发明彻底改变了我们的生活，但我们却失去了对于这一发明的控制。

今天不论在世界最高峰珠峰的山巅、蒙古的高原湖泊，还是在茫茫的太平洋最深处的海底世界，甚至在人迹罕至的南极和北极海域，都发现有塑料污染的踪迹。

我们的星球正处于塑料垃圾瘟疫之中。研究人员估计，自20世纪50年代初以来，全球已经生产了超过83亿吨塑料。大约60%的塑料最终流入垃圾填埋场或自然环境中，只有9%的塑料垃圾被回收。而据预测，塑料生产在未来20年还将翻一番。

从2004到2014年，全球塑料产量增加了38%，最近几年增加的速度更是有增无减。2015年全球产生塑料制品超过3亿吨，其中28%来自中国。

全球塑料污染惊人的数据：每年消耗2.45亿吨塑料；每年1700万桶原油用于生产塑料制品；每分钟卖出约100万个塑料瓶；每年塑料袋的使用量高达50000亿个；我们使用的塑料产品中，50%是一次性的；每年丢弃的塑料足够环绕地球4圈！

塑料垃圾正如同潮水一般流入我们生活的方方面面。塑料已成为持久地污染我们这个星球的"超级垃圾"，并由此而给我们的环境带来无穷的麻烦和灾难。

人类过度依赖一次性塑料，已经造成了严重的环境后果。塑料带来的坏处就是，它们可以埋在地底下几百年不被分解，严重威胁人类的生存环境。

这个被誉为"20世纪人类最糟糕的发明"到今天为止，已经将我们的星球变成了巨大的垃圾场。

192. 为什么说塑料是海洋的"幽灵杀手"？

2018年，印度尼西亚东部一头被冲上岸的死鲸的胃里有约5.9公斤的塑料垃圾，其中包括115个塑料杯、4个塑料瓶、25个塑料袋、两只人字拖、一个尼龙袋和1000多块各式各样的塑料。

大量的塑料垃圾正在杀死成千上万的海洋生物。海洋垃圾威胁着600多种海洋生物的生存。有些因误吞塑料制品丧命，有些则因塑料缠身而身亡。从海鸟到海龟，从水母到鲸鲨，不管是生活在海边还是海里，不管体型是大是小，塑料都在以不同的形式和手段迫害这些生物。

法国发展研究院的研究人员发现，在北大西洋，有30%的鱼类在其生命周期内，都会食入大量的塑料垃圾，全球大约有1500万海洋生物因塑料垃圾而死亡，而且近年来情况在逐年变糟，有不断恶化之势。

塑料污染不仅对鱼类造成伤害，而且对珊瑚礁的生存也构成威胁。整个亚太地区有1/3的珊瑚礁被塑料垃圾所覆盖。塑料制品是微生物的理想寄居场所。作为微生物快速滋生的"温床"，海洋塑料垃圾的增多会大大增加珊瑚患病的风险。科学家研究了澳大利亚、印度尼西亚、泰国等地区的159个珊瑚礁，排查了12.5万个珊瑚的组织损伤和病灶，得出的结果出人意料：当珊瑚与塑料接触之后，其患病风险从4%增加至89%，即在与塑料接触的过程中，珊瑚受到疾病侵袭的可能性要高出20倍。

塑料污染导致了海洋生物多样性的丧失，损害了生态系统的功能和服务。

科学家担心，塑料本身含有的、以及附着在塑料上的化学物质可能导致海洋生物中毒、不育、甚至基因突变。如一份报告中提到，一只虎鲸体内脂肪组织中积累了957毫克/千克的多氯联苯，是毒性阈值的100倍。虽然到了生育年龄，这只虎鲸却不能生育。模型预测表明，由于海洋哺乳动物特别容易受到多氯联苯的影响，脂溶性物质在它们的组织中积累，高脂肪的乳汁和较长的哺乳期意味着母亲会将更多的毒素传给后代，全球虎鲸的数量可能在一个世纪内减少一半。

研究发现，在印度尼西亚共和国和美国加利福尼亚的市面上，逾1/4的鱼已经被塑料污染。到头来，人类如果大量食用有毒海产品，也会跟着遭殃。

 193. 为什么说塑料微粒在全球各个角落已无孔不入？

全球对塑料制品的需求量越来越大，塑料的年产量也不断攀升。大多数塑料最终进入河流、湖泊、海洋和土壤。随着时间的推移，塑料往往会通过自然风化分解为小颗粒。

这些小颗粒被称为塑料微粒或微塑料。颗粒直径一般小于5毫米，其形式包括纤维、碎片、团粒、薄片或泡沫等。而纳米塑料则更小，直径小于0.001毫米。

塑料微粒广泛存在于水环境中，被称为"水中PM2.5"。此前研究认为，每立方米海水中的塑料微粒可能有几颗到上百颗。但美国加州大学圣地亚哥分校斯克里普斯海洋研究所生物海洋学家詹妮弗·布兰登通过特殊方法寻找，发现每立方米海水中的塑料微粒数量高达830万颗，是之前测量数据的几万倍甚至上百万倍，令人难以置信。

世界范围内的瓶装水、自来水、地表和地下水中都含有塑料微粒。如自来水：非营利组织Orb Media委托科学家对10多个国家的自来水样本进行了分析，结果显示，高达83%的自来水中含有塑料微粒，这意味着数十亿人的饮用水受到了塑料污染。这当中以美国自来水的污染率最高，达到94%。英国、德国和法国等欧洲国家污染率最低，但仍达72%。

科学家还发现，就连从天而降的雨水中，也都含有塑料微粒。

食盐中也普遍存在塑料微粒。据马来西亚科学家的一项研究表明，从全球各地采取的几十个海盐样本中，不含塑料微粒的仅有区区几个。

塑料微粒在土壤中也有广泛的分布。德国研究人员估计，1/3的塑料垃圾最终都存留在土壤或淡水中，他们认为塑料微粒对土地产生的危害远远高于海洋——估计高出4到23倍，具体状况取决于环境。

更糟糕的是，有的塑料还会分解为比一般塑料微粒更为细小的超细微粒飘浮在半空中，经呼吸进入人类体内之后，危害堪比汽车尾气。

在地球上人迹罕至的地方都有塑料微粒的存在，说明微塑料的影响非常深远，可以认为它已遍布全球各个角落。

塑料微粒广泛存在于浮游动物、河床生物和软体动物（贻贝、蛤蜊）的肠道中，最终通过食物链转移到人类及其他动物体内。国外研究人员在人类的粪便样品中发现塑料微粒，引发了人们的关注。澳大利亚纽卡斯尔大学的一项研究显示，全球人均每周摄入近5克的塑料微粒，等同于一张信用卡所用的塑料，每年人均摄入量约为250克。

科学家们指出，微小的塑料粒子可能侵入人体肺、肝、脾和肾等器官，引发炎症、癌症和生育问题。而这，才是真正让人担忧的。

 ## 194. 为什么说人类身体是塑料污染的终点站？

快递包装袋、外卖餐盒、塑料袋……越来越多的塑料制品充斥在我们的生活中，但你想到过塑料会进入我们的体内吗？

2018年10月22日，在维也纳举行的欧洲胃肠病学会议上，研究人员宣布他们在全球一小部分受试者的每份粪便样本中都检测到了微塑料成分。该研究证实了人们长期以来的猜测——即塑料最终会进入人体肠道。研究者对来自不同国家的8名参与者的粪便样本进行了监测，结果检测到9种微塑料，直径为50到500微米不等，所有参与者的粪便样本中至少有一种微塑料。平均每10克粪便中有20个微塑料颗粒，其中，所有参与者的粪便中都有发现塑料瓶和瓶盖的主要成分——聚丙烯、聚乙烯、对苯二酸酯。

现如今几乎每10个婴儿中有8个，还有几乎所有的成年人，都可以检测出身体里有一种很常见的塑料添加物——塑化剂，93%的人尿液里面有酚甲烷。德国联邦环境署2003年—2017年调查了儿童和青少年的血液和尿液，发现97%的儿童体内有塑料残留。

在塑料用品日益泛滥的今天，塑料微粒无处不在，在海水、废水、淡水、食物、空气、瓶装水、饮用水、自来水、海盐、牡蛎、贻贝和鱼类甚至蜂蜜中都发现了微塑料。塑料器皿的广泛使用，使食物在盛放、加工和包装的过程中都很可能受到微塑料污染。由于塑料难以降解，会以微塑料的形式长久存在于食物链中，最终通过饮水和食物进入到我们的身体里。

一份研究曾预测，经常吃贝类的人每年可吃进1.1万片微塑料。贻贝被认为是全球微塑料污染的生物指标。与鱼类不同的是，贻贝生活在海底，并且喜欢待在同一地方。欧洲根特大学和埃克塞特大学的研究人员研究了废塑料对贻贝等滤食性海洋生物的影响。研究人员发现，6个牡蛎含有大约50个颗粒，这意味着每周食用两份贻贝的人每年会吞下11000块微小的塑料纤维，如果还在同时食用其他海洋生物，这个数值还会变得更大。

目前，每个成人每年通过呼吸、饮用水、食用贝类等食物所摄取的塑料微粒可高达32000个。

那些我们随手丢弃的塑料制品，最终不仅湮没了我们，还会进入到我们的身体里。可以说，塑料垃圾的毒素正是沿着食物链顺流直上，而处于食物链最顶端的我们，仿佛已经成了毒素汇聚的容器。我们的身体里，每天都奔流着大量的化学合成物质。人类的身体成了塑料污染的终点站。

 195. 塑料有损生育能力吗？

塑料中至少有两种化学物质影响人类的生育健康。这两种化学物质是：双酚A、邻苯二甲酸酯。

1. 双酚A

双酚A也称BPA，是塑料中一种常见的低毒性化学物质，广泛应用于罐头内包装、食品包装、矿泉水瓶、塑料容器、餐具、婴儿用瓶、牙齿密封剂、牙科填充剂等材料。

双酚A被认为是环境内分泌干扰物，在人体中会起到类似雌激素的作用，干扰人体正常的内分泌功能。

科学家发现，双酚A会打乱水生动物的荷尔蒙平衡。水生动物是人类疾病的重要模型，双酚A会以各种方式扰乱它们的荷尔蒙，作为一种类雌性激素，双酚A能阻断其他性激素，扰乱甲状腺激素系统，并且会导致精子卵子的畸形和胎儿发育的异常。

孕妇接触双酚A与下列种种风险的增加有关：胎儿流产、出生体重过低和儿童期肥胖。

根据不同的生殖毒性实验报道，双酚A除了发挥类雌激素作用，诱发乳腺癌、前列腺癌和女性性早熟等问题，还会对胚胎的多个系统发育造成损害。

双酚A还对儿童的认知有潜在影响。国外一些研究认为：儿童行为的改变和神经发育的紊乱，以及儿童气喘和哮喘的可能性增加，均与早期接触双酚A存在紧密联系。

众多研究数据显示，不仅在多种环境介质和低等生物体中检出双酚A，在人群样本中，如血液、尿液、精液、羊水、乳汁等，也不断有检出双酚A的报道。

2. 邻苯二甲酸酯

它主要作用是用软化硬塑料的，它几乎出现在所有的塑料制品中，孩子的玩具、食品包装袋、保鲜膜、塑料手套、输血袋、壁纸、指甲油、雨衣、洗衣液、香皂、香水、发胶、防臭剂、护肤液等都会有邻苯二甲酸酯，数百种产品都能见到它的踪影。

高温时，这种化学物质会从塑料中释放出来，随着食物或者日常用品与皮肤接触进入人体。邻苯二甲酸酯会干扰人体正常的内分泌功能，其中最重要的就是生殖内分泌功能。美国哈佛大学医学院的专家发现，在卵子产生过程中，邻苯二甲酸酯会造成DNA大量断裂，并干扰修复这些断裂的系统，它还会影响染色体。

邻苯二甲酸二酯是一种与雌激素很像的环境激素，如果孩子接触过多这种物质，就会导致内分泌紊乱，出现性早熟，尤其是男孩子可能出现女性化的特征。

2014年，美国密西根大学研究员约翰米克尔发现，在6岁—12岁男性与40岁—60岁男性和女性中，血液中睾酮水平的降低与检出邻苯二甲酸酯有关。这一发现具有重要的意义，因为睾酮激素水平会对年轻男性的生殖发育产生负面影响，并且会损害中年男性的性功能、性欲和骨骼健康等。

双酚A、邻苯二甲酸酯这两种臭名昭著的物质和其他塑料添加剂与下列结果有关：生育能力降低、男性性功能减退、精子质量下降、免疫功能的削弱、2型糖尿病、心血管疾病和肥胖。

 ## 196. 塑料能释放强效温室气体吗？

夏威夷大学的最新研究发现了一个温室气体的隐藏来源，我们生活中常用的一次性塑料袋在接触到光照以后，会释放少量甲烷和乙烯——两种强效温室气体。

研究发现，不论是在水里还是在空气中，只要塑料材料暴露于太阳辐射下，都会排放温室气体，且排放速率会随着时间的推移而增加，但相比较而言，在空气中的排放速率更高。

研究人员测试了聚碳酸酯、丙烯酸、聚丙烯、PET塑料、聚苯乙烯、高密度聚乙烯和低密度聚乙烯等常用于食品储存、纺织品、建筑材料和各种塑料制品的聚合物，发现低密度聚乙烯在空气中释放甲烷和乙烯的速率，分别比在水环境中的释放速率高2倍和76倍。

研究指出，塑料是迄今为止未被我们认识到的一大温室气体来源。虽然塑料降解过程中释放出的气体可能只占全球排放量中非常小的一部分，但随着越来越多的塑料被生产并在环境中累积，它们的占比势必将会增长。

197. 塑料会毒害土壤物种吗？

塑料大棚和塑料地膜的广泛使用，使大量的塑料残留进入土壤。土壤中的塑料垃圾，不但破坏了土壤品质，而且严重毒害了土壤物种。

2019年发表在英国《皇家学会报告》上的研究指出，塑料微粒污染对生活在土壤中的螨、昆虫幼虫和其他维持土地肥力的微小生物种群造成了严重破坏。

虽然人类几乎用肉眼看不见螨、蠕虫、跳虫和其他种类的微型节肢动物和线虫，但它们在碳和氮的循环利用、将有机物分解为细菌可吸收的形态方面发挥着至关重要的作用。

科学家将中国重庆金佛山的一块亚热带土地划分为6个区块，每个区块包含4个试验区。4个试验区由不同含量的低密度聚乙烯碎片覆盖：分别为每平方米0克、5克、10克和15克。在聚乙烯渗入土壤287天后，研究人员采集了5个样本，并对土壤里面的物种数量进行了统计。

他们发现，相较于对照区域，在塑料污染程度最高的区域，最常见的物种——甲螨数量大幅下降（减少15%），另外三种节肢动物的数量降幅甚至更大，分别是双翅目（苍蝇）幼虫（减少30%）、鳞翅目（蛾与蝴蝶）幼虫（减少41%）和膜翅目昆虫（蚂蚁）（减少62%）。他们还发现线虫数量减少了20%。

研究报告的结论是，"塑料微粒通过土壤食物网会产生强烈的级联效应，导致微生物功能的改变，从而进一步对土壤中的碳和养分循环产生潜在的影响。"

近半个世纪以来，随着土壤中塑料残留物的增加，土壤微生物生物量和微生物的整体代谢活动呈现出下降趋势。以蚯蚓为例，当土壤中存在塑料微粒时，蚯蚓的洞穴会发生变化，被塑料污染的植物凋落物喂养的蚯蚓生长更慢，死亡更早。另外，暴露在塑料微粒中的蠕虫肠道炎症也会增加。塑料碎片的表面也可能携带致病微生物，并成为传播疾病的媒介。

一般来说，当塑料在土壤中分解时，邻苯二甲酸盐和双酚A等有害物质会从塑料中滤出。这些有害物质具有激素效应，会破坏脊椎动物和一些无脊椎动物的激素系统。此外，微塑料纳米颗粒可能引起炎症；它们可能穿越或改变细胞屏障，甚至穿过高度选择性的膜，如血脑屏障或胎盘。在细胞内，它们可以引发基因表达和生化反应的变化，以及其他一些变化。

另外，土壤生物能够影响塑料的二次分解和迁移扩散，例如蚯蚓在将土壤表面的塑料微粒运输到地下深处的过程中起着重要的作用。随着蚯蚓在土壤中的活动，蚯蚓取食的微塑料颗粒可以通过表面吸附、排泄和死亡躯体等多种形式扩散到其他区域。蚯蚓活动形成的土壤空隙也会有利于微塑料在土壤中的二次扩散。塑料微粒的这种移动会使其他土壤生物也能接触到污染物，并受到毒害。

198. 生物可降解塑料是一条出路吗？

市场上"生物可降解塑料"的出现被许多人误认为是"救星"，人们在丢弃这种塑料时似乎可以心安理得，因为不少人认为这些塑料最终会在环境中降解，不会造成危害。

联合国环境规划署2015年11月发布了一份报告，名为《生物可降解塑料和海洋垃圾：误解、关切和对海洋环境的影响》。这份报告明确指出，事实与人们的想法恰恰相反：生物可降解塑料不会在自然环境中降解，它会对环境，尤其是海洋环境造成持久污染。

最常使用的塑料，如聚乙烯、聚丙烯和聚氯乙烯是不可能在海洋中生物降解的。某些可以生物降解的聚合物其降解所需的特定条件几乎不可能在海洋环境中达到，例如这些聚合物需要在工业堆肥中长期经过50℃以上的高温处理才会分解。

氧降解塑料富含亲氧化剂，如锰，能够促进塑料分解成碎片。调查发现，氧降解塑料在海洋环境中的分解是相当缓慢的，可能需要长达5年时间。而且氧降解塑料碎裂后仍继续对海洋生态系统造成威胁，由此形成的微塑料颗粒会被海洋生物摄取，造成有害微生物、病原体和藻类的转运。

生物可降解塑料不是出路，关键要改变人的行为。

 ## 199. 当前处理塑料垃圾有哪四种模式？

目前，全球对废旧塑料的处理方法有填埋、焚烧、再生造粒和热解等方法。

填埋法是被广泛用来处理废旧塑料垃圾的传统方式。这种简单直接的物理处理方式隐患和危害比较大，增加土地资源的使用压力，难降解塑料和塑料中的添加剂造成土地和地下水的二次污染。塑料垃圾——无论是在河流、海洋还是在陆地都可以在环境中持续几个世纪。塑料在自然中几乎不可能完全分解。大多数塑料制品永远不会完全消失，只是越变越小。

焚烧同样是被广泛使用的塑料垃圾处理方式。焚烧会产生有毒有害物质，如二噁英、呋喃、砷、镉、氯苯、氯苯酚、铬、钴、铅、汞、聚氯联苯、二氧化硫等。如果焚烧炉效率不高，这些废气会进入环境，以气体的形式进入大气层。其产生的污染一般被人们忽视。焚烧的主要后果，是把一个地方的污染转送到另一个地方。焚烧还会造成新的垃圾，塑料垃圾总量中的90%被烧掉了，然而以灰烬形式留下的10%都是高度有毒的，比未经焚烧的垃圾更为有害，例如重金属。在日本和德国，焚烧炉附近都出现了比较多的癌症患者。如何处理10%的垃圾灰烬，也是一个十分棘手的问题。

再生造粒是物理性回收利用塑料垃圾的方法。大多数可回收的塑料经机械加工分解成颗粒，然后重新制造成新的塑料产品，如包装材料、座椅或衣物。然而，再生造粒方法也有局限性，该工艺不适用于塑料薄膜、小袋和其他层压塑料，通常这些材料最终的结局还是被送到垃圾填埋场或进行焚烧。

废旧塑料热解法。这种化学分解方法，是指利用固体废物中有机物的热不稳定性，将其置于热解反应器内受热分解的过程。此项技术可以将废塑料转化为燃料油、天然气、固态燃料等高附加值能源产品。热解技术的优势是：占地较小；可实现更高附加值的产品产出；更深度地无害化。但在中国市场，热解技术还是缺少直击痛点的优势，存在的主要问题是：投资费用高；技术成熟度不及焚烧；仍避免不了一定的污染。

依靠技术解决塑料污染问题不是出路，最根本的办法是禁止塑料的继续生产。

 ## 200. 为什么不能露天焚烧塑料？

在中国的城郊、农村和偏远地区，许多人对塑料垃圾的处理，往往采取露天焚烧的办法，而人们对此也见怪不怪。实际上，露天焚烧塑料垃圾对空气环境和人体健康非常有害。

塑料的基本成分是石油。塑料露天焚烧，会向大气释放有害的重金属（汞、镉、铅、砷等）、有机化合物（二噁英、多氯联苯、六氯苯、多氯萘、多环芳烃等）、挥发性有机化合物以及酸性气体（包括二氧化硫、氯化氢）、颗粒物（灰尘和沙砾）、氮氧化物、二氧化碳、一氧化碳等数百种有毒有害物质。

露天焚烧塑料所产生的二噁英，是现代化垃圾焚烧炉所排放二噁英的2000倍—3000倍。

二噁英会附着在农作物表面或渗入河道，最终通过食物链进入我们的身体。二噁英是持久性有机污染物，可能导致癌症并破坏人类甲状腺和呼吸系统，对我们的健康造成致命危害。

燃烧塑料垃圾会增加人们罹患心脏病的风险；加重呼吸系统疾病，如哮喘和肺气肿；引起皮疹、恶心或头痛等症状；损害神经系统。

燃烧塑料的过程中还会释放黑炭（烟灰），加剧气候变化和空气污染。

露天焚烧塑料，会产生一氧化碳气体。一氧化碳在进入人体后，会导致机体组织缺氧，这对儿童、老年人及患慢性心脏和肺部疾病的人群，都有不利影响。

露天焚烧所产生的灰渣，富含二噁英类污染物及重金属，比未经焚烧的塑料垃圾更为有害。

201. 哪些国家的禁塑措施力度较大？

孟加拉国　2002年，孟加拉国在世界各国中第一个实施塑料袋禁令，因为在灾难性洪灾中，塑料袋是排水系统堵塞的首要原因。孟加拉国法律规定：制造、进口或销售塑料袋的人最高可被判10年刑。

肯尼亚　2017年8月，肯尼亚颁布了全球最严格的禁塑令：在肯尼亚境内严禁使用、制造和进口所有用于商业和家庭用途的塑料袋，违反者将被处以1年到4年的监禁或1.9万美元—3.8万美元的罚款，手持塑料袋的公民有可能遭到警方逮捕。肯尼亚颁布的"禁塑令"被誉为"全球最严禁塑令"。禁塑令预留了6个月的缓冲期。

卢旺达　早在2008年，就开始全面禁止塑料袋的使用，并通过减税鼓励回收，至今已累积十余年的禁塑经验。

欧盟　欧盟2015年就发布了限塑指令，目标是在2019年底欧盟国家的民众每年每人消耗不超过90个塑料袋，而在2025年，这个数字减少到40。指令发布后，各个成员国都踏上了"限塑之路"。2018年，欧盟议会又通过了一项关于控制塑料废弃物的法令。根据法令，自2021年起，欧盟将全面禁止成员国使用饮管、餐具和棉花棒等10种一次性塑料制品，这些用品将由纸、秸秆或可重复使用的硬塑料替代。塑料瓶将根据现有的回收模式单独收集；到2025年，要求成员国的一次性塑料瓶回收率达到90%。同时，法案还要求制造商必须对其塑料产品和包装的情况承担更多责任。

法国　2020年1月1日起，法国禁止销售部分一次性塑料制品，包括一次性棉花棒、一次性杯子和盘子等塑料制品，学校食堂也禁止使用塑料瓶装纯净水。法国当局未来数年将逐步加强"禁塑令"，计划于2021年禁售塑料杯装饮用水、塑料饮管和搅拌棒、发泡胶餐盒等，水果蔬菜的塑料包装也将被禁用；2022年则将禁止包括连锁快餐店在内的餐饮业向堂食顾客提供一次性餐具。最终目标是在2040年前，将一次性塑料制品的使用率降低到零。

英国 英国从2011年就开始在英格兰、苏格兰、威尔士和北爱尔兰相继实施"禁塑令"，逐渐减少一次性塑料包装等包装废弃物。英国王室一直以来关注并支持环保事业发展，2018年年初，英国女王正式向一次性塑料"宣战"，庄严宣布在所有皇室地盘上全面禁止使用塑料吸管、塑料瓶等塑料制品。因为女王的禁塑意愿非常强烈，白金汉宫已迅速着手制定了全新的"禁塑计划"。英国政府表示，计划在2042年前消除所有可避免的塑料垃圾，包括塑料袋、饮料瓶、吸管和食品包装袋。

加拿大 加拿大总理特鲁多2019年6月10日宣布，加拿大2021年起将取缔一次性塑料制品。加拿大的这一"禁塑"政策，很大程度上将向欧盟看齐，包括时间表和被禁止使用的塑料制品的名单。

澳大利亚 澳大利亚通过法案宣布，2023年前，全澳洲范围内将逐步淘汰一次性塑料制品。澳大利亚提出了雄心勃勃的目标，承诺到2025年，国内100%的塑料包装可重复使用，可回收或可堆肥。届时，还将确保70%的包装得到回收或堆肥。此外，问题包装以及不必要的一次性包装都将被淘汰，或加以重新设计，或被环保型替代品取代。

智利 2018年8月3日，智利正式颁布"禁塑法"，禁止全国所有超市、商铺向顾客提供塑料袋，若商店以不当方式提供塑料袋，将被处以每个塑料袋最高330美元的罚款。"禁塑令"生效以来，全国共少提供了50亿个塑料袋。智利成为拉美首个全面禁止商家向购物者提供塑料袋的国家。

 ## 202. 在禁塑中政府应做些什么？

整个社会要想摆脱一次性塑料的依赖，离不开政府主导、企业创新、个人行动。每一方都发挥着至关重要的作用。

应制定国家和区域禁塑行动计划，建立国家塑料管理体系，包括塑料垃圾回收体系。推动国家禁塑立法和公共政策的出台，建立与塑料生产和消费相关的法律、行政法规及行业标准。在立法过程中，应避免相关规定过于抽象、政府部门责任不清等问题。

无论是过去的"限塑令"，还是如今的"禁塑令"，关键都在于限制生产。"禁塑"要从源头抓起，只有禁止生产，方能解决根本。

实施市场和非市场手段，鼓励工商企业采取更多行动遏止塑料的生产和传播；出台措施限制塑料包装的使用，推动塑料包装的回收再利用；加大对生产塑料制品的税赋；制定并实施生产者责任延伸制度，如押金退款、产品回收计划以及废物收集和回收担保；出台奖罚措施，打击违规生产行为，实施对塑料生产企业的有效监管；加强生态环保督察，强化考核和问责；向消费者收取塑料制品使用费用。

加强江河湖海塑料污染机理、监测、防治技术和政策等研究；资助国家相关教育项目、产业和研究机构，举办相关会议和活动，唤起人们禁塑的公众意识；在全社会遏制一次性产品的消费；支持相关限塑项目的推广；鼓励民间环保组织在禁塑方面所做的贡献，完善公民个人和非政府环保组织的公益诉讼机制；宣传社会各界的良好做法；分享各国关于禁塑的经验和教训。

 ## 203. 在禁塑中企业应做些什么？

1. 最大限度地禁止生产和销售塑料制品

商场、超市、药店、书店、集贸市场等场所以及餐饮打包外卖服务和各类展会活动，不再使用各种塑料袋（包括可降解塑料袋）；餐饮行业禁止使用一次性塑料餐具；宾馆、酒店等场所不再主动提供一次性塑料用品；物流快递行业禁止使用塑料包装袋、一次性塑料编织袋、塑料胶带等。

2. 推广应用替代产品和模式

推广使用环保布袋、纸袋等非塑制品；鼓励设置自助式、智慧化投放装置；建立集贸市场购物袋集中购销制；在餐饮外卖领域推广使用秸秆覆膜餐盒等生物基产品等替代产品；在农村引导农民免用地膜。

3. 培育优化新业态新模式

企业通过创新技术、创新产品和供应链的重新设计，以及改造商业模式，减少塑料包装的总体使用量，同时打造和释放新的经济机遇。电商、外卖等平台企业应制定落实一次性塑料制品减量替代措施。连锁商超、大型集贸市场、物流仓储、电商快递等企业，应积极推广可循环、可折叠包装产品和物流配送器具。探索建设可循环包装跨平台运营体系。鼓励使用商品和物流一体化包装，建立可循环物流配送器具回收体系。

4. 向传统材料回归

最大限度地减少塑料、橡胶、化纤等化学材料的生产，向砖瓦、石灰、沙石、陶瓷、玻璃、棉麻、竹木等传统材料回归。推行绿色设计，加强可循环、易回收材料产品的研发，有效增加绿色产品供给。打造"无塑企业"品牌，如快餐连锁店可禁用塑料吸管等一次性塑料用品，居用品连锁店可停止使用塑料吸管、塑料盘、塑料杯、塑料袋等。

 204. 在禁塑中我们每个人应做些什么？

禁塑面前，没有人是一座孤岛。禁塑能否成功，除了法律，还要自律。我们每个人都应做绿色生态环境的卫士而不是破坏环境的罪人。

以下这些习惯，有待于我们每个人去养成并长期坚持下去。这些习惯体现的是我们每个人的生态素养。

1. 去超市购物自备布袋或纸带，减少使用一次性塑料袋。

2. 不购买塑料器具。

3. 外出随身携带水杯，尽量不购买瓶装水。

4. 不购买过度包装的商品。

5. 少点外卖。

6. 不用一次性塑料餐具，包括餐盒、碗、杯、盖、盘、碟、刀、叉、勺、吸管等。

7. 少买不必要的衣服。

8. 拒绝色彩斑斓的气球。

9. 改掉随便乱丢塑料垃圾的习惯。

 ## 205. 为什么说贵金属及其他矿产品越来越稀缺？

地球上所有的金属都在日渐枯竭，有的达到了令人担忧的稀缺程度。

黄金 最稀有、最珍贵的金属之一。在19世纪之前的数千年历史中，人类总共生产的黄金不到1万吨，可是进入19世纪，黄金产量得到了大幅度提高，特别是19世纪后半叶的50年里，黄金产量超过了前5000年的总量。世界每年矿产黄金2600吨左右。一些专家预测，可低成本开采的黄金储量将在短短的几十年时间里彻底耗尽。

铟 铟元素是1863年由德国人发现的。铟在地壳中的分布量比较小，又很分散。它的富矿还没发现过，只是在锌和其他一些金属矿中作为杂质存在，因此它属于稀有金属。其主要用途是生产电视和手机的液晶显示器和平板屏幕。在过去的十几年里，铟产量增加了十多倍，按照目前的消费水平，已探明量也将在短短的几十年彻底告罄。

镓 镓在地壳中的浓度很低，它的分布虽然很广泛，但不以纯金属状态存在。时下世界90%以上的原生镓都是在生产氧化铝过程中提取的。镓在其他金属矿中的含量极低，经过一定的富集后也只能达到几百克/吨，因而镓的提取非常困难。原生镓的产量非常低，全球年产量不足300吨。镓适用于制造光学反射镜的涂层以及用于替代紫外线灯中的水银。镓还是制作手机、平板、电视和计算机显示液晶屏的基本元素。在过去的十多年间，随着LED显示器的爆炸式普及，镓元素的供应正在接近临界点。

钯 制作自动催化剂的主要成分，用于减少汽车尾气的排放。此外，还用于制造手机、笔记本电脑、传真机、电子设备中的多层陶瓷片式电容。俄罗斯的钯储量始终是构成全球钯供应的主要部分，但这部分储量已接近枯竭。

铀　是核电站的基本燃材，同时还用于生产核武器；皮革、木材行业的染色上色以及丝绸、羊毛纺织的媒染也需要少量的铀。前些年，德国能源观察组织对全球铀供应进行研究，并发布报告称：即便在最乐观的情况下，全球铀产量的峰值也将在2040年前到来。

稀土　世界上共有17种稀土元素，其中包括镧、钕、铕、镝等。稀土元素是从18世纪下叶陆续发现的，当时人们常把不溶于水的固体氧化物称为土。稀土一般是以氧化物状态分离出来的。虽然地球上储量非常巨大，但冶炼提纯难度较大，显得较为稀少，故称稀土。

稀土素有"工业维生素"的美称，广泛用于军事、冶金、石化、纺织、陶瓷、玻璃等领域，其应用价值越来越大，但稀土矿源越来越难以满足现实需求的增长。

中国、俄罗斯、美国、澳大利亚是世界上四大稀土拥有国。中国储量名列第一，中国在全球稀土资源的全部产量中占据了97%的份额。过去几十年，中国承担了世界稀土供应的角色，中国稀土储量在1996年—2009年间大跌了37%，只剩下2700万吨，中国2/3稀土已外流。日本已经囤积中国稀土足够国内使用100—300年。中国的中、重类稀土储量仅能维持15—20年，在21世纪中叶必须从国外进口才能满足国内需求。

根据德国奥格斯堡大学、耶鲁大学和澳大利亚科学研究院研究人员十年前的研究显示，整个世界的锑、铬、黄金、铟、铅、镍、银、钽、锡、钨、锌等金属，如果按照美国消耗速度的一半消耗这些资源，那么这些重要金属元素将来60年内彻底枯竭。

206. 全球沙子会出现短缺危机吗？

沙子看似微不足道，但在我们的生活中不可缺少。沙子是建设现代城市的主要原料。建筑物的混凝土，以及铺设道路的沥青，大部分都是用沙子和沙砾搅拌而成。挡风玻璃和智能手机屏幕都是用沙子烧融后制成。甚至我们的手机和电脑里的硅晶片，以及我们家中几乎所有的电子设备，都用了沙子为原料。

2019年8月19日，英国《自然》杂志发表的文章中说，目前沙子和砾石的挖掘使用速度，已经超过了自然生成的速度，按照目前的趋势来看，全球将在不远的未来爆发沙子危机。

人们可能会问，世界上有众多的沙漠，有这么多沙子，为什么还会出现短缺危机呢？

这是因为工业使用的沙子有严苛的要求，沙漠中的沙子虽然取之不尽，但对我们基本上没用。工业用沙绝大多数用来制造混凝土。而沙漠中沙子的形状不符合要求。沙漠的沙子是经风而不是水的侵蚀而形成，颗粒度较小，形状太光滑、太圆润，无法粘接在一起形成稳定的混凝土。

我们需要的沙子是在河床、河岸、湖泊和海岸上开采的比较粗糙的沙子。这种沙子带有棱角，适合工业使用。

目前来说，工业用沙最好的选择是使用河沙，但全世界河流面积不到地球总面积的1%，因此河沙数量较少。再加上河沙再生速度非常慢，因此在面对全球日益增长的沙子需求时，河沙爆发了短缺危机，可能再过不久，河沙将会枯竭。

经合组织说，从重量来看，建筑业的沙子、砾石和碎石块用量超过了全球所有化石燃料和金属的总消耗量。该组织预测，未来40年里，为了满足全球人口增长和生活水平提高的需要，建筑业对沙子和砾石的需求量将上升约一倍。

联合国发布的一份报告援引研究结果称，1吨水泥大概需要搭配高达10吨的沙子来生产混凝土。而美国地质调查局称，全球每年生产41亿吨水泥。这也就是说，建筑业每年可能使用超过400亿吨沙子。

仅中国在最近10年里使用的沙子就可能比美国在整个20世纪使用的沙子还要多。

全球对沙子的需求量非常巨大，以至于全世界许多河床和海滩的沙子被开采一空，甚至不惜破坏农田和森林，一些脆弱的天然栖息地遭到破坏，这也促使越来越多的国家禁止出口沙子。

造成沙荒危机的主要原因是全球城市化发展太快。全球人口每年都在增长，而且从农村迁往城市生活的人口也在每年增长，特别是在发展中国家。在亚洲、非洲和拉丁美洲，城市正在以人类历史上前所未有的速度和规模大幅扩张。

 ## 207. 生物燃料能替代石油吗？

随着石油资源的日渐稀缺，人们期望寻找到石油的替代品。前些年，当人们目光盯在玉米制造酒精上，感觉这可能是一条出路，国外一些大量的公共投资和私人投资涌上这一行业。比如，美国2009年的谷物总产量为4.16亿吨，其中约1.19亿吨用于提炼乙醇。经过几年的发展试验，感觉这是一条难行的路，主要受到三个方面的制约：

一是发展生物燃料，需要占用大量的耕地，在人口不断增长的今天，很少有多余的土地用于生产生物燃料，特别是中国的国情更不适合。中国人口多，人均占有耕地面积小，没有多余的土地生产作为食品之外的作物。有人测算，如果食品代替了超过12%的全球石油生产量，那么可供人类消费的粮食就所剩无几。把人的口粮和牲畜的饲料用以加工生物燃料，势必会大大提高粮食和肉类、禽蛋奶等食品的价格，特别是对世界贫困地区影响巨大，甚至可能出现人与汽车争粮食的局面。

二是需要大量的化学肥料和农药作保障，在化石能源日趋紧张的未来，没有化石能源作保障，根本生产不出来丰硕的生物燃料，况且中国的农作物生产脱离了化学肥料和地下水的支撑是不可想象的。

三是生物燃料的成本太高了。整个生产过程包括耕地、播种、浇灌、收割、加工、运输，都离不开现有化石燃料作为驱动能力的机械。国外一些批评人士称，玉米酒精的能源均衡指标实际是负的（低于1∶1），也就是说，如果按最终形成的净能源衡量，酒精只是在消耗能源。但美国农业部的一项研究声明，玉米酒精的能源均衡指标数为1.34∶1.5，投入量与产出量十分接近。同石油回报与投资比12∶1相比，可谓天上地下，不可同日而语。这种生物燃料根本不是一种名副其实的能源资源，无法成为基本能源来源。

第一代生物燃料是将正常的玉米、甜菜以及甘蔗、大麦和其他谷物转化为乙醇而得到的。

第二代、第三代生物燃料是由木材、庄稼等农业和林业残余以及非食物源作物中提取的。木质——纤维质材料可通过生物化学作用转化为生物乙醇，或通过热化学作用转化为生物柴油。同玉米酒精一样，让人们有足够的理由对这些东西持怀疑态度。

不论是第一代，还是第二代、第三代生物燃料，都无法替代石油。原因是：前者都是耗费大量的人力、物力、财力，由人工制造的，而后者是大自然先天形成的。生物燃料在任何时候都不可能替代石油的观点，被越来越多的人认可。

 ## 208. 为什么说换一个灯泡也会为改变世界贡献一分力量？

电灯，是我们生活中最习以为常的照明用具。不过也许你不知道，照明用电占全球电力消耗的15%，产生的二氧化碳排放量占全球的5%。

在温室气体排放日益严重的大形势下，我们每一个个体的生活方式——比如每家每户选择怎样的照明方式——都有重塑地球的力量。

减少碳排放和减轻电网压力的一个快捷且经济的方式就是改用节能的LED照明。LED灯属高效照明产品，它不易碎，不含汞，比传统白炽灯节省高达90%的能源，而且比白炽灯泡的使用寿命长10年—15年。

举一个简单的例子，如果将全球所有光源都转换为LED灯，那么全球照明电力消耗可减少50%以上，相当于德国一年的二氧化碳排放量，全球每年将减少5.3亿公吨二氧化碳排放量，相当于每年关闭154个燃煤发电厂。

尽管各国政府正在推动这一进程，但如果我们每一个人做力所能及的小事，哪怕是换一个灯泡，都会为改变世界贡献一分力量。

世界各地的消费者已经意识到这一点。在欧洲，72%的受访者表示他们愿意购买绿色产品，比如节能灯泡。

但实际上只有17%的人真正做到了。这种个人意愿和行动力之间的差距亟待弥补。

让我们行动起来：逐步淘汰低效的白炽灯，更换高效的LED节能灯。

209. 哪个行业的碳排放量最大？

全球建筑建造业的排放规模惊人，堪称碳排放量最大的行业。2019年12月，联合国环境规划署和国际能源署发布《2019年全球状况报告》指出，全球建筑及建造业释放的碳污染仍然顽固地占据全球二氧化碳排放总量的39%左右。

有数据显示，目前全球商业建筑已经使用和消耗了全部用电的35%，而且这个趋势未来还会继续上升。世界银行的调查也发现，到2030年前要实现节能减排的目标，70%的减排潜力在建筑节能方面。而中国的房地产建筑业消耗了中国社会总能耗的40%以上。数据显示，全球碳排放量的19.9%来自中国，而中国碳排放量的40%来自房地产建筑业，相当于全世界8%的碳排放量来自中国的房地产建筑业。

近十几年来，中国的建筑排放规模呈现出不断扩大的趋势。《中国建筑能耗研究报告（2018年）》显示：2000年—2016年建筑碳排放总量持续增长，从2000年的6.68亿吨，增长到2016年近20亿吨的规模，增长了约3倍。

值得注意的是，房地产开发所带来的巨大碳排放问题，不仅仅是房地产企业本身的问题，围绕房地产产业上下游的钢铁、水泥、建材等行业的排放更为值得关注。排放量的增加很大程度上源于能源需求的增长，对钢铁等能源密集型产业的需求导致燃烧更多的化石燃料进行发电，比如煤炭。

在中国华北地区经常出现雾霾的地方，主要的排放源头还是燃煤和工业废气，很多来自钢铁、水泥、建材行业。

在房地产开发过程中，建筑采暖、空调、通风、照明等能源的碳排放量相当大。值得特别关注的是，随着空调器拥有量和使用量的增加，"空间制冷"需求激增。目前全球建筑物中的空调设备数量已超过16亿台。空调对气候具有双重破坏作用。空调使用的电能主要来自化石燃料，而空调常用的制冷剂氯氟烃和氢氯氟烃是强效温室气体。

全球范围内建筑的设计、建造和运营方式，迫切需要重大改进。

 ## 210. 为什么说全球人口爆炸式增长是气候变化和环境问题的最大根源？

1804年，全球人口总数仅为10亿，经过200年的繁衍，到2000年全球人口突破了60亿。2020年全球人口接近76亿。按照当前的数据预测，在未来很长的时间里，全球人口将持续增加。

1900年，全世界超过100万人口的城市仅有11个，而现在超过100万人口的城市已经超过了483个，世界人口的增幅是非常惊人的，地球上每天出生的婴儿多达37万。

世界人口增长率急剧上升，人口基数呈指数增长，其重要标志为——人口翻番的时间越来越短：世界人口从5亿增加到10亿用了200多年；从10亿增至20亿用了100多年；从20亿到40亿不到70年；估计再翻一番只需35年。

地球上每个人都需要食物、水、衣服和住所。有相当多的人还已经习惯于拥有除此之外的其他东西：汽车、电脑、手机、空调、冰箱……越来越多的人对物质的无限欲望，意味着越来越多的地球资源被开发，以满足人类的需求。随着人口的不断增加，会有更多的人居住在美式住宅内，开美式轿车，吃美国尺寸的巨无霸。这就意味着石油、煤炭和天然气的需求量将会激增。人口越多，需要的食物、住房、水、能源就越多，而能够分到每一个人维系生存的资源会越来越少。比如耕地，1950年全世界人均谷物地0.23公顷，到了2000年则为0.11公顷，下降了一半。人均耕地面积的不断缩小，使养活全世界每一年增加的1.3亿人口的形势越发严峻，一旦人均土地降到必需的限度之下，人与人之间的关系就会日见紧张。

世界观察研究所的《2010世界现况》发表一项可靠的情景研究，这项研究使用了世界银行和足迹网络的数据，给出了在不同富裕水平上地球能够（可持续）养活的全球人口数量。

——低收入世界（年人均收入1230美元）能够可持续养活的全球人口数量是136亿。

——中等收入世界（年人均收入5100美元）能够养活62亿。

——高收入世界（年人均收入35690美元）能够养活21亿。

——如果全世界都达到美国现在的年人均收入（45580美元），只能养活14亿。

而全球现在的人口已突破了75亿。截至2019年末，中国大陆总人口突破了14亿。

法国著名经济学家丹尼尔·科恩在其著作《缺陷的繁荣：经济学的悲观视角》写道："如果中国按照美国的消费习惯来发展，那么到2030年就会消耗掉全世界现有粮食的2/3。如果中国在纸张消耗上赶上美国，那么它将消耗掉3050亿吨纸张，这相当于消耗掉全球所有的森林了。"

前些年，英国的一个环保组织计算出，如果全人类都按照美国人的生活方式生活，需要5.6个地球；按照欧盟的生活方式，需要3.9个地球；按照日本的生活方式，需要2.9个地球；按照中国人的生活方式，需要0.9个地球。

人口增长的同时，另一个问题也浮出水面：人口老龄化。联合国认为，全球预期人均寿命将从68岁上升到2050年的76岁。老年人口过多而年轻人口不足的一个结果是，退休年龄攀升，同时劳动力人数萎缩，养老金支出膨胀。面对这些问题，有的人寄希望于人口增长，认为人口增长可以扩大市场需求。其实从人类长远发展尺度上看，这是一个短视的想法。

人口的爆炸式增长，造成了交通拥挤、住房紧张、失业严重、物价上涨、医疗压力、就业困难、社会不安定等问题。人类人口过多是众多环境问题的根源，绝对人口数量在气候变化和环境退化中起着非常重要的作用。人口过剩是最大的生态问题，人口过剩如果现在还不是一种危机的话，那么将很快成为一种危机。

 ## 211. 何为持久性有机污染物？

持久性有机污染物（简称POPs）指人类合成的能持久存在于环境中、通过生物食物链（网）累积、并对人类健康造成有害影响的化学物质。

2004年正式生效的《关于持久性有机污染物的斯德哥尔摩公约》，把12种化合物列为首批对人类危害极大的持久性有机污染物，在世界范围内禁用或严格使用。受控的12种持久性有机污染物分三类：

有意生产——有机氯杀虫剂：滴滴涕、氯丹、灭蚁灵、艾氏剂、狄氏剂、异狄氏剂、七氯、毒杀酚。

无意生产——工业化学品：六氯苯和多氯联苯。

无意排放——工业生产过程或燃烧生产的副产品：二噁英、呋喃。

持久性有机污染物不仅仅是以上12种危害极大的物质，根据国际上的研究，被列为持久性有机污染物的物质有610多种。

212. 为什么说持久性有机污染物对人类生存构成重大威胁？

与常规污染物不同，持久性有机污染物对人类健康和自然环境危害更大，在自然环境中滞留时间长，极难降解，毒性极强，能导致全球性的传播。被生物体摄入后不易分解，并沿着食物链浓缩放大，对人类和动物危害巨大。很多持久性有机污染物不仅具有致癌、致畸、致突变性，而且还具有内分泌干扰作用。研究表明，持久性有机污染物对人类的影响会持续几代，对人类生存繁衍和可持续发展构成重大威胁。

它有四个特征：

1. 高毒性

它们会对人和其他生物体造成伤害，导致人类和其他生物的生殖系统、呼吸系统和神经系统中毒、癌变、畸形，甚至死亡。只要母体接触到一点持久性有机污染物，胎儿就会受到伤害。例如，二噁英类物质中最毒者的毒性相当于氰化钾的1000倍以上，号称是世界上最毒的化合物之一，每人每日能容忍的二噁英摄入量为每公斤体重1pg（皮克），二噁英中的2，3，7，8—TCDD只需几十皮克就足以使豚鼠毙命，连续数天施以每公斤体重若干皮克的喂量能使孕猴流产。

2. 持久性

持久性有机污染物存在于杀虫剂、阻燃剂、工作溶剂和清洁剂等液体中，之所以是持久性，是因为它们在自然环境中难以生物降解或稀释。例如，二噁英系列物质其在气相中的半衰期为8—400天，水相中为166天到2119年，在土壤和沉积物中约17年—273年。

3. 生物积累性

持久性有机污染物还具有生物放大效应。持久性有机污染物在环境中浓度较低，但到生物体内，浓度就会越积越高。在食物链的传递过程中，每上升一个食物等级，它的浓度就会升高很多。虽然持久性有机污染物不溶于水，但极易被人和动物脂肪组织吸收而放大。如水生食物链生物对持久性有机污染物PFOS有较强的富积作用，鱼类对PFOS浓缩倍数为500—1.2万倍。食物链顶端的人类将原始毒性放大了7万倍。中国环境监测专家指出，即使现在全部停止生产和使用12类持久性有机污染物，最早也要在未来第7代人体内才不会检出这些物质！

4. 远距离迁移性

持久性有机污染物可以通过风和水流传播到很远的距离。持久性有机污染物一般是半挥发性物质，在室温下就能挥发进入大气层。因此，它们能从水体或土壤中以蒸气形式进入大气环境或者附在大气中的颗粒物上，由于其具持久性，所以能在大气环境中远距离迁移而不会全部被降解，但半挥发性又使得它们不会永久停留在大气层中，它们会在一定条件下又沉降下来，然后又在某些条件下挥发。这样的挥发和沉降重复多次就可以导致持久性有机污染物分散到地球上各个地方。因为，这种性质持久性有机污染物容易从比较暖和的地方迁移到比较冷的地方，像北极圈这种远离污染源的地方都发现了持久性有机污染物污染。如北极因纽特母亲母乳中持久性有机污染物的含量是工业国家的5倍。

213. 为什么说内分泌干扰物会给人类生殖繁育带着深刻影响？

1991年7月，在美国威斯康星州拉辛的温斯布雷德召开了一次内分泌干扰物质的一次历史性会议。与会的专家们达成了《温斯布雷德宣言》，在这篇宣言里，专家们发出了这样的紧急呼吁："野生生物的观察和动物实验结果已经证明，内分泌干扰物等一些有害的物质正在威胁着整个人类。如果这些化合物得不到有效控制，胎儿发育将会出现异常，我们的后代会存在终身的身心障碍。”

什么是内分泌干扰物？

内分泌干扰物，也称环境激素，是指环境中存在的能干扰人类和动物分泌系统诸环节导致异常效应的物质。许多持久性有机污染物都是内分泌干扰物。我们使用的农药和除草剂大约70%—80%属于内分泌干扰物，如滴滴涕及其分解物、六氯苯、六六六、艾氏剂、狄氏剂。我们所使用的塑料，其中大部分的稳定剂和增塑剂也属于内分泌干扰物。人们所食用的饮料、罐头等也含有内分泌干扰物。一些有机化合物如多氯联苯类、多溴联苯、双酚A、邻苯二甲酸酯类、烷基酚类、硝基苯类等，都是内分泌干扰物。

从野生生物的观察和动物实验的结果来看。内分泌干扰物可能会干扰神经系统，并破坏免疫系统。受到这些化合物的污染后，动物会出现种种异常行为，如反常的配偶行为，与日俱增的遗弃鸟巢现象。内分泌干扰物甚至可以导致雄性的雌性化或雌性的雄性化。有动物实验显示，如果在胚胎发育中受到内分泌干扰物的影响，出生以后会患上与激素有关的癌症。如发生的乳房、前列腺、卵巢和子宫里的恶性肿瘤。

美国威斯康星大学的科学家曾做过一个实验，母鼠仅仅只在妊娠的第15天被施给一次极其微量的二噁英。这个时期是性别决定的关键时期，雌雄分化就发生在这个时期。当怀孕母鼠在这段时期受到二噁英处理时，出生的小雄鼠在成熟后，精子数目只有正常的56%。更令人吃惊的是，即使怀孕的母鼠受到二噁英处理的剂量降低到最低水平。出生的小雄鼠的精子数仍然只有正常的40%。

那么在动物实验中遇到的问题是否也会同样在人类身上发生呢？回答是肯定的。人类同样逃脱不了内分泌干扰物的伤害。

人类对激素干扰物质反应敏感，而且抵御能力十分脆弱。内分泌干扰物是生物体内信息高速公路上拦路打劫的暴徒，它们破坏生死攸关的通信系统。这些化合物通过混淆或伪装生物信息，可谓无恶不作，如阻挠生物信息的流通，干扰生物信息的功能，或散布错误的信息等等，使整个激素系统不能正常发挥作用。

科学家发现，内分泌干扰物与人类日益增加的生殖障碍有密切的关系。实际上，激素作用受到干扰的问题非常深刻。它其实就是睾丸癌、子宫内膜异位症等许多病理现象的罪魁祸首。科学家还发现，孩子出生前受到多氯联苯类化合物污染的话，会出现学习障碍和多动症。美国科学家对在母亲体内受到己烯雌酚影响的女性进行研究发现，这类女性与那些在胚胎期没有受到合成雌激素影响的女性相比，前者具有更高的同性恋和两性恋倾向。

人类和野生生物的种种问题与激素干扰物质之间的密切关系，已得到越来越多的证据和理论的支持。现在有充足的理由认为内分泌干扰物是对生物生殖繁衍构成威胁的重要物质。

内分泌干扰物侵蚀了人类的繁衍活力，正在改变人类的未来。它可能对人类生存发展造成深刻的影响。

 214. 化肥有哪些危害？

1. 化肥对土壤的危害

化肥对土壤产生污染的主要物质是重金属，主要来源于化肥制造的原料中。产生污染的重金属主要有镉、镍、钴、锌、铜等，土壤一旦遭受重金属污染就难以彻底消除。

化肥中不含有机质、腐殖质，长期使用化肥会使土壤中的有机质逐渐下降，影响土壤中的蚯蚓、有益菌、微生物的生存，破坏土壤自身的微生物循环和土壤的肥力结构，阻断土壤养分自生能力，破坏土壤团粒结构，造成土壤板结，使土壤的保水能力、固养能力和再生能力逐渐消失。从长远看，越是使用化肥土地越贫瘠，越贫瘠就越离不开化肥，陷入不可自拔的恶性循环。

化肥可使土壤酸化。土壤酸化会造成土壤有机质下降，不仅破坏土壤肥力结构，而且还降低肥效。无论是土壤也好，人也好，长期处在酸性状态下都会导致有毒物质的释放，或使有毒物质毒性增强。土壤酸化必然会威胁到农业生产的可持续发展，并会影响营养物质的生物化学循环。

2. 化肥对作物的危害

长期大量使用化肥，作物的抗病抗逆能力会显著下降。

作物和人一样，如果吃得太饱反而不利于成长，不利于自身健康。化肥施用过多后，作物体内过量的氨基酸、糖类无法被作物及时转化为蛋白质等大分子，这就引来了害虫的青睐。

使用过量的氮肥，会使庄稼抗病虫害能力减弱，易遭病虫的侵染，继而会增加防虫害的农药用量，直接威胁食品安全。化肥施用过多会引起作物徒长，容易倒伏，严重影响作物产量。

3. 化肥对环境的危害

化肥利用率低，氮肥因为易挥发、流失，利用率只有30%—50%。磷肥的利用率才10%—25%，因为磷酸根化学活性活泼，施入土壤后大部分磷形成难溶性磷肥。钾的利用率也只有50%左右。过量的施用化肥，在浇灌或下雨时，肥料就会随水流入周围的河流、湖泊中，形成农业面源污染，造成水体富营养化，导致藻类滋生，鱼类缺氧死亡，继而破坏水环境。

据统计，中国每年因不合理施肥造成1000多万吨的氮素流失到农田之外，直接经济损失约300亿元。过量的肥料还会渗入浅层地下水，使得地下水硝酸盐含量增加。

在北方集约化的高肥用量地区，20%的地下水硝酸盐含量超过国家饮用水硝酸盐含量限量标准（每升硝酸盐含量89毫克），45%地下水硝酸盐含量超过主要发达国家饮用水相关限量指标。

4. 化肥对人体健康的危害

大量使用化肥使蔬菜瓜果品质大大下降。由于作物不仅仅需要氮、磷、钾，同时还需要钙、铁、锌、硒等许多微量元素，而化肥一般成分比较单一，所以长期使用化肥必然导致土壤中所含养分趋于单一，易使作物营养失调，从而导致作物内部转化合成受阻，必然导致作物品质下降，瓜不甜，菜不香。这类"化工"菜果，中看不中吃，各种维生素和钙、镁、铁、锌、硒的含量都有极大的下降。因为长期吃这类菜果，我们中大多数人都相当缺乏各种营养成分，尤其是矿物质，直接影响到身体健康。

大量施用化肥，易使蔬菜中硝酸盐含量超标，而亚硝酸盐与胺类物质结合形成N—亚硝酸基化合物是强致癌物质。

另外，重金属等有毒有害物质进入土壤后，可以通过食物链不断在植物和生物体内富集，甚至可以转化为毒性更大的甲基化合物，最终在人体内积累危害人体健康。

 ## 215. 农药对人类有什么危害?

农药按用途不同，分杀虫剂、杀螨剂、杀鼠剂、杀软体动物剂、杀菌剂、杀线虫剂、除草剂、植物生长调节剂等。

为了防治植物病虫害，全球每年有100亿公斤的化学农药被喷洒到自然环境中。这些药物实际发挥作用的仅极小一部分，其余的绝大部分都散逸于土壤、空气及水体中。

农药在环境中重新分布，使其污染范围扩散，致使全球大气、水体、土壤和生物体内都含有农药残留

农药不仅消灭害虫，也会杀死益虫、真菌以及害虫的天敌，更对人类造成巨大的伤害。农药残留对人体的危害，主要表现在急性中毒、亚急性中毒和慢性中毒三个方面。

1. 诱发长期慢性病症。一份研究数据表明，农村中40%—50%的儿童白血病患者，其发病与农药等化学物质密切相关。残留农药危害最大的就是婴幼儿，儿童农药中毒概率是成人的4倍，只要3%克的农药残留，就会导致7岁前的儿童出现大脑发育障碍。农药残留也是造成目前10%以上不孕不育的主要原因之一。

农药残留会导致人类大脑功能紊乱，会诱发一些无法医治的疾病发生。如帕金森病、早老性痴呆、心脑血管病、糖尿病、神经疾病及不孕不育症等发生率逐年增高，都与食用农药残留的蔬菜、水果等有直接关系。

2. 引起肝脏病变。长期食用含有农药残留的食物，可使农药在人体内不断蓄积。残留农药进入人类机体后，主要依靠肝脏造酶来吸收毒素，然后进

行氧化分解，但是，随着农药残留越来越严重，肝脏负担严重超标，长期的超负荷工作会导致肝脏机能下降，引起肝硬化、肝积水等一些肝脏病变，从而降低肝脏的吸收分解功能。

3. 导致癌症、畸形和基因突变。农药对人体健康构成最大的潜在危害是"三致"作用，即致癌、致畸、致突变。农药残留中的化学物质进入人体内会促使人体组织内细胞发生恶变，甚至会通过胚胎将毒素传给下一代造成基因突变。如：甲胺磷、敌百虫、1059、灭多威等剧毒农药，可影响神经系统，使精神错乱、语言失常等，造成生理障碍，影响生殖系统，产生畸形怪胎，甚至导致癌症的发生。国际癌症研究机构根据动物实验证明，18种广泛使用的农药具有明显的致癌性，还有16种显示潜在的致癌危险性。据估计，美国与农药有关的癌症患者数约占全国癌症患者总数的10%。

农药可谓是人类最坏的发明。当人们企图以农药去维持平衡时，一时的平衡带来的却是永久的不平衡，人类注定为农药的使用付出极大的代价。

 216. 剧毒农药滥用为何屡禁不止？

《食品安全法》第四十九条规定："禁止将剧毒、高毒农药用于蔬菜、瓜果、茶叶和中草药材等国家规定的农作物。"

《农药管理条例》第三十四条规定："剧毒、高毒农药不得用于防治卫生害虫，不得用于蔬菜、瓜果、茶叶、菌类、中草药材的生产，不得用于水生植物的病虫害防治。"

原农业部2011年起要求高毒农药经营单位核定规范化、购买农药实名化、流向记录信息化、定点管理动态化，做到高毒农药100%信息可查询、100%流向可跟踪、100%质量有保证。

然而，剧毒高毒农药随意买卖、滥用的现象仍然屡屡发生，甚至连国家明令生产和使用的农药都在随意出售和使用。

我国剧毒农药滥用并非某一环节出了问题，而是整个农药生产、销售、使用和监管等整个链条的扭曲与失效。

我国对剧毒农药虽有禁用规定，但对其生产和销售却缺乏严格限制。剧毒、高毒农药的销售太过随意，未按规范进行管理。剧毒农药生产与销售的源头不受约束，最终祸及生产种植这一终端环节。

农药残留检测常常形同虚设，基层监管部门技术人员少，检测设备匮乏，监测力量薄弱，监管乏力，客观上纵容了农药的滥用行为。

尽管我国生物农药研发水平与世界相当，但成本高成为阻碍推广的一大难题，而剧毒农药见效快、成本低，影响了生物农药的推广。

而一部分农民生态环保意识的薄弱和农药知识的匮乏，也是造成剧毒农药滥用的一个重要原因。

 ## 217. 中国农药管理和使用存在的突出问题是什么？

1. 年施药总量不是总体下降，而是持续上升。1990年全国农药施用总量为70万吨，2008年达到173万吨，2014年达到180.69万吨。

2. 农药企业规模多而小，低水平生产严重。农药生产企业2800多家，绝大部分农药企业的规模小而分散，而且生产技术落后，产品重复，低水平重复生产严重，使产品供过于求，市场混乱。

3. 生物农药违法添加隐性成分。化学农药打着生物农药的旗号"借壳上市"，生物农药名不副实。

4. 违规生产和不公平竞争现象比较普遍。无证、假冒伪劣、虚假广告、假标签、假分装等问题多。

5. 销售劣质农药、冒牌农药。各大网络销售平台以身试法，销售明令禁止的农药产品，如农用链霉素、叶枯唑等。不法药贩子在兜售农药时，捆绑开大处方，误导农民乱配用农药。

6. 违规使用高毒等禁用农药。有的农民无视国家的有关法规，在蔬菜、瓜果、粮油、中药材上任意使用高毒、高残留农药。

7. 农药过度使用问题十分突出。擅自增加用药剂量，盲目乱用混配农药。一些农民治虫防病心切，不按照标签标示剂量使用，施药时总要任意增加品种和用量。

8. 将用后的农药包装物随地丢弃，剩余药液随处乱倒。大大小小的农药塑料瓶、玻璃瓶、塑膜袋等废弃物散落在田头水沟，给人畜带来巨大的安全风险，而且成为农业面源污染的重要来源。有专家经过测算得出数据，我国每年产生的农药包装废弃物高达100亿件，其中绝大部分被随意丢弃。

 ## 218. 如何严控农药？

1. 绝不批准存在致癌致畸等安全隐患的农药产品登记。

2. 逐步全面禁用剧毒、高毒农药。鼓励有条件的地方对毒性大、残留期长的农药实行禁售禁用。

3. 对高毒农药采取严厉的管控措施。实行高剧毒农药定点经营、一瓶一码、实名购买、终身追溯。

4. 大量减少乃至淘汰杀菌剂、植物生长调节剂、杀线虫剂，大量减少杀虫剂、除草剂、植物油型喷雾助剂。

5. 禁止向生物农药中添加化学隐性成分，严打生物农药造假行为。

6. 严厉查处无证或假证生产农药行为。

7. 淘汰生产规模小、作坊式的农药厂。建立亏损及低效率企业退出机制。

8. 审慎开发低毒、低残留农药。

9. 禁止通过互联网和其他渠道经营销售高毒农药。

10. 改变目前单一依赖化学药剂防治的方式，把化学防治、农业措施防治、物理防治、生物防治等有机地结合起来，通过恢复和构筑生物多样性来控制虫害。

11. 建立农药使用指导体系，指导使用者合理、安全地使用农药。

12. 健全农药生产、销售、使用全键条监管机制。强化监管队伍，落实监管责任，加大监管措施。

13. 建立起政府主导、企业为主体的农药包装废弃物回收处置系统。对农药包装废弃物的责任划分、惩罚措施、回收体系等进行规范。实施农药产品兑换农药包装办法。

 ## 219. 合成化学物质会推动人类走向衰败退化吗？

在20世纪，人类和地球的关系进入了史无前例的新阶段。空前巨大的科学技术力量，迅速增长的人口已经把我们对环境的影响从局部或区域扩展到整个星球。这是人类影响环境历史中的一个里程碑，在这个变化过程中，人类从根本上改变了整个地球的生命系统。于是，一个地球规模的大实验开始了，人类和地球上所有的生灵都在不知不觉中卷入到一个庞大的实验里。

化学合成物质是导致这一巨变的主要力量。在过去半个世纪里，制造和释放的亿万吨人工化合物，已经使地球环境发生了大规模的变化，甚至也改变了我们体内的化学组成。

科学家通过对人体脂肪和母乳的研究发现，不管地处北极群岛还是南太平洋遥远的小岛，几乎每一个人身上都有残效性合成化学物质，如多氯联苯、滴滴涕、二噁英等臭名昭著的物质。正如美国作家所著的《我们被偷走的未来》一书所言："任何人只要花2000美元进行一次检查的话，无论你从哪里来，都可以从你的体内发现250种左右的化学污染物质。"

更糟糕的是，母亲会通过子宫或母乳把有毒的化学物质转移给后代。多年前，美国和欧洲的科学家经调查认为，胎儿和婴儿对于污染十分敏感，婴儿在接受母亲的哺乳过程中，受到的化学物质污染的量要比这以后一生中受到的还要高。在仅仅半年的哺乳期间，婴儿从母亲那里吸入的二噁英的总量就相当于人体一生中规定的容许量。婴儿从母亲那里摄取了大量的多氯联苯以及其他的污染物质。他们受污染的浓度比正常成人所受的要高出10到40倍。

科学家对动物和人体的实验发现，合成化学物质的影响不胜枚举：如精子数量减少、妊娠失败、不孕不育、男婴女婴性别失衡、婴儿出生缺陷、生殖器异常、激素系统失调所诱发的乳腺癌、前列腺癌等各种癌症、神经系统发育障碍所引起的小儿好动症和注意力分散等。

合成化学物质对人类的侵蚀是慢性的、隐性的。我们担心在不知不觉中，人类的许多潜在的能力被消耗掉，人类的行为、智力和社会性会受到损害。

美国一些以人类为对象的研究认为，现在的污染水平足以导致人类下降5分的智商。这对某一个人来说虽然是不幸的，但对全社会的影响却是巨大的。以现在平均智商为100来说，在一个1亿人口的社会里，大约230万人的智商高于130，他们属于天赋较高的一类。乍一看，这似乎没有什么，但是，如果全人口的智商下降5分的话，那么高于130智商的人口就只有99万了。这就是说，这个社会要失去一半以上的高智商人才。这些人原本应该是一流的医生、科学家、大学教授、发明家、作家。这是美国罗彻斯特大学行动毒物学家伯纳德·魏斯的研究结果。这还不算，这种平均智商的些微下降，还会大量产生智力低下的人群，他们的智商大约在70以下，这部分人群的增加意味着他们更难找到就业的机会。从一个国家、从整个世界的角度看，这是令人忧虑的问题，从整个人类来看，则意味着我们正在失去人类的智能和解决问题的能力。

合成化学物质将长久威胁着我们和我们子孙后代的生存与健康，只要我们继续用身体和金钱支持着这个破败的体系，它就会导致人类向畸形和病态的方向发展，推着人类一步一步衰败退化。

 ## 220. 为什么说人类的生育本能正在衰竭？

1992年，丹麦科学家尼尔斯·莎巴克博士率领丹麦研究小理，综合研究了1938年—1990年全球健康正常男性的精液资料，这些资料来自61个研究报告，数据取自北美、欧洲、南美、亚洲、非洲和澳大利亚等20多个国家，其调查对象近15000人。研究数据不包括精子数目极度低下的男性病人。

1992年9月，研究报告首次发表在《英国医学研究杂志》上。根据丹麦研究小组的研究结果，精子密度数从1940年的每毫升1.13亿减少到1990年的6600万，也就是说下降了45%。同时精液的量也降低了25%左右，这样实际上精子数减少了50%。而且，精子密度每毫升在2万以下的极端男性的比例从6%上升到18%，同时每毫升超过1亿精子的男性比例也在下降。

这一结论在世界上引起轩然大波。从这之后，世界各地的科学家纷纷检测出男性精子减少的情况。

比如，以苏格兰的3729名男子为对象的调查显示，1940年出生的男性精子浓度是每毫升平均1.28亿个，而1969年出生的男子减少到每毫升只有7500万个。

前些年，比利时的研究人员从360名男性的精液样本发现，1977年—1980年的精液与1990年—1993年之间的比较，异常精子在16年之间急剧上升。而正常健壮的精子从39.6%下降到27.8%，能平稳游泳和活动的精子从53.4%减少到32.8%。

几年前，以色列希伯来大学学者汇集了1973年—2011年的185项研究结果，分析了50个国家近4.3万份精子样本后发现，西方男性的精子数量在不到40年内下降了59.3%，精子密度（每毫升精子数量）处于不断下降趋势，总体下降52.4%。

近年来的研究结果表明，在过去的半个世纪里，全球男性精子每年以2.1%的速度减少，出生时间和精子数目存在明显的负相关，即出生年度越迟，平均精子数目越少，畸形精子的比例明显上升。

科学家还发现，全球男性睾丸癌和其他生殖系统的异常现象在急剧上升。如，丹麦年轻人的睾丸癌的发病率上升了3倍，美国从1973年—1991年前列腺癌增加了127%，年平均上升2.9%。

中国情况也不容乐观。根据世界卫生组织近10年的评估数据，与三四十年前相比，中国男性的精子密度从平均每毫升1亿多，大幅降至每毫升2000万—4000万，是原来的1/4左右。中国近期研究也表明，70%以上的捐精者精子质量不合格。

再看一下女性。女性生育力也日益恶化，表现为卵巢早衰、多囊卵巢综合征、子宫内膜异位症、生殖系统畸形、妊娠不良结局等。

男女生殖系统出现的种种问题，使不孕不育的发病率大大增加。

20年前中国育龄人口中，不孕不育的平均发病率仅占3%，但2014年数据显示，发病率已上升到10%—15%，其中一半是精子质量问题导致的。

2012年，国家计生委发布过一份《中国男性精子质量调查白皮书》，白皮书中指出：全国约有4000万的男女患不孕不育，约占人口比例为12%—15%，男性不育患者中，有20%为精液质量差导致。

精子数量的减少，是人类生存发展道路上出现的一个危险信号，它警示我们，人类的生育本能正在衰竭，人类极有可能面临一个生死存亡的重大节点，它很可能使人类这一物种陷入生存危机。

随着人类生活环境的日益恶化，在未来的岁月里，精子数目可能恢复的希望越来越渺茫，人类未来的前景极其黯淡。

221. 为什么要重新审视和规划化学生产体系？

化学创造了这个丰富多彩的世界，化学渗透到人类生活的各个方面。人们的衣、食、住、行无不与化学有关，人人都需要化学制品，可以说我们生活在化学的世界里。化学给人类带着了富足、舒适、快捷。化学已成为人类生活的"鸦片"。

在过去的半个多世纪里，化学品在地球上的扩张速度令人震惊。根据《全球化学品展望》第二版报告的数据，目前全球化学品的产能为23亿吨，其经济效益每年大概在50000亿美元左右，预计到2030年将翻一番。化学品已散布于地球的每个角落，它们存在于空气、水、土壤之中，渗透到食物链的每一个环节，进入到我们每一个人的体内。化学正在以不可预见的速度，威胁到多种生态系统，将人类逼上死角。

几十年来，我们采取了不计其数的措施，但环境问题始终没有得到根本解决。我们不得不承认，在全球范围内我们治理环境是不成功的，我们所取得的成绩正在被新的污染所抵消。

为了我们的子孙后代有一个安全的生活环境，我们必须用全新的角度来研究面临的问题。环境出了问题采取办法修复损害，这是一种滞后的措施，这种措施永远解决不了环境问题，因为修复的速度远远比不上污染的速度。根本的办法是，由滞后性措施改为预防性措施，从污染源头上杜绝污染物质的产生。我们面临的任务并不是寻找新的化合物来替代已经被证明有害的化合物，而是要不要停止制造和使用化学合成物质的问题。在未来的岁月里，我们有必要重新思考和规划新的运行体制，这种体制的根本核心是最大限度去化学化。

但遗憾的是，人们尚未达到如此的共识。

化学品存在于世界的每个角落，它对人类构成终极威胁。没有对化学品生产的极大削减，就没有对环境的根本治理。如不对化学品的生产进行极大的限制，那么若干年后，我们的子孙继承的将是一片化学垃圾的荒原。限制化学品生产的措施拖得越长，问题就会变得越严重，修复这些问题就会变得更加困难，而且付出的代价更高。

为了保护人类的未来，应该在全球范围重构化学品管理体系：制定全面压缩和严控化学品生产战略；将化学品管理纳入国家公共健康、社会和经济发展的计划中；控制并极大减少使用化学品，或使用更为安全的替代产品；整合并协调国际合作和政府间合作，以增加规划协调性和有效性；为最大限度地削减化学品的生产和使用这一共同目标而努力。

 ## 222. 我们应怎样最大限度地控制化学品的生产？

1. 大规模减少投入市场的化学物质。严格控制列入《危险化学品名录》化学品的生产。

2. 使用砖瓦、石灰、沙石、陶瓷、玻璃、棉麻、竹木等传统材料。

3. 避免用危害较低的化合物来替代危害较高的化合物。

4. 减少特定产品中化学物质的种类，使产品组成简单化。

5. 只允许制造并只允许在市场上销售那些实际使用时可以通过目前技术进行检测的化合物。

6. 只生产那些化学组成完全清楚的产品，并停止生产那些难以预测其影响的化学物质的混合物。

7. 在没有弄清在环境中的降解过程以前不生产那种化合物。对有些化合物而言，它们的降解产物比原来的物质具有更大的危险性。

 ## 223. 科学技术能彻底解决气候和环境问题吗？

气候变化是当今人类社会面临的最严重的挑战之一，它直接关系到人类能否继续生存和发展的头等重要的大问题。面对日益严重的气候危机和环境污染，有人认为科技的快速发展最终会解决气候和环境问题。

从工业革命开始，人类社会发生了天翻地覆的巨变，人类社会已经完成了从农业文明到现代工业文明的彻底转变。现代工业文明把人类文明推向了一个前所未有的高度，这种高度是过去一切文明无法比拟的。当今，科学技术发展的速度之快、涉及领域之广前所未有。科学，正以越行越快的速度大举迈进，新的工具、技术和工艺层出不穷，掌握着科学技术的人类对自然界的影响放大了上千倍。许多人认为，科学技术的进步会给人们的生活带来美好前景。

当今的人们，对技术的痴迷取代了往昔对自然奇迹的痴迷，幻想通过技术解决面临的种种问题。其实，科技的进步只能增强我们的能力，结果可能变得更好，也可能变得更坏。我们目前所有的问题都是科技无意带来的负面影响。20世纪以来，科技突飞猛进，而它带来的新问题的速度远远快于解决旧问题的速度，这就是我们今天之所以会面临这种困境的原因。科学技术已被沦为人类统治自然的工具，科学技术征服自然和统治自然给人类带来了巨大利益，但其最终结果必然是受到自然的无情报复。正如美国生物学家、生态学家巴里·康芒纳所言："新技术是经济上的胜利——但它也是生态学上的失败。"

科学技术最终解决不了气候和环境问题，这就需要我们扎扎实实地采取有效的、果断的措施，将全球二氧化碳等温室气体一步一步地降下来，最终实现全球经济去碳化，并且最大限度地削减化学品的生产和使用，在全社会全面进行根本性的变革。

 ## 224. 什么是人畜共患疾病?

人畜共患疾病是由在动物和人之间传播的病原体引起的疾病。

近年来，人畜共患疾病通过各种途径频频突袭人类。人畜共患疾病最常见的有几十种，除新型冠状病毒外，还包括艾滋病、埃博拉病毒、莱姆病、疟疾、狂犬病、西尼罗河病毒、重症急性呼吸综合征和中东呼吸综合征等。

某些动物更容易携带人畜共患疾病的病原体。这些动物包括啮齿动物、蝙蝠和非人类灵长类动物，以及大规模集约化饲养的家畜和家禽，例如猪、牛和鸡。

最有可能从动物"跨越物种界限"传染给人类的病原体通常分布广泛、突变迅速且具有多个宿主。

据估计，约60%的传染病是人畜共患疾病。在所有新兴的人类传染病中，约有75%是以动物"跨越物种界限"传染给人类的。

人类对于携带人畜共患疾病病原体动物的威胁，抵御更为不易，历史上许多人畜共患疾病，已经给人类造成了灾难性危害。

225. 导致人畜共患疾病传播的因素有哪些?

在过去的几百年中，世界人口急剧增长，自然环境大幅退化。这两大平行趋势导致了各种纷繁复杂、环环相扣的事件，引发了一系列连锁反应，促使新型人畜共患疾病出现并扩散。

以下人为因素导致了人畜共患疾病的传播：

1. 人类对动物蛋白的需求增加。过去50年，全球肉类产量增加了260%。

2. 不可持续的农业集约化。自1940年以来，50%的新兴人畜共患疾病与之相关。

3. 对野生动植物的利用和开发增加。特别是高风险物种的不可持续、非法或不受管制的贸易不断增加。

4. 城市化、土地用途变化和采掘业加速了对自然资源的不可持续利用。

5. 日益增长的旅行和交通需求。如越来越多的国际航班。

6. 食品供应链的变化。供应链的复杂性增加了污染的风险。

7. 气候变化。在气候变化的大背景下，温暖、潮湿的环境有利于人畜共患疾病的传播。

226. 如何防止全球人畜共患大流行病的再度暴发?

2020年，联合国环境规划署和国际畜牧研究所联合发布一份名为《预防下一次大流行病：人畜共患疾病以及如何阻断传播链》的报告，呼吁各国政府亟须采取措施，阻断病原体从动物"跨越物种界限"传染给人类，否则将来还可能暴发更多人畜共患疾病。

该报告确定了政府可以采取的十大实际步骤，以防止未来人畜共患疾病的暴发：

1. 提高对健康和环境风险及预防的认识。
2. 改善健康治理，让环境利益攸关方参与进来。
3. 将科学探究扩大到人畜共患疾病的环境方面。
4. 确保对疾病产生的社会影响进行完全成本法核算。
5. 采用基于风险的方法加强对食物系统的监测和监管。
6. 淘汰不可持续的农业实践。
7. 制定并执行更强有力的生物安全措施。
8. 加强动物健康管理（包括野生动物健康服务）。
9. 加强健康利益攸关方的能力建设，纳入健康的环境因素。
10. 将"一体化健康"（One health）方法主流化并落实到位。

 ## 227. 为什么说GDP增长不是解决社会问题的良方？

经济学家有许多衡量指标，但很重要的一个指标是国内生产总值（GDP），它是第二次世界大战后发明的，被认为是衡量国家经济状况的最佳指标。

但生态学家告诉我们，GDP建立在不合理的计算结果之上，完全没有考虑不再生能源的不断消耗以及不计后果地向大气、海洋、江河、土壤和生物圈所排出的大量有害物质。GDP不能用来衡量经济活动以外的其他事物，它从来都不是衡量经济或社会福利的指标。GDP忽略了自然资本的现实，它对森林和耕地的消失视而不见，鱼捕捞得越多，森林砍伐得越多，煤炭汽油燃烧得越多，有毒化学物质生产得越多，GDP就增长得越快。造纸、电力、化工、建材、冶金、皮革、印染等高污染、高能耗产业，带动的GDP与环境的付出是成反比的。癌症也使GDP增加，因为要消耗药品、医疗资源和医生的时间。空气污染造成的肺气肿越多，GDP也越高。

正如国外学者所言，我们没有把污染成本作为负面影响减去，却把整顿污染的价值作为正面影响加上，这是不对称的核算。GDP衡量的是我们摧毁有价值的东西的效率，它并不是有效解决社会问题的良方。

经济增长的目的是为了创造更多的物质条件，使人类的福祉和幸福最大化，但物质条件只是手段，绝不是人类生存发展所追逐的主要目标。50多年来，西方世界的经济一直保持较高的增长，实际平均收入翻了几番，尽管如此，广大民众对生活的满意度却一点没有提高，如果说经济增长是为了让我们过得更好，那么结果是失败的。据中国科学院发布的《2012中国可持续发展战略报告》显示：1990年—2009年，中国国内生产总值（GDP）增长了5.6倍，但能源消费增长了2.6倍，成品钢材消费增长了9.3倍，水泥消费增长了6.9倍，有色金属消费增长了13.2倍，二氧化碳排放增长了2.4倍。粗放式经济增长带来了一系列环境问题。

人不应该成为物质的奴隶，过多的物质消费，既无益于个人的身心健康，也无益于社会的可持续发展，是对自然资源的过度索取，也是造成环境破坏和气候变化的基础诱因，是有悖于生态道德的不良行为。保持适度、合理的物质消费水平，尽量减少能耗物耗，是每一个人应尽的生态责任，我们的经济活动消耗的物质越少，我们适应未来的能力就会越强；相反，我们的经济活动消耗的物质越多，我们适应未来的能力就会越弱。

228. 我们应选择城乡一元化还是两元化？

50年前的中国，城市和乡村还是两个独立的单元，而今，城市的触角伸向广大农村，城乡开始融为一体，城乡两元化格局正在被打破。

城乡一元化带来的好处很多，但从保护自然环境的角度看，它与生态保护是相悖的。

乡村适宜耕种的土地是最宝贵的资源。在这些耕地上修建住宅、办公楼、工厂、购物中心、停车场后，土地作为耕种的职能永远消失了。

城市向农村扩张，带来的是人口密度的增加，机动车的增加，人造建筑的增加，供水、供电、供气、排污设施的增加，人造废弃物的增加。最终的结果是乡村变成城市，随之而来的是地下水污染、大气污染、噪音和辐射增加、"城市热岛"形成，乡村自然生境彻底消失。可以说，城市化走到哪里，就会把污染带到哪里。

目前在一些农村地区，特别是乡镇机关所在地，都在大兴土木搞建设，生活区、工业区和农业种植区混在一起，而农村又不具备污水处理能力，地下水污染严重。不说别的，用污染的地下水浇灌出来的庄稼，很难保证其安全性。

城市化是自然生境的大敌，同时也是生物多样性的大敌。

城市化向乡村的不断膨胀，严重蚕食、分裂、摧毁了生物栖息地。生物的栖息地被城市化行为割裂得支离破碎，每一条道路对于动物来说都是一道难以逾越的屏障。正如著名生物学家威尔逊所言："人类所做的一件需要几百万年才能弥补的事就是由于对自然栖息地的破坏而产生的基因和物种多样性流失，这是我们后代最不可原谅的愚蠢之事。"

中国城、乡两大格局已延续了几千年之久，城、乡两元化功能分工十分科学。乡村地区的主要功能是农、林、种、养及小型商业活动，而大规模的城市化、工业化、商业化必将乡村自然生态置于死地。

将老祖宗留下来的乡村自然生态版图挥霍殆尽，还是完整地交给子孙后代？乡村还能不能留下一方净土？

我们有必要对城乡一元化还是两元化布局进行重新审视和思考。